Elemente

der analytischen Geometrie

der Ebene.

Elemente

der

analytischen Geometrie

der

Ebene

von

F. Joachimsthal.

Dritte Auflage,
verbessert und durch einen Anhang von Aufgaben
und deren Lösungen vermehrt

von

O. Hermes.

Mit acht Figurentafeln.

Berlin.
Druck und Verlag von G. Reimer.
1883.

Vorrede des Herausgebers.

Ferdinand Joachimsthal, Professor an der Universität Breslau, wurde am 5. April 1861 durch einen frühzeitigen Tod mitten aus den Erfolgen seiner mathematischen Untersuchungen und seiner segensreichen Lehrthätigkeit fortgerissen. Auch war es ihm nicht vergönnt, die Ausarbeitung des vorliegenden Lehrbuchs, welchem er die Mufsestunden vieler Jahre mit Vorliebe gewidmet hatte, vollständig zu Ende zu führen. Doch fanden sich glücklicherweise aufser einem vom Verstorbenen selbst als druckfertig bezeichneten Manuscript in den hinterlassenen Papieren noch weitere Ausführungen und Andeutungen vor, auf Grund deren ich es unternehmen konnte, dieses Lieblingswerk meines hochverehrten Lehrers herauszugeben, ein Werk, welches durch die Klarheit der Darstellung und durch die sorgfältige Berücksichtigung der dem Anfänger entgegentretenden Schwierigkeiten seiner Bestimmung als Leitfaden zur Einführung in die analytische Geometrie zu dienen, in vorzüglichem Maſse entspricht, und welches zugleich durch die Eigentümlichkeit der Methode auch auf den mit dem Gegenstande völlig vertrauten Leser in hohem Grade anregend wirkt. In dieser Beziehung möchte namentlich die fast durchgängige Anwendung schiefwinkliger Koordinaten hervorzuheben sein, bei welcher die Verbindung von Einfachheit der Rechnung und Allgemeinheit der Schlüsse in seltener Weise erreicht ist.

Es kann als sicher angenommen werden, daſs schon zu der Zeit, als Jacobi noch lebte, also bereits vor dem Jahre 1851, der erste Gedanke, die Elemente der Geometrie zu bearbeiten, in Joachimsthal entstanden war. Eine bezügliche Aufforderung Jacobis hat diesen Gedanken wol nicht erst hervorgerufen, sondern nur von neuem angeregt und der Ausführung näher gebracht. Jacobi nämlich hatte schon seit längerer Zeit ab und zu an einem Lehrbuch geschrieben, welches zu einer elementaren analytischen Darstellung der von ihm in Vorlesungen an der Königsberger Universität oft behandelten Geometrie des Raumes bestimmt war; er forderte nun Joachimsthal auf, ein Lehrbuch der Geometrie der Ebene zu schreiben, damit beide

Werke zusammen das ganze Gebiet der Geometrie in ihren Elementen umfaſsten.

Der hierdurch von neuem in Joachimsthal angeregte Gedanke hat dann freilich in ihm eine viel weitere Entwickelung genommen. Im Jahre 1855, als Joachimsthal die mathematische Professur an der Universität Halle bekleidete, hatte er bereits einen ersten Entwurf der Geometrie der Ebene nahezu vollendet, und er zeigte mir denselben bei Gelegenheit eines Besuches, den ich ihm damals machte. Aber dieser erste Entwurf genügte ihm später nicht; er ordnete den zu behandelnden Stoff nach einem neuen Plane an, änderte demgemäſs die Reihenfolge der Kapitel — von denen z. B. das die Transversalentheorie enthaltende ursprünglich den Kegelschnitten vorausging — und unternahm auf diese Weise eine durchgreifende Umgestaltung des Werkes, welche leider vor der gänzlichen Vollendung durch seinen Tod unterbrochen wurde. Von dieser neuen Bearbeitung fand ich die ersten sieben Kapitel druckfertig vor; ich hatte daher nur den Schluſs des Werkes im Sinne des Dahingeschiedenen zu ergänzen und hierfür folgende im Nachlaſs vorgefundene Papiere als Anhaltspunkte zu benutzen.

Erstens ergab ein kurzes Inhalts-Verzeichnis die vollständige Reihenfolge der Kapitel, wie sie Joachimsthal für die zweite Bearbeitung festgestellt hatte. Dieses Verzeichnis führt nicht nur die Geometrie der Ebene bis zu Ende, sondern geht auch zur Geometrie des Raumes über und zeigt also, dafs Joachimsthals Plan sich im Laufe der Jahre bedeutend erweitert hatte.

Zweitens lag mir der bereits erwähnte erste Entwurf des Werkes vor, welcher mit §. 94 abschliefst, und aus welchem der Text vom Anfange des achten bis gegen Ende des zehnten Kapitels wörtlich entnommen ist. Die in den sieben ersten Kapiteln durchgeführte neue Anordnung erforderte zwar einige Modifikationen des Textes; jedoch habe ich es vorgezogen, denselben unverändert zu lassen und die Modifikationen in Anmerkungen zu verweisen*). Aus diesem ersten Entwurfe habe ich überdies die drei auf den Seiten 13, 20 und 26 stehenden Anmerkungen genommen, deren Inhalt in der zweiten Bearbeitung fehlte.

Drittens fand sich ein Blatt, auf welchem Joachimsthal den im letzten Kapitel einzuhaltenden Gang in kurzen Umrissen angedeutet hat. Darauf hin habe ich den Versuch gemacht, dieses Kapitel auszuführen und damit das vorliegende Werk Joachimsthals zu

*) Diese Anmerkungen sind in den beiden ersten Auflagen mit dem Buchstaben H. unterzeichnet, in der dritten Auflage jedoch grofsenteils in den Text gezogen worden.

demjenigen Abschlufs zu bringen, welcher von ihm selbst beabsichtigt und bei der Veröffentlichung nicht füglich zu entbehren war. Ich habe mich bei dieser Arbeit bemüht, so viel als möglich im Sinne Joachimsthals zu verfahren, und namentlich im Sinne der eben erwähnten Andeutungen, welche mir die einzigen speziellen Anhaltspunkte gewährten, und welche ich deshalb hier wörtlich folgen lasse:

„Pole von Geraden, die durch einen Punkt gehen, „Tangentenmethode. Die Polare bewegt sich an „einem Kegelschnitt; Anwendung auf zwei Kreise. „— Durchschnitt zweier Kegelschnitte, gemein„schaftliche Sehnen, reelle, imaginäre. Reeller „Durchschnitt imaginärer konjugierter Geraden. „Bedeutung der Punkte, welche als gemeinschaft„liche Durchschnittspunkte anzusehen sind. Be„trachtung von $U+\lambda V=0$, Involution. $U=0$, „$U+\lambda pq=0$, $U+\mu pr=0$. — $U=0$, $U+\lambda p^2=0$, „$V+\mu q^2=0$. — $pq+\lambda rs=0$. Pascalscher Satz mit „seinen Folgerungen: Brianchonscher Satz.“

Berlin, im März 1863.

Oswald Hermes.

Zur dritten Auflage.

Die gegenwärtige Auflage hat einige Veränderungen erfahren, welche zur Vereinfachung der Darstellung wünschenswert schienen, besonders in dem Abschnitt über die konjugierten Durchmesser der Kegelschnitte. Ferner ist eine Reihe von Übungsaufgaben nebst den zugehörigen Lösungen beigefügt worden, welche sich an die Entwickelungen in den Elementen anschliefsen, und auf die an den betreffenden Stellen des Lehrbuches verwiesen worden ist.

Steglitz, im Januar 1883.

Dr. Osw. Hermes.
Professor am Kollnischen Gymnasium
zu Berlin.

Inhalts-Verzeichnis.

Erstes Kapitel.

Bestimmung der Lage von Punkten in einer Ebene. Prinzipien der analytischen Geometrie.

Zweites Kapitel.

Die Linien erster Ordnung.

Drittes Kapitel.

Der Kreis.

Viertes Kapitel.

Die Ellipse.

Fünftes Kapitel.

Die Hyperbel.

Sechstes Kapitel.

Die Parabel. Scheitel- und Polargleichungen der Ellipse, Hyperbel und Parabel.

Siebentes Kapitel.
Transformation der Koordinaten.

Achtes Kapitel.
Diskussion und Transformation der allgemeinen Gleichung zweiter Ordnung.

Neuntes Kapitel.
Fundamentalsätze aus der Theorie der Transversalen.

Zehntes Kapitel.

Allgemeine Eigenschaften der Kegelschnitte. Kombination eines Kegelschnittes und geradliniger Transversalen.

Elftes Kapitel.

Kombination zweier und mehrerer Kegelschnitte.

Anhang.

Druckfehler.

Seite 45 Zeile 1 von oben lies konstruierten statt konstruiertem.
Seite 189 Zeile 16 von unten lies p_1 statt νp_1.

Erstes Kapitel.

Bestimmung der Lage von Punkten in einer Ebene. Prinzipien der analytischen Geometrie.

§. 1. Bestimmung der Lage von Punkten einer Geraden. Nimmt man in einer unbegrenzten Geraden (Fig. 1) einen Punkt O an, so ist die Lage eines jeden anderen Punktes α der Geraden bestimmt, wenn man erstens weifs, in welchem ihrer beiden durch O gebildeten Teile er sich befindet, und wenn man zweitens seine Entfernung von O kennt. Um beide Angaben zu vereinigen, unterscheidet man die beiden Hälften der Geraden, die eine als die positive und die andere als die negative, und setzt dem Werte der Entfernung des Punktes α von O das Zeichen $+$ oder $-$ vor, der Seite entsprechend, in welcher er liegt; diese mit ihrem Zeichen versehene Entfernung des Punktes α von O heifst die Abscisse von α in bezug auf den Anfangspunkt O.

Rechnen wir in Fig. 1 die positiven Abscissen von O aus nach rechts, und bedeuten die angegebenen Teile etwa Centimeter, so ist die Abscisse von $\alpha = +2$ cm, von $\beta = +6$ cm, von $\gamma = -5$ cm, die Abscisse des Anfangspunktes O gleich Null.

§. 2. Verlegung des Anfangspunktes. Rechnet man die Abscissen nicht mehr von O, sondern von α, und zählt dabei die positiven Abscissen nach derselben Richtung wie früher, also in unserer Figur nach rechts, so werden die Abscissen aller Punkte $\beta, \gamma, ..$ um $O\alpha$ kleiner, wenn α, wie in Fig. 1, rechts von O liegt. Nennt man also die Abscissen von $\alpha, \beta, \gamma, ..$ in bezug auf O bezüglich $x, x', x'', ..$ so werden die Abscissen von $\beta, \gamma, ..$ in bezug auf α resp. gleich:

$$(1) \quad x' - O\alpha, \quad x'' - O\alpha, \; ..$$

wofür man auch, weil $O\alpha = x$, schreiben kann:

$$(2) \quad x' - x, \quad x'' - x, \; ..$$

Liegt aber der neue Anfangspunkt α, wie in Fig. 2, links von O, so werden die Abscissen von $\beta, \gamma, ..$ in bezug auf α um $O\alpha$ gröfser als in bezug auf O, also bezüglich gleich:

$$(3) \quad x' + O\alpha, \quad x'' + O\alpha, \; ..$$

Die Abscisse x von α in bezug auf O ist aber jetzt gleich $-O\alpha$, also $O\alpha = -x$, setzt man diesen Wert in die Reihe von (3) ein, so erhält man dieselben Gröfsen wie in (2); wir haben demnach den Satz:

Sind $x, x', x'', ..$ die Abscissen der Punkte $\alpha, \beta, \gamma, ..$ einer Geraden in bezug auf den Anfangspunkt O, so sind die Abscissen der Punkte $\beta, \gamma, ..$ in bezug auf α bezüglich gleich $x' - x, x'' - x, ..$ vorausgesetzt, dafs von O und von α aus die positiven Abscissen nach derselben Richtung gezählt werden.

§. 3. Folgerungen. Hieraus folgt weiter, dafs die Differenzen $x' - x$, $x'' - x$ gleiches Zeichen haben, wenn β und γ auf derselben Seite von α liegen, entgegengesetztes im anderen Falle. Da aufserdem der Zahlenwert der Differenzen $x' - x$ und $x'' - x$ die Längen der Strecken $\beta\alpha$, $\gamma\alpha$ ausdrückt, so hat man:

$$(1) \quad \frac{x' - x}{x'' - x} = \pm \frac{\beta\alpha}{\gamma\alpha},$$

wo das obere (untere) Vorzeichen gilt, wenn α aufserhalb (innerhalb) der Strecke $\beta\gamma$ liegt.

Ist z. B. α die Mitte von $\beta\gamma$, so mufs das untere Vorzeichen genommen werden, und weil $\beta\alpha = \gamma\alpha$ ist, so hat man:

$$\frac{x' - x}{x'' - x} = -1,$$

woraus: $$x' - x = -x'' + x,$$

oder: $$(2) \quad x = \frac{x' + x''}{2}.$$

§. 4. Bestimmung der Lage von Punkten einer Ebene. Um die gegenseitige Lage der Punkte einer Ebene zu bestimmen, zieht man durch einen festen Punkt O derselben zwei unbegrenzte Gerade $l'Ol$, $m'Om$ (Fig. 3), welche die Ebene in vier unendliche Teile zerlegen; man nennt die eine der Geraden, z. B. $l'Ol$, die Abscissenaxe, die andere $m'Om$ die Ordinatenaxe, und unterscheidet in jeder eine positive und negative Hälfte; in unserer Figur sollen Ol und Om die positiven Halbaxen bedeuten. Zieht man nun von irgend einem Punkte a der Ebene parallel mit den Axen die Linien $a\alpha$ und $a\alpha'$, so wird die Lage von a durch die Gröfse und das Vorzeichen der Axenabschnitte $O\alpha$ und $O\alpha'$ vollständig bestimmt. Die mit ihrem Vorzeichen versehenen Axenabschnitte $O\alpha$ und $O\alpha'$ heifsen, der erste $O\alpha$ die Abscisse, der zweite $O\alpha'$ die Ordinate des Punktes a, beide zusammen die Koordinaten von a. Der Punkt O, dessen Koordinaten $= 0$ sind, heifst der Anfangspunkt der Koordinaten.

Da die Abscissen verschiedener Punkte häufig durch $x, x', x'', \ldots$, die zugehörigen Ordinaten durch $y, y', y'', \ldots$ bezeichnet werden, so sagt man statt „Abscisse und Ordinate" auch „das x und y eines Punktes", und spricht demgemäfs auch von einer x- und y-Axe. Ebenso wird ein Punkt, dessen Abscisse gleich x und dessen Ordinate gleich y ist, kurz „der Punkt (x, y)" genannt.

In den vier durch Zahlen bezeichneten Teilen von Fig. 3 sind für einen Punkt a in 1 x und y positiv, für einen Punkt b in 2 y positiv, x negativ, für einen Punkt c in 3 sind x und y negativ, für einen Punkt d in 4 ist x positiv, y negativ.

Es mag erinnert werden, dafs zur Bestimmung der Koordinaten eines Punktes, z. B. von c, nur eine der Parallelen $c\gamma$ und $c\gamma'$ gezogen zu werden braucht, weil $O\gamma = c\gamma'$, $O\gamma' = c\gamma$ ist; man kann deshalb auch die mit den richtigen Zeichen versehenen Werte von $c\gamma'$ und $c\gamma$ als Abscisse und Ordinate ansehen. Man sieht hiernach, dafs alle Punkte einer Geraden, die der Abscissenaxe parallel ist, dieselbe Ordinate haben; für die Punkte der Abscissenaxe selbst ist die Ordinate $= 0$. Ebenso haben die Punkte einer Parallelen zur Ordinatenaxe gleiche Abscisse, für die Punkte der Ordinatenaxe selbst ist die Abscisse $= 0$. So haben namentlich die Fufspunkte der Parallelen $\alpha, \beta, \gamma, \delta$ die Ordinate $= 0$, und dieselben Abscissen wie resp. a, b, c, d; dagegen die Fufspunkte $\alpha', \beta', \gamma', \delta'$ die Abscisse $= 0$, und dieselben Ordinaten wie resp. a, b, c, d.

Ist der Winkel zwischen den Axen ein rechter, so nennt man die Koordinaten rechtwinklige, sonst schiefwinklige, beide mit gemeinschaftlichem Namen Parallel-Koordinaten.

§. 5. Projektionen. Zieht man von einer Anzahl von Punkten a, b, c, d (Fig. 3) in beliebiger Richtung Parallelen, welche eine gegebene Gerade ll' in $\alpha, \beta, \gamma, \delta$ treffen, so nennt man diese letzteren Punkte die Projektionen der ersteren, und zwar die rechtwinkligen oder schiefwinkligen, jenachdem die Parallelen auf ll' senkrecht stehen oder nicht; die Parallelen selbst heifsen die Projektionsstrahlen.

Die in §. 4 erläuterte Methode, um die Lage von Punkten a, b, c, d .. zu bestimmen, besteht demnach darin, dafs man diese Punkte auf zwei sich schneidende Gerade ll' und mm' projiziert, die Projektionsstrahlen bezüglich mm' und ll' parallel annimmt und die Lage der Projektionen nach §. 1 angiebt; oder auch, dafs man die Punkte $a, b, c, d, ..$ nur auf eine Gerade projiziert, und aufser der Lage der Projektionen $\alpha, \beta, \gamma, \delta, ..$ die Länge der Projektionsstrahlen $a\alpha$, $b\beta$, $c\gamma$, $d\delta$, .. angiebt, mit dem $+$ Zeichen versehen für Punkte auf der einen Seite von ll' (in Fig. 3 der oberen), mit dem $-$ Zeichen auf der anderen.

Es lassen sich noch unzählig viele andere Methoden angeben, um die Lage von Punkten in einer Ebene zu bestimmen; eine derselben wird weiter unten (§. 7, Zus.) angeführt werden.

§. 6. Verlegung des Anfangspunktes; Folgerungen. Die Resultate aus §. 2 und §. 3 lassen sich ohne Mühe auf Punkte übertragen, die in einer Ebene beliebig liegen.

Es seien x, y die Koordinaten eines Punktes a (Fig. 4), x', y' die von b. Denkt man sich durch a ein neues Koordinatensystem gelegt, dessen positive Halbaxen aX, aY denen des ersten Systemes parallel und gleich (d. h. nach derselben Seite hin) gerichtet sind, so sind die neuen Koordinaten von b gleich $x'-x$ und $y'-y$.

In der That, läfst man zuerst die Abscissenaxe ungeändert und verschiebt die Ordinatenaxe sich selbst parallel, bis sie durch a geht, so ändert sich die Ordinate von b nicht, und die Abscisse von b (oder von β) wird $= x'-x$ (§. 2); verschiebt man nun auch die Abscissenaxe sich selbst parallel, bis sie durch a geht, so erhält man in ähnlicher Weise die neue Ordinate $= y'-y$.

Zieht man ferner von den Punkten a, b, c einer Geraden, deren Koordinaten $x, y; x', y'; x'', y''$ sein mögen (Fig. 5), die Ordinaten $a\alpha$, $b\beta$, $c\gamma$, so haben α, β, γ dieselben Abscissen x, x', x'', und dieselbe Reihenfolge wie a, b, c, d. h. a liegt aufserhalb (innerhalb) bc, wenn α aufserhalb (innerhalb) $\beta\gamma$ liegt; nach einem bekannten geometrischen Satze ist aufserdem:

$$\frac{ba}{ca} = \frac{\beta\alpha}{\gamma\alpha}.$$

Für die Punkte α, β, γ hatten wir in §. 3 $\frac{x'-x}{x''-x} = \pm \frac{\beta\alpha}{\gamma\alpha}$, also können wir auch schreiben:

$$(1)\quad \frac{x'-x}{x''-x} = \pm \frac{ba}{ca},$$

wo das obere oder untere Zeichen gilt, jenachdem a aufserhalb oder innerhalb der Strecke bc liegt. Ebenso findet man, wenn a, b, c durch Parallelen zur Abscissenaxe auf die Ordinatenaxe projiziert werden:

$$(2)\quad \frac{y'-y}{y''-y} = \pm \frac{ba}{ca};$$

wir haben also den Satz:

Liegen die Punkte (x, y), (x', y'), (x'', y'') in einer Geraden, so findet die Gleichung statt (vergl. §. 18):

$$(3)\quad \frac{x'-x}{x''-x} = \frac{y'-y}{y''-y}.$$

Umgekehrt: findet die Gleichung (3) statt, so liegen die 3 Punkte in einer Geraden. Denn wenn eine durch (x'', y'') oder c (Fig. 5) mit der Ordinatenaxe parallele Linie $c\gamma$ die durch a und b gezogene Gerade in einem Punkte c' trifft, dessen Abscisse also x'' ist, die Ordinate dagegen $= y'''$, so mufs, weil a, b, c' in einer Geraden liegen, die Gleichung stattfinden:

$$\frac{x'-x}{x''-x} = \frac{y'-y}{y'''-y},$$

aus welcher durch Vergleichung mit (3) folgt $y''-y = y'''-y$ oder $y'' = y'''$, d. h. c und c' haben dieselben Koordinaten oder fallen zusammen. Schafft man in (3) die Nenner fort, so verwandelt sich die Gleichung in:

$$(4)\quad x'y''-x''y'+x''y-xy''+xy'-x'y = 0.$$

Ist a oder (x, y) die Mitte von bc, so werden die rechten Seiten von (1) und (2) gleich -1 (vgl. §. 3), woraus:

$$(5)\quad x = \frac{x'+x''}{2}, \quad y = \frac{y'+y''}{2}.$$

(Aufg. 1—6.)

Die nachfolgenden Aufgaben mögen der Einfachheit halber zuerst für rechtwinklige Axen gelöst werden.

§. 7. Aufgabe. Aus den rechtwinkligen Koordinaten eines Punktes (x, y) seine Entfernung r vom Anfangspunkte und den Winkel v zu bestimmen, den die Abscissenaxe mit r bildet.

Auflösung. Um Zweideutigkeiten zu vermeiden, verstehen wir unter v denjenigen Winkel, den die positive x-Axe beschreiben mufs, um von ihrer ursprünglichen Lage ausgehend und nach der $+y$-Axe zu sich drehend, in die Lage von r zu gelangen. Demnach ist (Fig. 6) für den Punkt a des ersten Quadranten v gleich dem Winkel $aO\alpha$, für a' gleich $180^0 - a'O\alpha'$, für a'' gleich $180^0 + a''O\alpha''$, für a''' gleich $360^0 - a'''O\alpha'''$.

Für den Punkt a ist nunmehr $x = O\alpha$, $y = a\alpha$, $r = Oa$, $v = aO\alpha$, also:

$$(1) \quad x = r\cos v, \quad y = r\sin v, \quad x^2 + y^2 = r^2,$$

von welchen drei Gleichungen die letzte, weil $\cos v^2 + \sin v^2 = 1$, eine Folge der beiden übrigen ist.

Hieraus ergiebt sich umgekehrt:

$$(2) \quad r = +\sqrt{x^2 + y^2}, \quad \cos v = \frac{x}{r}, \quad \sin v = \frac{y}{r}.$$

Diese Formeln gelten allgemein, denn man hat:

für a' im 2ten Quadranten:

$$x = -O\alpha', \quad y = a'\alpha', \quad r = Oa', \quad v = 180^0 - a'O\alpha',$$

also:
$$\cos v = -\cos a'O\alpha' = -\frac{O\alpha'}{Oa'} = \frac{x}{r},$$

$$\sin v = \sin a'O\alpha' = \frac{a'\alpha'}{Oa'} = \frac{y}{r};$$

für a'' im 3ten Quadranten:

$$x = -O\alpha'', \quad y = -a''\alpha'', \quad r = Oa'', \quad v = 180^0 + a''O\alpha'',$$

also:
$$\cos v = -\cos a''O\alpha'' = -\frac{O\alpha''}{Oa''} = \frac{x}{r},$$

$$\sin v = -\sin a''O\alpha'' = -\frac{a''\alpha''}{Oa''} = \frac{y}{r};$$

für a''' im 4ten Quadranten:

$$x = O\alpha''', \quad y = -a'''\alpha''', \quad r = Oa''', \quad v = 360^0 - a'''O\alpha''',$$

also:
$$\cos v = \cos a'''O\alpha''' = \frac{O\alpha'''}{Oa'''} = \frac{x}{r},$$

$$\sin v = -\sin a'''O\alpha''' = -\frac{a'''\alpha'''}{Oa'''} = \frac{y}{r}.$$

Zusatz. Die Gröfsen r und v, welche ebenfalls die Lage eines Punktes a gegen das Axensystem bestimmen, heifsen die

Polarkoordinaten von a, und r der Radius Vektor; r ist immer positiv, den Winkel v kann man, wenn er in umgekehrter Richtung, als eben festgesetzt ist, gezählt wird, auch negativ annehmen; so ist z. B. das v des Punktes $a''' = 300^0$ oder $= -60^0$; weil ferner der Radius Vektor nach jeder Umdrehung von 360^0 in seine ursprüngliche Lage zurückkehrt, so kann man dem Winkel v beliebige Vielfache von 360^0 hinzufügen. — Die Formeln (1) geben die rechtwinkligen Koordinaten eines Punktes durch seine Polarkoordinaten, die Formeln (2) lösen die umgekehrte Aufgabe.

§. 8. Aufgabe. Aus den rechtwinkligen Koordinaten zweier Punkte a, b die Entfernung ab und die Neigung dieser Geraden gegen die Abscissenaxe zu bestimmen.

Die Koordinaten der Punkte a und b seien bezüglich x, y und x', y'. Man denke sich (Fig. 7) durch a ein neues rechtwinkliges Koordinatensystem, dessen positive Halbaxen aX, aY mit denen des alten Systems Ox und Oy parallel und gleich gerichtet sind. Setzt man die Koordinaten von b in bezug auf dieses neue System $= X$ und Y, die Entfernung $ab = R$, und den Winkel zwischen aX und ab, der ebenso gezählt wird, wie in §. 7 der Winkel v, gleich w, so hat man nach §. 7:

$$R = +\sqrt{X^2 + Y^2}, \quad \cos w = \frac{X}{R}, \quad \sin w = \frac{Y}{R};$$

nach §. 6 sind:

$$X = x' - x, \quad Y = y' - y,$$

also:

$$(1)\quad R = +\sqrt{(x' - x)^2 + (y' - y)^2}, \quad \cos w = \frac{x' - x}{R}, \quad \sin w = \frac{y' - y}{R}.$$

Erklärung. Wenn eine Gerade ab um einen ihrer Endpunkte a sich in derselben Richtung dreht, in welcher die positive x-Axe um den Anfangspunkt O sich drehen mufs, damit sie den ersten Quadranten überstreichend nach der positiven y-Axe gelangt, so soll die Drehung von ab um a die positive heifsen, im entgegengesetzten Falle die negative.

§. 9. Aufgabe. Aus den rechtwinkligen Koordinaten der Ecken eines Dreiecks den Inhalt desselben zu bestimmen.

I. Fall. Die eine Ecke des Dreiecks sei der Anfangspunkt O (Fig. 8); die rechtwinkligen Koordinaten von $b = x'$, y', von $c = x'', y''$; die Polarkoordinaten beider Punkte bezüglich r', v' und r'', v'', so dafs nach §. 7:

$$(1) \quad \cos v' = \frac{x'}{r'}, \quad \sin v' = \frac{y'}{r'}, \quad \cos v'' = \frac{x''}{r''}, \quad \sin v'' = \frac{y''}{r''}.$$

Mufs Ob im positiven Sinne sich um O drehen, wenn es die Fläche des Dreiecks Obc beschreibt (wie in Fig. 8, während in Fig. (8*) das Gegenteil stattfindet), so ist der Dreieckswinkel $cOb = v'' - v'$; wäre etwa v'' kleiner als v', was möglich ist, wenn b im 4ten und c im 1sten Quadranten liegt, so kann man zu v'' noch 360^0 addieren. Der Inhalt $\varDelta$ des Dreiecks ist also:

$$\varDelta = \tfrac{1}{2} Ob . Oc \sin(v'' - v') = \tfrac{1}{2} r' r'' (\cos v' \sin v'' - \cos v'' \sin v').$$

oder durch Substitution der Werte (1):

$$(2) \quad \varDelta = \tfrac{1}{2}(x'y'' - x''y').$$

Mufs aber Ob im negativen Sinne sich drehen, um das Dreieck zu überstreichen (wie in Fig. (8*)), so hat man $\varDelta = \frac{1}{2} r' r'' \sin(v' - v'')$, also ist in (2) x', y' mit x'', y'' zu vertauschen und man erhält:

$$(3) \quad \varDelta = \tfrac{1}{2}(x''y' - x'y'') = -\tfrac{1}{2}(x'y'' - x''y').$$

II. Fall. Die Formeln (2) und (3) führen auch zur Berechnung des allgemeinen Falles, wenn die erste Dreiecksecke a (Fig. 9) ein beliebiger Punkt (x, y) ist, und nicht der Anfangspunkt. Die Punkte b und c würden, wenn man a zum Anfangspunkte eines parallel und gleich gerichteten Systemes wählte, die Koordinaten $x' - x$, $y' - y$ und $x'' - x$, $y'' - y$ haben (vgl. §. 6). Man erhält also den Inhalt von abc, indem man diese Werte statt x', y' u. s. w. in (2) und (3) substituiert; oder:

der Inhalt $\varDelta$ des Dreiecks abc ist:

$$(4) \quad \varDelta = \pm \tfrac{1}{2}\{(x' - x)(y'' - y) - (x'' - x)(y' - y)\},$$

wo das obere oder untere Zeichen gilt, jenachdem ab im positiven oder negativen Sinne um a sich drehen mufs, um das Dreieck abc zu beschreiben.

Zusatz. Die Formel (4) gestattet mehrere Umformungen durch Auflösung der Klammergröfsen; man bekommt:

$$\begin{aligned}
(5) \quad \varDelta &= \pm \tfrac{1}{2}\{xy' - x'y + x'y'' - x''y' + x''y - xy''\}, \\
&= \pm \tfrac{1}{2}\{x(y' - y'') - y(x' - x'') + x'y'' - x''y'\}, \\
&= \pm \tfrac{1}{2}\{x(y' - y'') + x'(y'' - y) + x''(y - y')\}, \\
&= \pm \tfrac{1}{2}\{y(x'' - x') + y'(x - x'') + y''(x' - x)\}.
\end{aligned}$$

§. 10. Aufgabe. Aus den rechtwinkligen Koordinaten der Ecken eines Vielecks den Inhalt desselben zu bestimmen.

Es seien (x_1, y_1), (x_2, y_2), ... (x_n, y_n), die n Ecken des Vielecks $a_1 a_2 .. a_n$ (Fig. 10); man nehme im Innern des Vielecks einen Punkt a mit den Koordinaten x, y, so sind die Inhalte der Dreiecke aa_1a_2, aa_2a_3, ... $aa_{n-1}a_n$, aa_na_1 bezüglich gleich (vgl. §. 9, zweite Formel in (5)):

$$\pm\tfrac{1}{2}\{x(y_1-y_2)-y(x_1-x_2)+x_1y_2-x_2y_1\},$$
$$\pm\tfrac{1}{2}\{x(y_2-y_3)-y(x_2-x_3)+x_2y_3-x_3y_2\},$$
$$\vdots$$
$$\pm\tfrac{1}{2}\{x(y_{n-1}-y_n)-y(x_{n-1}-x_n)+x_{n-1}y_n-x_ny_{n-1}\},$$
$$\pm\tfrac{1}{2}\{x(y_n-y_1)-y(x_n-x_1)+x_ny_1-x_1y_n\},$$

wo durchweg die oberen (unteren) Vorzeichen gelten, wenn die Aufeinanderfolge der Ecken a_1, a_2, ... a_n dem positiven (negativen) Drehungssinne entspricht, d. h. wenn die Drehungsrichtung von aa_1 nach a_2, a_3, ... a_n und zurück bis a_1 die positive (negative) ist. Addiert man diese Ausdrücke, so fallen sämtliche Glieder, die mit x und y multipliziert sind, fort, und man erhält:

(1) Inhalt des Vielecks:

$$= \pm\tfrac{1}{2}\{x_1y_2-x_2y_1+x_2y_3-x_3y_2+\cdots$$
$$\cdots+x_{n-1}y_n-x_ny_{n-1}+x_ny_1-x_1y_n\}.$$

Dieser Ausdruck läfst sich in die beiden folgenden umformen:

$$(2)\quad \begin{aligned} &\pm\tfrac{1}{2}\{x_1(y_2-y_n)+x_2(y_3-y_1)+\cdots\\ &\qquad\cdots+x_{n-1}(y_n-y_{n-2})+x_n(y_1-y_{n-1})\},\\ &=\pm\tfrac{1}{2}\{y_1(x_n-x_2)+y_2(x_1-x_3)+\cdots\\ &\qquad\cdots+y_{n-1}(x_{n-2}-x_n)+y_n(x_{n-1}-x_1)\}.\end{aligned}$$

Die Wahl des Vorzeichens ist oben näher bestimmt worden.

Anmerk. Der für die Formeln (1) und (2) gegebene Beweis setzt voraus, dafs man von einem Punkte a innerhalb des Vielecks nach sämtlichen Ecken a_1, a_2, ... a_n Gerade ziehen kann, welche die Seiten des Vielecks nicht schneiden. Die Richtigkeit der Formeln hängt jedoch von dieser Bedingung nicht ab, sie gelten vielmehr selbst für so complicierte Polygone wie Fig. (10*); den Nachweis dieser Behauptung, die für das Folgende ohne Interesse ist, übergehen wir.

§. 11. Der Übung halber mögen die in §§. 7, 8, 9, 10 behandelten Probleme auch für schiefwinklige Koordinaten kurz erörtert werden, obgleich wir weiter unten (Kap. 7) noch einmal auf dieselben zurückkommen.

Es seien, wie in §. 7, r und v die Polarkoordinaten von a (Fig. 11), x und y die schiefwinkligen Koordinaten desselben Punktes, φ der Winkel zwischen den positiven Halbaxen; dann ist, weil a im positiven Quadranten liegt:

$Oa = r$, $a\alpha = y$, $O\alpha = x$, Winkel $aO\alpha = v$, $Oa\alpha = \varphi - v$,

und demnach:

$$(1)\quad \frac{y}{r} = \frac{\sin v}{\sin \varphi}, \quad \frac{x}{r} = \frac{\sin(\varphi - v)}{\sin \varphi}.$$

Hieraus ergiebt sich:

$$\frac{x + y\cos\varphi}{r} = \frac{\sin(\varphi - v) + \sin v \cos\varphi}{\sin\varphi}$$
$$= \cos v,$$

oder:

$$(2)\quad r\cos v = x + y\cos\varphi \quad \text{und:} \quad r\sin v = y\sin\varphi.$$

Quadriert man beide Gleichungen und addiert sie alsdann, so erhält man:

$$(3)\quad r^2 = x^2 + 2xy\cos\varphi + y^2.$$

Dafs die Formeln (1), (2) und (3) auch für jede andere Lage des Punktes a gelten, wird ebenso bewiesen, wie in §. 7. Sind r', v' die Polarkoordinaten eines zweiten Punktes b, x', y' seine schiefwinkligen Koordinaten, und bildet eine Gerade, die durch a mit der $+x$-Axe gleich gerichtet gezogen ist, mit der Entfernung ab oder R im positiven Drehungssinne den Winkel w, so leitet man ähnlich, wie in §. 8, aus den Formeln (1), (2) und (3) die nachstehenden ab:

$$(4)\quad \frac{y' - y}{R} = \frac{\sin w}{\sin\varphi}, \quad \frac{x' - x}{R} = \frac{\sin(\varphi - w)}{\sin\varphi},$$

$$(5)\quad R\sin w = (y' - y)\sin\varphi, \quad R\cos w = (x' - x) + (y' - y)\cos\varphi,$$

$$(6)\quad R^2 = (x' - x)^2 + 2(x' - x)(y' - y)\cos\varphi + (y' - y)^2.$$

Unter den in §. 9 angegebenen Bedingungen ist, wenn die Bezeichnungen des §. 9 beibehalten werden, der doppelte Inhalt 2Δ des Dreiecks $Obc = r'r''\sin(v'' - v')$:

$$= r''\sin v''.\, r'\cos v' - r''\cos v''.\, r'\sin v',$$

nun ist aber:

$$r'\cos v' = x' + y'\cos\varphi, \qquad r'\sin v' = y'\sin\varphi,$$
$$r''\cos v'' = x'' + y''\cos\varphi, \qquad r''\sin v'' = y''\sin\varphi,$$

also wird:

$$2\Delta = (x'+y'\cos\varphi)y''\sin\varphi - (x''+y''\cos\varphi)y'\sin\varphi,$$

oder:

$$\Delta = \tfrac{1}{2}(x'y''-x''y')\sin\varphi.$$

Aus der Vergleichung dieses Ausdruckes mit (§. 9, 2) ergiebt sich, dafs die Formeln für den Inhalt eines Polygons durch die schiefwinkligen Koordinaten seiner Ecken von den in §. 10 gegebenen Ausdrücken sich nur durch den neu hinzutretenden Faktor $\sin\varphi$ unterscheiden.

§. 12. Graphische Darstellung der reellen Lösungen einer Gleichung zwischen zwei Unbekannten. — Ehe wir die eigentümlichen Methoden der analytischen Geometrie erläutern, müssen wir einige algebraische Betrachtungen ins Gedächtnis zurückrufen.

Ist eine Gleichung zwischen zwei Unbekannten x und y gegeben, so nennt man solche Werte von x und y zusammengehörige, welche die vorgelegte Gleichung befriedigen, und jedes zusammengehörige Wertepaar eine Lösung der Gleichung. Jede Gleichung zwischen x und y hat unzählig viele Lösungen, denn man kann einer der Unbekannten einen beliebigen Wert beilegen und dann die Gleichung nach der anderen Unbekannten auflösen. Auf diese Weise sind von der Gleichung:

$$\text{(a)} \quad 3x - 2y + 5 = 0$$

die Lösungen:

$$\text{(A)} \quad \begin{array}{lllllllll} x = & -2, & -1, & 0, & +1, & +2, & +3, & +4, & +5, \\ y = & -\tfrac{1}{2}, & +1, & +2\tfrac{1}{2}, & +4, & +5\tfrac{1}{2}, & +7, & +8\tfrac{1}{2}, & +10, \end{array}$$

und von der Gleichung:

$$\text{(b)} \quad 2y^3 - x^4 - 5 = 0$$

die Lösungen:

$$\text{(B)} \quad \begin{array}{llllllllll} x = & -3, & -2, & -1, & 0, & 1, & 2, & 3, & 4, & 5, \\ y = & 3{,}50, & 2{,}19, & 1{,}44, & 1{,}36, & 1{,}44, & 2{,}19, & 3{,}50, & 5{,}07, & 6{,}80, \end{array}$$

berechnet worden. Wenn, wie in den angegebenen Beispielen, x und y reelle Werte haben, so heifst die Lösung eine reelle, im entgegengesetzten Falle eine imaginäre; so ist z. B. $x = \sqrt[4]{-3}$, $y = 1$ eine imaginäre Lösung von (b).

Was man in der Algebra die Auflösung zweier Gleichungen mit zwei Unbekannten nennt, besteht also nach dem vorhergehenden darin, unter den unzählig vielen Lösungen beider Gleichungen die ihnen gemeinschaftlichen zu finden. Sind drei

Gleichungen von der Art, daſs eine jede als Folgerung aus den beiden anderen angesehen werden kann, z. B. $W=0$, $W_1=0$, $W+W_1=0$, so genügt jede gemeinschaftliche Lösung von zweien derselben auch der dritten. (Vergl. §. 14.)

Hat man nun ein beliebiges recht- oder schiefwinkliges Koordinatensystem, so wie eine willkürliche Längeneinheit angenommen, so kann man jedes reelle Wertepaar von x und y durch einen Punkt darstellen, dessen Abscisse und Ordinate bezüglich den Werten von x und y gleich sind. So repräsentiert nach der auf der Abscissenaxe aufgetragenen Einteilung in Fig. 12 der Punkt a das Wertepaar $x=3$, $y=7$, in Fig. 13 der Punkt b das Wertepaar $x=-3$, $y=+3{,}50$, der Punkt b' das Wertepaar $x=+3$, $y=+3{,}50$. Nach diesem Prinzipe sind in Fig. 12 die Lösungen (A) der Gleichung (a), in Fig. 13 die Lösungen (B) von (b) dargestellt worden. Denkt man sich aber nicht nur für die ganzzahligen Werte von x, sondern für alle Werte von x, zu denen reelle Werte von y gehören, y berechnet und diese Lösungen auf die angegebene Weise konstruiert, so erhält man nicht mehr eine Anzahl getrennter Punkte, sondern eine stetige Reihenfolge derselben; diese bilden für Gleichung (a), wie sich aus Fig. 12 schon vermuten läſst und später bewiesen werden soll, eine gerade Linie, für Gleichung (b) eine kompliziertere Kurve, deren Gestalt durch die Punkte in Fig. 13 hinlänglich angedeutet ist und durch Berechnung dazwischen liegender Punkte beliebig genau gemacht werden kann.

Auf dieselbe Weise entspricht im allgemeinen jeder Gleichung zwischen x und y eine Kurve, deren Punkte die Gesamtheit aller reellen Lösungen der Gleichung darstellen*).

§. 13. Darstellung der Kurven durch Gleichungen. Umgekehrt, sind in einer Ebene zwei Koordinatenaxen und eine

*) Einzelne Fälle bilden jedoch Ausnahmen: es sind diejenigen, welche gar keine oder nur eine beschränkte Anzahl von reellen Lösungen zulassen. Zu der ersten Art gehört die Gleichung $x^2+y^2+1=0$; welches Vorzeichen auch x und y haben mögen, x^2 und y^2 sind stets positiv und die Summe der drei positiven Gröſsen x^2, y^2, 1 kann nicht Null werden; ebensowenig wird die Gleichung durch die Werte $x=0$, $y=0$ erfüllt. Aus ähnlichem Grunde hat die Gleichung $x^2+y^2=0$ nur eine reelle Lösung $x=0$, $y=0$, und stellt demnach geometrisch nur einen Punkt dar, den Anfangspunkt der Koordinaten.

Kurve gegeben, deren sämtliche Punkte demselben mathematischen Gesetze unterworfen sind, so wird man eine Gleichung zwischen x und y aufstellen können, der die Koordinaten sämtlicher Punkte der Kurve genügen; denn da zu einer Abscisse $O\beta$ (Fig. 14) ein oder mehrere bestimmte Kurvenpunkte b, b' gehören, so mufs das Gesetz der Kurve es gestatten, aus der Abscisse x die Ordinaten dieser Punkte zu berechnen; d. h. es mufs zwischen den zusammengehörigen Koordinaten aller Punkte eine Gleichung stattfinden; diese nennt man die Gleichung der Kurve.

Zwei Beispiele mögen das Gesagte erläutern, wobei der Einfachheit halber rechtwinklige Koordinaten gebraucht werden sollen.

Zuerst werde die Gleichung der unbegrenzten Geraden aufgestellt, welche den Winkel zwischen den positiven Halbaxen halbiert (Fig. 15). Für den Punkt l im ersten Quadranten ist $Om = x$, $lm = y$, und da das Dreieck Olm gleichschenklig ist, also $Om = lm$, ist $x = y$. Für den Punkt l' im dritten Quadranten ist $x = -Om'$, $y = -l'm'$, und weil $Om' = l'm'$, auch hier $x = y$; also ist für alle Punkte der Geraden $x = y$; und umgekehrt ergiebt sich, dafs nur Punkte jener Geraden der Gleichung $x = y$ genügen.

Wir wollen zweitens die Gleichung des Kreises aufstellen, der mit dem Radius a um den Anfangspunkt O der Koordinaten beschrieben ist. Fällen wir von einem Punkte p des Kreises (Fig. 15) das Lot pq, so ist für ihn $x = Oq$, $y = pq$ und aufserdem $Op = a$, also wegen des rechtwinkligen Dreiecks Opq, $x^2 + y^2 = a^2$. Diese Gleichung gilt nicht nur für die im ersten Quadranten des Kreisumfanges gelegenen Punkte, sondern für alle Punkte der Peripherie (§. 7, 2), und umgekehrt gilt sie ausschliefslich für die Punkte des mit a um den Punkt O beschriebenen Kreises.

Dies vorausgeschickt, wird folgende Erklärung dem Leser verständlich sein:

Die analytische Geometrie ist eine Anwendung der Algebra auf die Geometrie; ihre eigentümliche Methode besteht darin, Gerade oder Kurven der Form und Lage nach als den geometrischen Ort aller Punkte zu definieren, deren Koordinaten einer gegebenen Gleichung genügen, und aus den Eigenschaften dieser Gleichung die Eigenschaften jener Geraden oder Kurven abzuleiten.

§. 14. Durchschnittspunkte zweier Kurven. Sind zwei Kurven auf dasselbe Axensystem bezogen, wie in Fig. 15 die Gerade ll' und der Kreis, so werden die Koordinaten ihrer gemeinschaftlichen Punkte, d. h. ihrer Durchschnittspunkte, die gemeinschaftlichen reellen Lösungen ihrer Gleichungen sein. So genügen in Fig. 15 die Koordinaten von s und s' sowohl der Gleichung $y-x=0$, weil dies alle Punkte von ll' thun, als auch der Gleichung des Kreises $x^2+y^2-a^2=0$. Sucht man die gemeinschaftlichen Lösungen beider Gleichungen, d. h. löst man sie nach x und y auf, so erhält man die beiden Lösungen $x=a\sqrt{\frac{1}{2}}$, $y=a\sqrt{\frac{1}{2}}$, und $x=-a\sqrt{\frac{1}{2}}$, $y=-a\sqrt{\frac{1}{2}}$, von denen die erste die Koordinaten von s, die andere die von s' liefert.

Haben die Gleichungen von drei und mehr Kurven n Lösungen, die ihnen sämtlich gemeinschaftlich sind, so gehen die Kurven sämtlich durch n bestimmte Punkte. Sind namentlich die Gleichungen dreier Kurven $W=0$, $W_1'=0$, $W_2'=0$ der Art, dafs eine jede als Folgerung aus den beiden anderen angesehen werden kann, so geht durch die Durchschnitte je zweier dieser Kurven auch die dritte.

§. 15. Homogenëität der Gleichungen. Die Gleichungen, auf welche man in allen geometrischen Untersuchungen kommt, setzen voraus, dafs sämtliche Längen durch dieselbe Längeneinheit, sämtliche Flächen durch die entsprechende Flächeneinheit ausgedrückt sind. So lange diese Einheit noch nicht bestimmt ist, oder was dasselbe sagen will, so lange nicht einer der Linien der Figur ein bestimmter Zahlenwert beigelegt ist, müssen diese Gleichungen unabhängig von der willkürlichen Einheit stattfinden. Bezeichnen wir nun mit a, b, c, .. die Zahlenwerte von Linien auf irgend eine willkürliche Einheit bezogen, so werden die Zahlenwerte dieser Linien, durch eine halb so grofse Einheit gemessen $2a$, $2b$, $2c$, .., durch eine dreimal so grofse $\frac{1}{3}a$, $\frac{1}{3}b$, $\frac{1}{3}c$, .., überhaupt durch eine andere Einheit gemessen λa, λb, λc, .. sein, wo λ eine von dem Verhältnis der Einheiten abhängige Zahl ist. So lange die Gleichungen zwischen den Zahlenwerten der Linien von der Wahl der Längeneinheit unabhängig sind, müssen sie also richtig bleiben, wenn überall λa, λb, λc, .. für a, b, c, .. gesetzt wird, unter λ eine beliebige Gröfse verstanden. Sind z. B. a, b und c die Längen der Hypotenuse und der beiden Katheten eines rechtwinkligen Dreiecks, durch eine beliebige Einheit gemessen, so hat man

$b^2+c^2-a^2=0$; setzt man λa, λb, λc für a, b und c, so erhält man $\lambda^2 b^2+\lambda^2 c^2-\lambda^2 a^2=0$, welche Gleichung durch Division mit λ^2 auf die vorige wieder zurückkommt.

Man nennt ein einzelnes Glied (Monom, verstümmelt statt Mononom), das von den Gröfsen a, b, c, .. abhängt, in bezug auf dieselben vom $n$ten Grade, oder von der $n$ten Dimension (Ordnung), wenn es durch die erwähnte Substitution von λa, λb, λc, .. an die Stelle von a, b, c, .. den Faktor λ^n erlangt. So sind die Monome:

$$a^3 b,\quad \frac{a^2 b}{c^2},\quad \sqrt{\frac{c}{a^3}},\quad \frac{\sqrt[3]{a}}{\sqrt{b}},$$

von den Dimensionen:

$$4,\quad 1,\quad -1,\quad -\frac{1}{6};$$

ist eins dieser Monome eine absolute Zahl, die keine der Liniengröfsen a, b, c enthält, so sagt man, es habe die Dimension Null. Sind sämtliche Glieder A, B, C, .. einer Gleichung:

$$A+B+C+D+E+\cdots+H=0,$$

von derselben Ordnung, etwa der $n$ten, oder ist die Gleichung, wie man sich ausdrückt, homogen, so werden durch die obige Substitution sämtliche Monome mit λ^n multipliziert, und da die rechte Seite $=0$ ist, so kommt man durch Division mit λ^n auf die ursprüngliche Gleichung wieder zurück. Umgekehrt:

Findet für eine beliebige Längeneinheit zwischen den Linien a, b, c, .. eine Gleichung von der Form:

$$(1)\quad A+B+C+D+\cdots+H=0$$

statt, so müssen die Monome A, B, C, D, .. H sämtlich von derselben Dimension, oder die Gleichung mufs homogen sein, vorausgesetzt, dafs nicht zwischen einigen der Monome noch eine andere Gleichung derselben Form stattfindet.

Denn es seien die ersten Glieder A, B, C von derselben Dimension n, und etwa alle übrigen von der Dimension n', so wird durch die Substitution von λa, λb, λc, .. statt a, b, c, .. die Gleichung (1) in die folgende:

$$\lambda^n A+\lambda^n B+\lambda^n C+\lambda^{n'} D+\cdots+\lambda^{n'} H=0,$$

oder in:

$$(2)\quad A+B+C+\lambda^{n'-n}(D+\cdots+H)=0$$

übergeben. Da die Gleichung (2) ebenfalls, und zwar für jeden Wert von λ richtig sein soll, so findet man, indem man (1) von (2) abzieht:

$$(\lambda^{n'-n}-1)(D+\cdots+H)=0,$$

welche Gleichung für ein beliebiges λ nur richtig sein kann, wenn $D+\cdots+H=0$ ist, d. h. die Gleichung (2) zerfällt in die beiden:

$$A+B+C=0,\quad D+\cdots+H=0;$$

da aber nach der Voraussetzung zwischen den Monomen $A, B, \ldots H$ nur die eine Gleichung (1) stattfindet, so ist die Annahme, dafs zwei Gruppen von Gliedern in (1) vorkommen, von denen einige von der $n$ten, die andern von der n'ten Dimension sind, unstatthaft.

Ebenso beweist man, dafs in (1) auch nicht drei oder mehr Gruppen von Gliedern vorkommen können, die von verschiedener Dimension sind; die Gleichung (1) mufs also homogen sein.

Die eben auseinandergesetzte Bedingung der Homogeneïtät giebt ein Mittel zur Kontrolle der Rechnung; wenn aber die Zahlenwerte der Linien sich nicht mehr auf eine beliebige, sondern auf eine ganz bestimmte Einheit beziehen, so kann man auf Gleichungen kommen, welche nicht mehr homogen sind. Sind z. B. x und y die Koordinaten eines Punktes der Kurve in Fig. 13, durch Oh als Längeneinheit gemessen, so findet zwischen ihnen die nicht homogene Gleichung statt (§. 12, b) $2y^3-x^4-5=0$, deren drei Glieder $2y^3$, x^4, 5 bezüglich von der 3ten, 4ten und 0ten Dimension sind; man kann die Homogeneïtät jedoch wieder herstellen. Nennt man die Länge von Oh und die der Koordinaten auf eine beliebige Einheit bezogen resp. a, X und Y, so sind die vorher mit x und y bezeichneten Gröfsen jetzt $\frac{X}{a}$, $\frac{Y}{a}$; die Gleichung der Kurve verwandelt sich also in:

$$2\frac{Y^3}{a^3}-\frac{X^4}{a^4}-5=0,\quad \text{oder:}\quad 2aY^3-X^4-5a^4=0,$$

und man erhält in beiden Formen homogene Gleichungen.

§. 16. **Einteilung der Kurven.** Man teilt die Kurven in **algebraische** und **transscendente**; eine algebraische Kurve ist eine solche, in deren Gleichung die Koordinaten x und y nur den Operationen der Addition, Subtraktion, Multiplikation, Division und Erhebung zu Potenzen mit rationalen Zahlenexponenten unterworfen sind; jede andere Kurve heifst eine transscendente. Von den beiden durch:

$$(y^2+ax)^{\frac{1}{3}} = \frac{x^3-by^2}{c^2+y^2}, \quad \frac{x}{a} = \log \frac{y}{b}$$

dargestellten Kurven ist die erste eine algebraische, die zweite eine transscendente.

Die algebraischen Kurven teilt man in Ordnungen; hat man in der Gleichung einer algebraischen Kurve alle Nenner und Wurzelgröfsen fortgeschafft, welche x und y enthalten, so sagt man, die Gleichung und die durch sie dargestellte Kurve oder Linie sei von der $n$ten Ordnung oder vom $n$ten Grade, wenn das in bezug auf x und y höchste Glied von der $n$ten Dimension ist. So ist die Kurve $xy^2-ax+by=0$, wegen des Gliedes xy^2, von der dritten Ordnung; die durch die Gleichungen $x^2+y^2-a^2=0$, $xy-b=0$ dargestellten Kurven sind von der zweiten Ordnung.

Die Linien erster Ordnung sind sämtlich durch die Gleichung:

$$ax+by+c=0$$

dargestellt, wo a, b, c konstante, d. h. von x und y unabhängige Gröfsen sind. Die Linien zweiter Ordnung können in ihrer Gleichung aufserdem noch in x^2, xy und y^2 multiplizierte Glieder enthalten, so dafs ihre allgemeinste Gleichung ist:

$$dx^2+exy+fy^2+ax+by+c=0.$$

Die allgemeinste Gleichung der Linien dritten Grades ist:

$$gx^3+hx^2y+ixy^2+ky^3+dx^2+exy+fy^2+ax+by+c=0.$$

In den folgenden Abschnitten werden wir uns mit den Linien der beiden ersten Grade beschäftigen.

Anmerkung. Eine Kurve wird zuweilen durch eine Gleichung zwischen Polarkoordinaten (§. 7, Zus.) definiert, d. h. durch eine Gleichung zwischen dem veränderlichen Radius Oa oder r (Fig. 16) und dem Winkel v, den r mit einer festen Geraden Ol bildet, durch welche Gleichung die Länge von r für jeden Wert des Winkels v sich berechnen läfst. (Vergl. §. 56.)

Zweites Kapitel.

Die Linien erster Ordnung.

§. 17. **Lehrsatz.** Der geometrische Ort aller Punkte, deren Koordinaten einer Gleichung ersten Grades genügen, ist eine gerade Linie.

Beweis. Jede Gleichung ersten Grades (erster Ordnung) zwischen x und y läfst sich auf die Form bringen:

$$(1) \quad ax+by+c=0,$$

wo a, b, c konstante Gröfsen sind, die positiv, negativ oder auch zum Teil gleich Null sein können. Wir betrachten folgende Fälle:

I. Es sei $a=0$; also (1) von der Form $by+c=0$, woraus $y=-\frac{c}{b}\cdot$ Da b und c Konstanten sind, so enthält der geometrische Ort alle Punkte mit gleicher Ordinate, d. h. er ist eine Parallele zur x-Axe; ist überdies $c=0$, hat man also $by=0$, oder $y=0$, so stellt er die x-Axe selbst vor (§. 4).

II. Ebenso ergiebt sich für $b=0$, dafs $ax+c=0$ eine Parallele zur y-Axe, so wie $x=0$ die y-Axe selbst darstellt.

III. Es seien a und b von Null verschieden; man denke sich drei verschiedene Lösungen von (1) berechnet, wie es z. B. in §. 12 für die Gleichung (a) geschehen ist; es seien dieselben x, y; x', y' und x'', y''. Diese Lösungen müssen der Gleichung (1) genügen, also mufs sein:

$$ax+by+c=0, \quad ax'+by'+c=0, \quad ax''+by''+c=0.$$

Zieht man die erste Gleichung von der zweiten und dritten ab, so erhält man:

$$a(x'-x)+b(y'-y)=0, \quad a(x''-x)+b(y''-y)=0,$$

woraus:

$$\frac{y'-y}{x'-x}=-\frac{a}{b}, \quad \frac{y''-y}{x''-x}=-\frac{a}{b},$$

also:

$$\frac{y'-y}{x'-x}=\frac{y''-y}{x''-x};$$

dies ist aber (§. 6) die Bedingung, damit (x, y), (x', y'), (x'', y'') drei Punkte einer Geraden darstellen; irgend drei Punkte also, welche der Gleichung (1) genügen, liegen in einer Geraden, und da schon zwei Punkte eine Gerade vollkommen bestimmen, so ist hiermit der Lehrsatz bewiesen.

IV. Ist $c=0$, so genügt der Gleichung $ax+by=0$ die Lösung $x=0$, $y=0$; die Gleichung $ax+by=0$ stellt also eine durch den Anfangspunkt gehende Gerade dar.

Wenn c nicht $=0$, so schneidet die Gerade (1) die Axen; es sei ξ die Abscisse des Durchschnittes mit der x-Axe (die Ordinate desselben ist natürlich $=0$) und η die Ordinate des Durchschnittes mit der y-Axe, dessen Abscisse $=0$, so müssen die Wertepaare $(\xi, 0)$, $(0, \eta)$ der Gleichung (1) genügen; es mufs also sein:

$$a\xi+c=0, \quad b\eta+c=0,$$

woraus:

$$\xi=-\frac{c}{a}, \quad \eta=-\frac{c}{b}; \quad a=-\frac{c}{\xi}, \quad b=-\frac{c}{\eta}.$$

Setzt man diese Werte von a und b in (1) ein, so erhält man:

$$(2) \quad \frac{x}{\xi}+\frac{y}{\eta}=1.$$

Die Gleichung (2) enthält nur zwei Konstanten ξ, η, während (1) scheinbar deren drei a, b, c enthält, allein da man mit einer derselben immer die Gleichung dividieren kann, so geben nur ihre Verhältnisse in die Gleichung (1) ein. Löst man z. B. (1) nach y auf und schreibt:

$$-\frac{a}{b}=\mu, \quad -\frac{c}{b}=m,$$

so kommt:

$$(3) \quad y=\mu x+m,$$

welche häufig gebrauchte Gleichung nur zwei Konstanten μ und m enthält. (Vergl. §. 21.)

Anm. 1. Die Gleichungen $ax+by+c=0$ und $y=\mu x+m$ sind, wenn b nicht $=0$ ist, von gleicher Allgemeinheit; ist aber $b=0$, so ist es unmöglich, den Gröfsen μ und m solche endlichen Werte beizulegen, dafs die Gleichung $y=\mu x+m$ dasselbe darstelle wie $ax+c=0$; denn die eine Gleichung enthält die Gröfse y, die andere enthält sie nicht. Dividiert man aber die Gleichung $y=\mu x+m$ durch μ und setzt dann $\frac{m}{\mu}=k$, so kommt $\frac{y}{\mu}=x+k$; ist nun μ unendlich grofs, so wird $\frac{y}{\mu}=0$, also kommt $x+k=0$. Wir können demnach sagen: damit $y=\mu x+m$ dasselbe bedeute wie die Gleichung $ax+c=0$, müssen μ und m unendliche Werte haben, deren Verhältnis $\frac{m}{\mu}$ gleich dem endlichen Bruche $\frac{c}{a}$ sei.

Anm. 2. Die zwei Konstanten, welche die Gleichung einer Geraden enthält, lassen sich so bestimmen, daſs die dargestellte Gerade zwei gegebenen Bedingungen genügt; die folgenden Aufgaben werden dies erläutern*).

§. 18. **Aufgabe. Die Gleichung der Geraden zu finden, die durch zwei gegebene Punkte (x', y') und (x'', y'') geht.**

Auflösung. Es handelt sich darum, zwei Gröſsen μ und m so zu bestimmen, daſs (x', y'), (x'', y'') Lösungen von:

$$(1)\quad y=\mu x+m$$

werden. Zu dem Ende muſs sein $y'=\mu x'+m$, $y''=\mu x''+m$, woraus durch Subtraktion hervorgeht:

$$y'-y''=\mu(x'-x''),\quad \text{oder:}\quad \mu=\frac{y'-y''}{x'-x''}.$$

---

*) Man kann fragen, in welchem Falle die beiden Gleichungen:

$$(4)\quad ax+by+c=0,\quad a'x+b'y+c'=0$$

eine und dieselbe Gerade vorstellen. Wenn dies stattfindet, muſs für ein beliebiges x aus beiden Gleichungen derselbe Wert des y folgen, d. h. es muſs für ein beliebiges x:

$$-\frac{a}{b}x-\frac{c}{b}=-\frac{a'}{b'}x-\frac{c'}{b'}$$

sein. Für $x=0$ giebt dies $\frac{c}{b}=\frac{c'}{b'}$; läſst man diese Glieder fort, so kann nicht $\frac{a}{b}x=\frac{a'}{b'}x$ für jeden Wert des x sein, wenn nicht $\frac{a}{b}=\frac{a'}{b'}$. Die Bedingungen $\frac{c}{b}=\frac{c'}{b'}$, $\frac{a}{b}=\frac{a'}{b'}$ lassen sich auch schreiben $\frac{c}{c'}=\frac{b}{b'}$ und $\frac{a}{a'}=\frac{b}{b'}$, oder $\frac{a}{a'}=\frac{b}{b'}=\frac{c}{c'}$. Nennt man den Wert dieser gleichen Brüche λ, so ist:

$$a=\lambda a',\quad b=\lambda b',\quad c=\lambda c',$$

d. h. von den beiden Gleichungen (4) muſs die eine durch Multiplikation mit einem konstanten Faktor λ aus der anderen entstanden sein, wenn sie dieselbe Gerade vorstellen sollen. Obige Rechnungen setzen stillschweigend voraus, daſs b und b' von Null verschieden sind; ist dies nicht der Fall, so bedarf der Beweis einer geringen Modifikation.

und: $m = y' - \mu x' = y' - \frac{y'-y''}{x'-x''}x' = \frac{y''x'-y'x''}{x'-x''}$.

Setzt man diese Werte in (1) ein, so erhält man:

$$(2)\quad y = \frac{y'-y''}{x'-x''}x + \frac{y''x'-y'x''}{x'-x''},$$

oder: $$(3)\quad y(x'-x'') - x(y'-y'') + y'x'' - y''x' = 0\text{*)}.$$

Statt dieser Gleichungen kann man auch schreiben:

$$(4)\quad y - y' = \frac{y''-y'}{x''-x'}(x-x'),$$

$$(5)\quad y - y'' = \frac{y''-y'}{x''-x'}(x-x'');$$

die Gleichungen (2), (3), (4), (5) sind nicht von einander verschieden, sondern einfache algebraische Umformungen, und hätten unmittelbar aus §. 6 abgeleitet werden können. Man überzeugt sich leicht, dafs sie in der That befriedigt werden, wenn man x' und y' oder x'' und y'' statt x und y einsetzt.

Anm. 1. Aus dem vorhergehenden ergiebt sich, dafs die Gleichung irgend einer durch (x', y') gehenden Geraden die folgende ist:

$$y - y' = \mu(x - x').$$

Anm. 2. In den Gleichungen (2) bis (5) bedeuten (x', y'), (x'', y'') die Koordinaten zweier gegebenen Punkte, x und y die irgend eines Punktes der Geraden, man nennt deshalb zum Unterschiede diese letzteren laufende Koordinaten.

(Aufg. 7.)

§. 19. Aufgabe. Die Koordinaten des Durchschnittes der beiden Geraden:

$$(1)\quad ax + by + c = 0, \qquad (2)\quad a'x + b'y + c' = 0$$

zu bestimmen:

Auflösung. Man findet dieselben (§. 14) durch Auflösung der Gleichungen (1) und (2):

$$(3)\quad x = \frac{bc'-cb'}{ab'-ba'}, \quad y = \frac{ca'-ac'}{ab'-ba'}.$$

*) Die Gleichung (3) läfst sich dahin interpretieren, dafs jeder Punkt (x, y) der Geraden mit den gegebenen Punkten (x', y') und (x'', y'') ein Dreieck bestimmt, dessen Inhalt gleich Null ist (§. 9, Form. 5 und §. 11 zu Ende).

Anm. 1. Die Werte (3) bleiben endlich, wenn $ab'-ba'$ von Null verschieden ist. Wenn aber:

$$(4)\quad ab'-ba'=0,\quad \text{oder:}\quad (5)\quad \frac{a}{a'}=\frac{b}{b'},$$

so werden diese Werte unendlich; die Geraden schneiden sich also dann im Endlichen nicht, oder sind parallel. Haben die Gleichungen die Form $y=\mu x+m$, $y=\mu' x+m'$, welche auch $\mu x-y+m=0$ u. s. w. geschrieben werden können, so wird die **Bedingung des Parallelismus**:

$$(6)\quad \mu=\mu'.$$

Anm. 2. Geht die Gerade:

$$(7)\quad a''x+b''y+c''=0$$

durch den Durchschnitt von (1) und (2), so müssen die Werte (3) der Gleichung (7) genügen; d. h. es muſs sein:

$$a''\frac{bc'-cb'}{ab'-ba'}+b''\frac{ca'-ac'}{ab'-ba'}+c''=0,$$

oder:

$$(8)\quad ab'c''-a'bc''+a'b''c-a''b'c+a''bc'-ab''c'=0;$$

diese Bedingung wird also erfüllt, **wenn die Geraden (1), (2), (7) durch einen Punkt gehen.**

§. 20. **Aufgabe. Die Gleichung der Geraden zu finden, welche durch den Punkt (x', y') geht und der Geraden $y=\mu x+m$ parallel ist.**

Auflösung. Es sei $y=\lambda x+l$ die Gleichung der gesuchten Geraden, so sind die Werte der beiden Konstanten λ und l zu bestimmen: der Parallelismus mit $y=\mu x+m$ erfordert, dafs $\lambda=\mu$ ist (§. 19, Form. 6), weil ferner die gesuchte Gerade durch den Punkt (x', y') gehen soll, mufs $y'=\lambda x'+l$ sein, also hat man $l=y'-\lambda x'=y'-\mu x'$; die gesuchte Gleichung wird demnach $y=\mu x+y'-\mu x'$, oder:

$$y-y'=\mu(x-x').$$

Anm. Die Gleichung der Geraden, welche durch den Anfangspunkt geht und mit $y=\mu x+m$ parallel ist, ist demnach $y=\mu x$.

Die folgenden Aufgaben gestalten sich für rechtwinklige Axen einfacher als für schiefwinklige, und sollen deshalb zuerst in bezug auf ein rechtwinkliges System gelöst werden.

§. 21. **Aufgabe. Die Gleichung einer Geraden in bezug auf ein rechtwinkliges System zu bestimmen, welche** durch den Punkt (x', y') geht und mit der Abscissenaxe einen gegebenen Winkel bildet.

Auflösung. Es sei w der Winkel zwischen der positiven Richtung der x-Axe, und der auf der positiven Seite der y liegenden Hälfte der Geraden (Fig. 17). Zieht man durch (x', y') oder a die Gerade aX parallel der $+x$-Axe, so ist die Gröfse der positiven Drehung von aX nach $ab = w$ und von aX nach $ab' = 180^\circ + w$. Demnach hat man, jenachdem x, y die Koordinaten von b oder b' sind:

für den Punkt b (vgl. §. 8): $x - x' = \overline{ab}\cos w$, $y - y' = \overline{ab}\sin w$,

„ „ „ b': $x - x' = \overline{ab'}\cos(180^\circ + w) = -\overline{ab'}\cos w$,

$$y - y' = \overline{ab'}\sin(180^\circ + w) = -\overline{ab'}\sin w,$$

also in beiden Fällen: $\frac{y - y'}{x - x'} = \operatorname{tang} w$,

die gesuchte Gleichung ist demnach:

$$(1) \quad y - y' = \operatorname{tang} w (x - x').$$

Liegt der Punkt (x', y') oder a auf der Ordinatenaxe, so ist $x' = 0$, und (1) verwandelt sich in:

$$(2) \quad y = \operatorname{tang} w . x + y'.$$

Vergleicht man (2) mit der Gleichung $y = \mu x + m$, so ergiebt sich die Bedeutung der Konstanten l und m bei einem rechtwinkligen Systeme; es ist nämlich μ die Tangente des Winkels w, den die Richtung der positiven Abscissenaxe mit der oberen Hälfte der Geraden bildet, und m die Ordinate ihres Durchschnittes mit der y-Axe.

Man nennt μ, den Koeffizienten von x in der Gleichung

$$y = \mu x + m$$

der geraden Linie, den Richtungskoeffizienten der Linie, weil durch ihn allein die Richtung der Linie bestimmt wird, während durch m ein bestimmter Punkt der y-Axe gegeben ist, durch den die Linie geht. Ist $m = 0$, so geht die Linie durch den Anfangspunkt der Koordinaten.

Anm. Man hat bekanntlich:

$$\cos w = \pm \frac{1}{\sqrt{1 + \operatorname{tang} w^2}}, \quad \sin w = \pm \frac{\operatorname{tang} w}{\sqrt{1 + \operatorname{tang} w^2}},$$

ist also: $\operatorname{tang} w = \mu$,

so kommt: $\cos w = \pm \frac{1}{\sqrt{1+\mu^2}}$, $\sin w = \pm \frac{\mu}{\sqrt{1+\mu^2}}$, das Vorzeichen mufs für cosinus und sinus gleich und zwar so gewählt werden, dafs $\sin w$ positiv ausfällt, weil w ein Winkel ist, der 180° nicht überschreitet.

§. 22. **Aufgabe.** Die Gleichungen zweier Geraden in rechtwinkligen Koordinaten seien $y = \mu x + m$, $y = \mu' x + m'$; den Winkel zu bestimmen, unter welchem sie sich schneiden.

Auflösung. Es seien w und w' die in §. 21 genau definierten Winkel, welche die Geraden mit der x-Axe bilden, also $\operatorname{tang} w = \mu$, $\operatorname{tang} w' = \mu'$. Es sei ferner, wie in Fig. 18, $w > w'$, dann schliefsen zwei durch den Anfangspunkt O mit den oberen Teilen der Geraden parallel gezogene Linien einen Winkel $w - w'$ ein, der dem Winkel u zwischen den Geraden gleich ist; also hat man:

$$(1)\quad \operatorname{tang} u = \operatorname{tang}(w - w') = \frac{\operatorname{tang} w - \operatorname{tang} w'}{1 + \operatorname{tang} w \operatorname{tang} w'} = \frac{\mu - \mu'}{1 + \mu\mu'}.$$

Wäre $w' > w$, so hätte man $\operatorname{tang} u = \operatorname{tang}(w' - w) = \frac{\mu' - \mu}{1 + \mu\mu'}$; die rechte Seite von (1) wäre in diesem Falle $= -\operatorname{tang} u$, oder $= \operatorname{tang} u'$, wenn u' der Nebenwinkel von u ist; daher ist sie unter allen Umständen die Tangente eines der Winkel, welche die Geraden bilden. Sind die Geraden parallel, so ist $u = 0$, also $\operatorname{tang} u = 0$, woraus $\mu = \mu'$ (§. 19, Anm. 1); stehen die Geraden auf einander senkrecht, so mufs $\operatorname{tang} u$ unendlich werden, also ist dann:

$$(2)\quad 1 + \mu\mu' = 0,$$

also:

die Richtungskoeffizienten paralleler Geraden sind einander gleich; das Produkt der Richtungskoeffizienten lotrechter Geraden ist gleich -1.

Sind die Gleichungen der Geraden:

$$(3)\quad \alpha x + \beta y + c = 0, \quad \alpha' x + \beta' y + c' = 0,$$

so ist in (1) für μ und μ' bezüglich $-\frac{\alpha}{\beta}$ und $-\frac{\alpha'}{\beta'}$ zu setzen, also:

$$(4)\quad \operatorname{tang} u = \frac{-\frac{\alpha}{\beta} + \frac{\alpha'}{\beta'}}{1 + \frac{\alpha\alpha'}{\beta\beta'}} = \frac{\alpha'\beta - \alpha\beta'}{\alpha\alpha' + \beta\beta'}.$$

woraus die Bedingung des Parallelismus $\alpha'\beta-\alpha\beta'=0$ (§. 19), und die der Perpendikularität:

$$(5)\quad \alpha\alpha'+\beta\beta'=0 \text{ folgen.}$$

Anm. Um $\sin u$ und $\cos u$ zu berechnen, bilden wir zuvor $1+\operatorname{tang} u^2$ (§. 21); man hat:

$$1+\operatorname{tang} u^2=\frac{(\alpha\alpha'+\beta\beta')^2+(\alpha'\beta-\alpha\beta')^2}{(\alpha\alpha'+\beta\beta')^2};$$

nach einer häufig gebrauchten Transformationsformel, deren Richtigkeit sich leicht verifizieren läfst, ist:

$$(6)\quad (\alpha\alpha'+\beta\beta')^2+(\alpha'\beta-\alpha\beta')^2=(\alpha^2+\beta^2)(\alpha'^2+\beta'^2);$$

hieraus folgt:

$$(7)\quad \cos u=\pm\frac{\alpha\alpha'+\beta\beta'}{\sqrt{\alpha^2+\beta^2}\sqrt{\alpha'^2+\beta'^2}},\quad \sin u=\pm\frac{\alpha'\beta-\alpha\beta'}{\sqrt{\alpha^2+\beta^2}\sqrt{\alpha'^2+\beta'^2}}.$$

§. 23. Aufgabe. Die Koordinaten (x', y') eines Punktes und die Gleichung einer Geraden:

$$(1)\quad \alpha x+\beta y+c=0$$

sind für ein rechtwinkliges System gegeben; man soll die Gleichung des von (x', y') auf (1) gefällten Lotes, den Fufspunkt und die Länge desselben bestimmen.

Auflösung. Die Gleichung der gegebenen Geraden (1) läfst sich auf die Form bringen

$$(2)\quad y=-\frac{\alpha}{\beta}x-\frac{c}{\beta},$$

d. h. ihr Richtungskoeffizient ist $-\frac{\alpha}{\beta}$: die Gleichung des gesuchten Lotes mufs, weil dasselbe durch den Punkt (x', y') geht, die Form haben (§. 18, Anm. 1):

$$(3)\quad y-y'=\mu(x-x')$$

und weil dasselbe auf (2) senkrecht steht, mufs $\mu=\frac{\beta}{\alpha}$ sein, folglich ist die Gleichung des gesuchten Lotes:

$$y-y'=\frac{\beta}{\alpha}(x-x'),$$

oder eleganter:

$$(4)\quad \frac{x-x'}{\alpha}=\frac{y-y'}{\beta}.$$

Die Koordinaten des Fufspunktes ergeben sich durch Auflösung der Gleichungen (1) und (4). Setzt man den Wert der beiden gleichen Brüche in (4) $= k$, so kommt:

$$(5)\quad x = x' + \alpha k;\quad y = y' + \beta k;$$

substituiert man diese Werte in (1), so kommt:

$$\alpha x' + \beta y' + c + k(\alpha^2 + \beta^2) = 0,$$

woraus:
$$k = -\frac{\alpha x' + \beta y' + c}{\alpha^2 + \beta^2};$$

also werden zufolge (5) die Koordinaten des Fufspunktes:

$$(6)\quad x = x' - \alpha\frac{\alpha x' + \beta y' + c}{\alpha^2 + \beta^2},\quad y = y' - \beta\frac{\alpha x' + \beta y' + c}{\alpha^2 + \beta^2}.$$

Die Länge P des Lotes von (x', y') auf (1) gefällt, ist die Entfernung des Fufspunktes (x, y) und des Punktes (x', y'); also $P^2 = (x - x')^2 + (y - y')^2$, nun ist $x - x' = \alpha k$, $y - y' = \beta k$, woraus $P^2 = (\alpha^2 + \beta^2)k^2$, oder:

$$(7)\quad P = \frac{\alpha x' + \beta y' + c}{\sqrt{\alpha^2 + \beta^2}};$$

wo das Vorzeichen der Wurzel als positiv anzunehmen ist*).

(Aufg. 8 und 9).

---

*) Die Formel (7) des §. 23 veranlafst uns eine Betrachtung hier einzuschalten, die öfters Anwendung findet.

Denkt man sich für sämtliche Punkte einer Ebene den Wert von $\alpha x + \beta y + c$ berechnet, so wird derselbe für alle Punkte **einer** Geraden G verschwinden, während er für alle anderen Punkte der Ebene positiv oder negativ wird. Wir wollen nun nachweisen, dafs die Gerade G die Punkte der Ebene, für welche das eine stattfindet, von denen trennt, für welche das Gegenteil eintritt. In der That, es sei h ein Punkt der Geraden G, x', y' seine Koordinaten. Denken wir uns durch h eine Parallele zur x-Axe, es sei (x'', y') ein Punkt k derselben, der natürlich mit h gleiche Ordinate hat. Ist nun, um etwas festzustellen, α positiv, so wird $\alpha x'' + \beta y' + c \gtreqless \alpha x' + \beta y' + c$ sein, jenachdem $x'' \gtreqless x'$ ist; da aber $\alpha x' + \beta y' + c = 0$, so ist $\alpha x'' + \beta y' + c$ positiv oder negativ, jenachdem der Punkt k der Parallelen von h aus auf der Seite der wachsenden oder abnehmenden x liegt. Diese Betrachtungen lassen sich für jeden Punkt h von G anstellen. Für sämtliche Punkte der Ebene, die von G aus auf der Seite der wachsenden Abscissen liegen, wird $\alpha x + \beta y + c$ positiv, für G selbst gleich Null, für die anderen negativ. Ist α negativ, so bestimmt sich, um kurz zu sprechen, die positive und negative Region der Ebene gerade umgekehrt. Wir kommen auf diese Betrachtungen noch einmal zurück (§. 69).

Das Resultat (§. 23, 7) kann man demnach jetzt so aussprechen: Der

§. 24. **Entwickelung einiger Formeln für schiefwinklige Koordinaten.** Die in §§. 21—23 behandelten Aufgaben werden in Kap. 7 allgemein und symmetrisch für ein schiefwinkliges System gelöst werden, doch mögen teils der Übung wegen, teils für den Gebrauch in den nächsten Abschnitten einige Formeln analog wie in den vorhergehenden §§. abgeleitet werden. — In der folgenden Entwickelung ist φ der Winkel zwischen den positiven Halbaxen.

Aus §. 11 Formel 4 ergiebt sich ähnlich wie in §. 21 die Gleichung der Geraden, die durch (x', y') geht und mit der x-Axe den in §. 21 genau definierten Winkel w bildet:

$$(1)\quad y-y' = \frac{\sin w}{\sin(\varphi-w)}(x-x').$$

Ist $x'=0$, so wird diese Gleichung:

$$(2)\quad y = \frac{\sin w}{\sin(\varphi-w)}x+y';$$

demnach bedeutet in $y=\mu x+m$, m die Ordinate des Durchschnittes dieser Geraden mit der y-Axe und zwischen μ und w hat man die Gleichung:

$$(3)\quad \mu = \frac{\sin w}{\sin(\varphi-w)}.$$

Um w aus μ zu bestimmen, schaffen wir in (3) den Nenner fort und entwickeln $\sin(\varphi-w)$; dies giebt:

$$\mu\sin\varphi\cos w-\mu\cos\varphi\sin w = \sin w,$$

oder:

$$\mu\sin\varphi\cos w = (1+\mu\cos\varphi)\sin w,$$

woraus:

$$(4)\quad \operatorname{tang} w = \frac{\mu\sin\varphi}{1+\mu\cos\varphi}.$$

Sind:

$$(5)\quad y=\mu x+m,\quad y=\mu' x+m'$$

zwei gerade Linien, für welche w, w' und u dieselbe Bedeutung haben wie in §. 22, so ist der Winkel u, den die Geraden bilden, durch die Gleichung gegeben:

$$\operatorname{tang} u = \frac{\operatorname{tang} w-\operatorname{tang} w'}{1+\operatorname{tang} w\operatorname{tang} w'}.$$

Ausdruck für P ist positiv oder negativ, jenachdem (x', y') in der positiven oder negativen Region der Ebene liegt; sein Zahlenwert ist dem von (x', y') auf $\alpha x+\beta y+c=0$ gefällten Lote gleich.

Nun ist (4):

$$\operatorname{tang} w = \frac{\mu \sin\varphi}{1+\mu\cos\varphi}, \quad \operatorname{tang} w' = \frac{\mu' \sin\varphi}{1+\mu'\cos\varphi},$$

also: $$\operatorname{tang} w - \operatorname{tang} w' = \frac{\mu\sin\varphi}{1+\mu\cos\varphi} - \frac{\mu'\sin\varphi}{1+\mu'\cos\varphi}$$
$$= \frac{(\mu-\mu')\sin\varphi}{(1+\mu\cos\varphi)(1+\mu'\cos\varphi)},$$

und: $$1+\operatorname{tang} w \operatorname{tang} w' = 1+\frac{\mu\mu'\sin\varphi^2}{(1+\mu\cos\varphi)(1+\mu'\cos\varphi)}$$
$$= \frac{1+(\mu+\mu')\cos\varphi+\mu\mu'}{(1+\mu\cos\varphi)(1+\mu'\cos\varphi)};$$

folglich: $$(6) \quad \operatorname{tang} u = \frac{(\mu-\mu')\sin\varphi}{1+(\mu+\mu')\cos\varphi+\mu\mu'}.$$

Die Geraden (5) sind demnach parallel, wenn $\mu-\mu'=0$ (§. 19) und sie stehen auf einander senkrecht, wenn:

$$(7) \quad 1+(\mu+\mu')\cos\varphi+\mu\mu' = 0.$$

Die **Gleichung einer Geraden**, welche dadurch bestimmt ist, daſs das vom Anfangspunkt der Koordinaten auf sie gefällte Lot die Länge p hat und mit der x- und y-Axe bezüglich den Winkel α und β bildet, ist (§. 60, 15):

$$(8) \quad x.\cos\alpha + y.\cos\beta = p.$$

Die übrigen Aufgaben, welche sich hier noch anschlieſsen, sehe man weiter unten Kap. 7.

(Aufg. 10, 11, 12.)

Drittes Kapitel.

Der Kreis.

§. 25. **Gleichung des Kreises.** Der Ort aller Punkte einer Ebene, welche von einem gegebenen Punkte derselben Ebene konstante Entfernung haben, ist ein **Kreis**, der gegebene Punkt heiſst der **Mittelpunkt**, die konstante Entfernung der **Radius** desselben.

Aufgabe. Die Gleichung eines Kreises aufzustellen, der mit dem Radius r um den Mittelpunkt (p, q) beschrieben ist.

Sind die Koordinaten schiefwinklige und (x, y) irgend ein Punkt des Kreises, so mufs sein (§. 11, Formel 6):

$$(1)\quad (x-p)^2+2(x-p)(y-q)\cos\varphi+(y-q)^2=r^2,$$

und für ein rechtwinkliges System:

$$(2)\quad (x-p)^2+(y-q)^2=r^2.$$

Der Einfachheit halber werden wir uns im Laufe dieses Kapitels nur rechtwinkliger Koordinaten bedienen.

Liegt der Mittelpunkt auf der x-Axe, und berührt der Kreis aufserdem die Ordinatenaxe, so ist $p=r$, $q=0$, und die Gleichung (2) wird nach Auflösung der Klammern:

$$(3)\quad x^2-2rx+y^2=0;$$

ist der Kreis um den Anfangspunkt der Koordinaten beschrieben, so wird $p=0$, $q=0$, also ist dann die Kreisgleichung:

$$(4)\quad x^2+y^2=r^2.$$

Löst man in der allgemeinen Formel (2) die Klammern auf, so kommt $x^2+y^2-2px-2qy+p^2+q^2-r^2=0$; die Kreisgleichung enthält also aufser einem Ausdrucke erster Ordnung:

$$-2px-2qy+p^2+q^2-r^2$$

noch die Glieder x^2+y^2. Umgekehrt hat man den Satz:

eine quadratische Gleichung, in welcher das Glied mit xy fehlt und die Glieder mit x^2 und y^2 mit demselben Koeffizienten behaftet vorkommen, also eine Gleichung von der Form:

$$(5)\quad ax^2+ay^2+bx+cy+d=0$$

stellt im allgemeinen einen Kreis dar.

In der That kann man (5) oder:

$$x^2+y^2+\frac{b}{a}x+\frac{c}{a}y+\frac{d}{a}=0$$

in folgende Gleichung transformieren:

$$(6)\quad \left(x+\frac{b}{2a}\right)^2+\left(y+\frac{c}{2a}\right)^2=\frac{b^2}{4a^2}+\frac{c^2}{4a^2}-\frac{d}{a}=\frac{b^2+c^2-4ad}{4a^2}.$$

Vergleicht man (6) mit (2), so sieht man, dafs alle Punkte, welche die Gleichung (6), oder was dasselbe ist (5) befriedigen, auf einem Kreise liegen, der um den Punkt $\left(-\frac{b}{2a}, -\frac{c}{2a}\right)$ mit dem Radius $r=\frac{\sqrt{b^2+c^2-4ad}}{2a}$ beschrieben ist.

Damit r reell sei, mufs b^2+c^2-4ad positiv sein; ist der letztere Ausdruck negativ, so hat (6) gar keine geometrische Bedeutung; denn die Summe der beiden Quadrate links kann nicht negativ werden; ist $b^2+c^2-4ad=0$, so genügt der Gleichung (6) nur der einzelne Punkt $x=-\frac{b}{2a}$, $y=-\frac{c}{2a}$, denn damit die Summe der beiden Quadrate $=0$ sei, mufs jedes einzeln $=0$ sein. (Vgl. §. 12, Anm.)

Anm. Man findet für ein schiefwinkliges System mit dem Axenwinkel φ durch Vergleichung mit (1), dafs:

$$ax^2+2axy\cos\varphi+ay^2+bx+cy+d=0$$

einen Kreis darstellt.

Als Anwendung diene folgende

§. 26. **Aufgabe.** Den Ort aller Punkte u zu bestimmen, für welche die Entfernungen von zwei festen Punkten a und b in einem konstanten Verhältnis stehen. (Fig. 19.)

Auflösung. Es sei $\frac{ua}{ub}=\frac{m}{n}$, wo m und n gegebene Zahlen oder Linien vorstellen sollen, und $m>n$, oder wenigstens nicht kleiner; die Gerade ab sei die Abscissenaxe, a der Anfangspunkt, die Abscisse von $b=\beta$, die Koordinaten von u seien x und y. Dann ist:

$$ua=\sqrt{x^2+y^2},\quad ub=\sqrt{(x-\beta)^2+y^2},$$

also:

$$\frac{\sqrt{x^2+y^2}}{\sqrt{(x-\beta)^2+y^2}}=\frac{m}{n};$$

und nach Wegschaffung der Wurzel und des Nenners:

$$(1)\quad (m^2-n^2)(x^2+y^2)-2m^2\beta x+m^2\beta^2=0;$$

dies ist nach §. 25 die Gleichung eines Kreises; also liegen alle Punkte u, welche der gegebenen Bedingung genügen, auf einem Kreise. Man kann statt (1) schreiben:

$$(2)\quad \left(x-\frac{m^2\beta}{m^2-n^2}\right)^2+y^2=\frac{m^4\beta^2}{(m^2-n^2)^2}-\frac{m^2\beta^2}{m^2-n^2}=\frac{m^2n^2\beta^2}{(m^2-n^2)^2};$$

der Mittelpunkt des Kreises liegt also auf der Abscissenaxe ab, seine Abscisse ist $=\frac{m^2\beta}{m^2-n^2}$, der Radius $=\frac{mn\beta}{m^2-n^2}$. Um die Durchschnitte des Kreises und der Abscissenaxe zu finden, mufs man die Gleichung (2) und die Gleichung der Abscissenaxe, d. h. $y=0$

kombinieren, und man erhält $x - \frac{m^2\beta}{m^2-n^2} = \pm \frac{mn\beta}{m^2-n^2}$; woraus zwei Werte des x sich ergeben:

$$x_1 = \frac{m^2\beta}{m^2-n^2} + \frac{mn\beta}{m^2-n^2} = \frac{m\beta}{m-n} = \beta + \frac{n}{m-n}\beta,$$

$$x_2 = \frac{m^2\beta}{m^2-n^2} - \frac{mn\beta}{m^2-n^2} = \frac{m\beta}{m+n} = \beta - \frac{n}{m+n}\beta.$$

Weil $m-n$ positiv ist, so ist offenbar $x_1 > x_2$; x_2 ist die Abscisse eines Durchschnittes v'', der zwischen a und b, x_1 die Abscisse eines Durchschnittes v', der über b hinaus liegt. Ferner ist:

$$v'a = x_1 = \frac{m\beta}{m-n},\ v'b = \frac{m\beta}{m-n} - \beta = \frac{n\beta}{m-n},\ \text{woraus}\ \frac{v'a}{v'b} = \frac{m}{n};$$

$$v''a = x_2 = \frac{m\beta}{m+n},\ v''b = \beta - \frac{m\beta}{m+n} = \frac{n\beta}{m+n},\ \text{woraus}\ \frac{v''a}{v''b} = \frac{m}{n}.$$

Bestimmt man also innerhalb und auf der Verlängerung von ab zwei Punkte v'' und v', deren Entfernungen von a und von b sich für einen jeden wie m zu n verhalten, und beschreibt über $v'v''$ als Durchmesser einen Kreis, so wird für einen jeden Punkt u desselben ua zu ub sich wie m zu n verhalten. — Weil $\frac{v'a}{v'b} = \frac{v''a}{v''b}$, so sind v', v''; a und b harmonische Punkte*).

Anm. Ist $m = n$, so verwandelt sich die Gleichung (1) in $-2m^2\beta x + m^2\beta^2 = 0$, oder $x = \frac{\beta}{2}$, d. h. der Ort aller Punkte u, für welche $\frac{ua}{ub} = 1$, ist das Lot, welches ab halbiert.

(Aufg. 13—18.)

*) Über die Theorie der harmonischen Punkte und Geraden, welche jetzt in den vollständigeren Lehrbüchern der Planimetrie nicht mehr übergangen wird, siehe Kap. 9. Hier bemerken wir nur, dafs vier auf einander folgende Punkte a, b, c, d harmonische heifsen, wenn I. $\frac{ab}{ad} = \frac{cb}{cd}$, woraus II. $\frac{ba}{bc} = \frac{da}{dc}$; a und c so wie b und d heifsen konjugierte Punkte. Nennt man m die Mitte von ac, so ergiebt sich, dafs b und d auf derselben Seite von m so liegen, dafs:

$$\text{III.}\quad \overline{am}^2 = \overline{cm}^2 = bm \,.\, dm,$$

und ist n die Mitte von bd, so liegen a und c auf derselben Seite von n so dafs:

$$\text{IV.}\quad \overline{bn}^2 = \overline{dn}^2 = an \,.\, cn;$$

von den vier Gleichungen I—IV ist jede eine Folge der übrigen.

§. 27. **Bestimmung eines Kreises.** Da die Gleichung des Kreises drei Konstanten enthält, den Radius r und die Mittelpunkts-Koordinaten p, q, oder unter der Form $ax^2+ay^2+bx+cy+d=0$, die Verhältnisse der Gröfsen a, b, c, d, so kann man im allgemeinen einen Kreis bestimmen, der drei vorgeschriebenen Bedingungen genügt. Soll er z. B. durch (x', y'), (x'', y''), (x''', y''') gehen, so mufs sein:

$$(x'-p)^2+(y'-q)^2-r^2=0,$$

oder:

$$x'^2+y'^2 = 2px' +2qy' +r^2-p^2-q^2,$$

ebenso:

$$x''^2+y''^2 = 2px'' +2qy'' +r^2-p^2-q^2,$$
$$x'''^2+y'''^2 = 2px'''+2qy'''+r^2-p^2-q^2.$$

Aus diesen Gleichungen kann man p, q, $r^2-p^2-q^2$, also auch r berechnen; man erhält diese Gröfsen als Brüche mit dem gemeinschaftlichen Nenner:

$$x''y'''-x'''y''+x'''y'-x'y'''+x'y''-x''y'.$$

Damit p, q, r endliche Werte bekommen, darf dieser Nenner nicht $=0$ werden, d. h. die gegebenen Punkte dürfen nicht in einer Geraden liegen (§. 6, Formel 4).

§. 28. **Aufgabe.** Die Gleichung der Tangente an einem Punkte (x', y') des Kreises:

$$(1)\quad (x-p)^2+(y-q)^2-r^2=0$$

aufzustellen.

Infolge der aus den Elementen bekannten Eigenschaft der Tangente eines Kreises kommt die Aufgabe darauf zurück, durch den Punkt (x', y') eine Gerade zu legen, welche auf der durch (x', y') und den Mittelpunkt (p, q) gehenden Geraden senkrecht sei; wir wollen jedoch die Kenntnis dieser Eigenschaft nicht voraussetzen und die Gleichung der Tangente nach einer für alle algebraischen Kurven anwendbaren Methode aufstellen. — Denkt man sich durch einen festen Punkt (x', y') auf einer Kurve und durch einen beweglichen g auf derselben eine unendliche Gerade G gezogen, und läfst man den Punkt g dem Punkte (x', y') bis zum Zusammenfallen nahe rücken, so nennt man die Gerade G in der Grenzlage, welche sie alsdann erreicht, die Tangente der Kurve in (x', y').

Die Gleichung irgend einer durch (x', y') gehenden Geraden ist (§. 18, Anm. 1) $y-y' = \mu(x-x')$, oder symmetrischer:

$$(2) \quad \frac{x-x'}{k} = \frac{y-y'}{l};$$

es handelt sich jetzt darum, k und l, oder genauer das Verhältnis $\frac{l}{k}$ so zu bestimmen, dafs (2) die Tangente werde.

Die Durchschnitte der Geraden (2) und des Kreises findet man durch Auflösung von (1) und (2); wir setzen zu dem Ende die gleichen Brüche in (2) gleich ε, woraus:

$$(3) \quad x = x'+k\varepsilon, \quad y = y'+l\varepsilon,$$

und durch Substitution dieser Werte in (1):

$$(4) \quad (k^2+l^2)\varepsilon^2+2\varepsilon\{k(x'-p)+l(y'-q)\} \\ +(x'-p)^2+(y'-q)^2-r^2 = 0.$$

Weil nach der Voraussetzung (x', y') ein Punkt des Kreises (1) ist, hat man:

$$(5) \quad (x'-p)^2+(y'-q)^2-r^2 = 0;$$

dadurch verwandelt sich (4) in:

$$(6) \quad \varepsilon\{\varepsilon(k^2+l^2)+2k(x'-p)+2l(y'-q)\} = 0.$$

Diese Gleichung wird erfüllt, wenn $\varepsilon = 0$, und wenn:

$$\varepsilon = -\frac{2}{k^2+l^2}\{k(x'-p)+l(y'-q)\}$$

ist; der erste Wert von ε in (3) eingesetzt, giebt $x = x'$, $y = y'$, d. h. einer der Durchschnitte von (1) und (2) ist der gegebene Punkt selbst. Substituiert man in (3) den zweiten Wert von ε, so erhält man die Koordinaten eines zweiten Durchschnittspunktes. Soll dieser mit (x', y') zusammenfallen, so mufs auch der zweite Wert von $\varepsilon = 0$ sein, d. h.:

$$k(x'-p)+l(y'-q) = 0, \quad \text{oder:} \quad \frac{l}{k} = -\frac{x'-p}{y'-q}.$$

Setzt man dies in (2) oder $y-y' = \frac{l}{k}(x-x')$ ein, so erhält man die Gleichung der Tangente:

$$(7) \quad y-y' = -\frac{x'-p}{y'-q}(x-x').$$

Die Gleichung der Geraden, welche durch den Mittelpunkt (p, q) und den Berührungspunkt (x', y') geht und in welcher der Radius liegt, ist (§. 18, Form. 5):

$$(8)\quad y-y' = \frac{y'-q}{x'-p}(x-x');$$

für (7) und (8) ist die Bedingung erfüllt, infolge deren die durch diese Gleichungen dargestellten Linien senkrecht stehen (§. 22, Form. 2), nämlich:

$$1-\frac{x'-p}{y'-q}\cdot\frac{y'-q}{x'-p}=0.$$

Die Gleichung der Tangente (7) läfst sich noch transformieren; schreibt man $y-q-(y'-q)$ statt $y-y'$ und $x-p-(x'-p)$ statt $x-x'$ und schafft den Nenner fort, so kommt:

$$(y-q)(y'-q)-(y'-q)^2+(x-p)(x'-p)-(x'-p)^2=0,$$

oder mit Berücksichtigung von (5):

$$(9)\quad (x-p)(x'-p)+(y-q)(y'-q)-r^2=0.$$

Dies ist die Gleichung der Tangente in ihrer einfachsten Form. Ist $p=0$, $q=0$, also die Gleichung des Kreises:

$$(10)\quad x^2+y^2=r^2,$$

so wird die Gleichung der Tangente:

$$(11)\quad xx'+yy'=r^2.$$

Anm. Eine andere weniger allgemeine Ableitung der Gleichung der Tangente, die sich aber durch ihre Leichtigkeit empfiehlt und auch bei einigen anderen Kurven gebraucht werden kann, ist folgende. Die Gleichung einer durch die Punkte P', (x', y') und P'', (x'', y'') gehenden Geraden ist:

$$(12)\quad y-y'=\frac{y''-y'}{x''-x'}(x-x').$$

Liegen beide Punkte auf dem Kreise (10), so mufs man haben:

$$x'^2+y'^2=r^2,\quad x''^2+y''^2=r^2,$$

woraus:

$$x''^2-x'^2+y''^2-y'^2=0 \quad\text{oder:}\quad \frac{y''-y'}{x''-x'}=-\frac{x''+x'}{y''+y'},$$

also verwandelt sich (12) in:

$$(13)\quad y-y'=-\frac{x''+x'}{y''+y'}(x-x');$$

dies ist die Gleichung einer Kreis-Sekante; damit sie die Gleichung einer Tangente werde, mufs man (x'', y'') mit (x', y')

zusammenfallen lassen: dadurch verwandeln sich $x''+x'$ und $y''+y'$ bezüglich in $2x'$ und $2y'$, also (13) in:

$$y-y' = -\frac{x'}{y'}(x-x'), \quad \text{oder:} \quad yy'-y'^2+xx'-x'^2 = 0,$$

welche Gleichung wegen $x'^2+y'^2=r^2$ auf (11) zurückkommt.

Führt man in der Gleichung (13) für $x''+x'$ und $y''+y'$ bezüglich $2x_0$ und $2y_0$ ein, wo (x_0, y_0) der Mittelpunkt von $P'P''$ ist (§. 6, 5), so wird die Gleichung dieser Sehne:

$$y-y' = -\frac{x_0}{y_0}(x-x');$$

hieraus ergiebt sich, dafs die Sehne senkrecht steht auf der Verbindungslinie ihres Mittelpunktes mit dem des Kreises:

$$y = \frac{y_0}{x_0}x,$$

weil das Produkt ihrer Richtungskoeffizienten gleich -1 ist.

Die analytisch-geometrische Lösung der Aufgabe, von einem Punkte aufserhalb Tangenten an den Kreis zu ziehen, übergehen wir, weil das allgemeinere Problem (für die Ellipse) im nächsten Kapitel behandelt wird (§§. 38, 39).

§. 29. **Kombination einer Geraden und eines Kreises.** In dem vorigen Paragraphen haben wir gesehen, dafs die Koordinaten des Durchschnittes des Kreises:

$$(1) \quad (x-p)^2+(y-q)^2-r^2 = 0$$

mit der durch irgend einen Punkt (x', y') gezogenen Geraden:

$$(2) \quad \frac{x-x'}{k} = \frac{y-y'}{l}, \quad \text{oder:} \quad (2^*) \quad k(y-y')-l(x-x') = 0$$

vermittelst der Formeln:

$$(3) \quad x = x'+k\varepsilon, \quad y = y'+l\varepsilon$$

gegeben sind, wo ε eine Wurzel der quadratischen Gleichung:

$$(4) \quad \begin{aligned} &\varepsilon^2(k^2+l^2)+2\varepsilon\{k(x'-p)+l(y'-q)\} \\ &+(x'-p)^2+(y'-q)^2-r^2 = 0 \end{aligned}$$

bedeutet. Nun hat bekanntlich die allgemeine Gleichung zweiten Grades:

$$\varepsilon^2L+2\varepsilon M+N = 0$$

die beiden Wurzeln $\frac{-M+\sqrt{M^2-LN}}{L}$, $\frac{-M-\sqrt{M^2-LN}}{L}$, welche reell und ungleich, reell und gleich, oder imaginär sind, jenachdem

$M^2 - LN > 0$, $= 0$, oder < 0 ist. Also haben (1) und (2) zwei reelle und verschiedene, zwei reelle aber zusammenfallende, oder gar keine reellen Durchschnittspunkte, jenachdem:

$$(5)\quad \{k(x'-p)+l(y'-q)\}^2-(k^2+l^2)\{(x'-p)^2+(y'-q)^2-r^2\} \gtreqless 0$$

ist. Nach §. 22, Form. 6 kann man (5) transformieren und hat dafür:

$$(6)\quad (k^2+l^2)r^2-\{k(y'-q)-l(x'-p)\}^2 \gtreqless 0.$$

oder, weil man jede Ungleichheit mit einer positiven Gröfse wie k^2+l^2 dividieren darf:

$$(7)\quad r^2-\frac{\{k(y'-q)-l(x'-p)\}^2}{k^2+l^2} \gtreqless 0.$$

Nach §. 23, Form. 7 ist $\frac{\{k(y'-q)-l(x'-p)\}^2}{k^2+l^2} = P^2$, d. h. gleich dem Quadrate des vom Punkte (p, q) oder dem Mittelpunkte auf die Gerade (2) gefällten Lotes; die Gerade (2) und der Kreis (1) haben also zwei verschiedene, zwei zusammenfallende oder gar keine reellen Durchschnittspunkte, mit anderen Worten, die Gerade ist eine Sekante, eine Tangente, oder eine den Kreis gar nicht schneidende Linie, jenachdem der Radius gröfser, gleich oder kleiner ist, als das vom Mittelpunkte auf die Gerade gefällte Lot.

Die Interpretation der Hilfsgröfse ε in (3) führt zu einem anderen Satze. Aus (3) folgt:

$$(x-x')^2+(y-y')^2=(k^2+l^2)\varepsilon^2,$$

also ist $\varepsilon\sqrt{k^2+l^2}$ gleich plus oder minus der Entfernung eines Punktes (x, y) der Geraden (2) vom festen Punkte (x', y'). Für welche Punkte der Geraden das eine oder andere Zeichen gilt, ist hier gleichgültig, allein man sieht leicht, dafs für die beiden unendlichen Hälften der Geraden (2), welche der auf ihr liegende Punkt (x', y') bestimmt, entgegengesetzte Zeichen gelten; denn für die eine Hälfte wird $x-x'$ positiv, für die andere negativ sein, dasselbe gilt also auch zufolge (3) für $k\varepsilon$, und demnach für $\varepsilon\sqrt{k^2+l^2}$. Setzt man:

$$\varepsilon\sqrt{k^2+l^2}=\varrho, \quad \text{also:} \quad \varepsilon=\frac{\varrho}{\sqrt{k^2+l^2}},$$

so verwandelt sich (4) in:

$$(8)\quad \varrho^2+\frac{2\varrho}{\sqrt{k^2+l^2}}\{k(x'-p)+l(y'-q)\}$$
$$+(x'-p)^2+(y'-q)^2-r^2=0.$$

Nennt man ϱ', ϱ'' die beiden Wurzeln dieser quadratischen Gleichung, so kommt:

$$(9)\quad \varrho'\varrho''=(x'-p)^2+(y'-q)^2-r^2.$$

Da die verschiedenen durch (x', y') gehenden Geraden (2) sich nur durch den Wert unterscheiden, welchen das Verhältnis $\frac{l}{k}$ hat, und in (9) k und l nicht vorkommen, so bleibt $\varrho'\varrho''$ für alle durch (x', y') gehenden Geraden konstant; wir haben also den Satz:

Zieht man durch einen festen Punkt u (Fig. 20) mehrere Gerade, von denen jede den Kreis in zwei Punkten α, β; α', β' u. s. w. trifft, so sind die Produkte der Entfernungen $u\alpha . u\beta$; $u\alpha' . u\beta'$ u. s. w. einander gleich. — Zu diesen Produkten gehört für einen äufseren Punkt u das Quadrat der von u an den Kreis gelegten Tangente $\overline{u\alpha''}^2$; für einen inneren Punkt u das Quadrat $\overline{u\alpha''}^2$ der halben Sehne $\alpha''\beta''$, welche auf dem durch u gehenden Durchmesser senkrecht steht, und die kleinste von allen durch u gezogenen Sehnen ist.

Wir nennen, nach Steiner, dies konstante Produkt mit dem $+$ oder $-$ Zeichen versehen, jenachdem (x', y') oder der feste Punkt u aufserhalb oder zwischen den Durchschnittspunkten liegt, die Potenz des Punktes u in bezug auf den Kreis; die rechte Seite in (9) ist ihr analytischer Ausdruck. Ist O der Mittelpunkt des Kreises, so ist nach (9) die Potenz des Punktes u gleich $\overline{Ou}^2-r^2$; sie ist also positiv für Punkte aufserhalb des Kreises, $=0$ für Punkte der Kreislinie, negativ für Punkte innerhalb des Kreises, was mit dem obigen übereinstimmt.

§. 30. System von zwei und drei Kreisen, Linie gleicher Potenzen.

Sind:

$$(1)\quad (x-p)^2+(y-q)^2-r^2=0,$$
$$(2)\quad (x-p')^2+(y-q')^2-r'^2=0,$$

die Gleichungen zweier Kreise, so werden für die Koordinaten ihrer Durchschnittspunkte beide Gleichungen, also auch irgend eine Folgerung aus ihnen gültig sein (Vergl. §. 14) Zieht man (1) und (2) von einander ab, so erhält man eine Gleichung erster Ordnung, welcher demnach die Schnittpunkte beider Kreise genügen:

$$(3)\quad 2(p'-p)x+2(q'-q)y+p^2+q^2-r^2-(p'^2+q'^2-r'^2)=0.$$

Umgekehrt jedes Wertepaar von x und y, das den Gleichungen (1) und (3) genügt, wird auch der Gleichung (2) genügen, weil (2) eine Folgerung aus (1) und (3) ist. Da (3) als Gleichung erster Ordnung die Gleichung einer Geraden ist, so gehen also die beiden Kreise (1) und (2) und die Gerade (3) durch dieselben Punkte, d. h. wenn (1) und (2) sich schneiden, so ist (3) die Gleichung der gemeinschaftlichen Sehne. Man überzeugt sich leicht, dafs (3) und die Verbindungslinie der beiden Mittelpunkte, nämlich:

$$(4)\quad (q'-q)x-(p'-p)y+p'q-pq'=0,$$

auf einander senkrecht stehen. Berühren sich die beiden Kreise, oder fallen die Schnittpunkte in einen zusammen, so genügen die Koordinaten desselben immer noch der Gleichung (3), und weil (3) auf der Centrale (4) senkrecht steht, so ist (3) die Gleichung der gemeinschaftlichen Tangente. Es fragt sich nun, welches die Bedeutung von (3) ist, wenn die Kreise (1) und (2) sich nicht schneiden, denn offenbar ist (3) unter allen Umständen eine konstruierbare gerade Linie. Nach §. 29 ist die Potenz irgend eines Punktes (x, y) in bezug auf den Kreis (1) gleich $(x-p)^2+(y-q)^2-r^2$, und ähnlich für den Kreis (2). Soll nun ein Punkt (x, y) in bezug auf beide Kreise gleiche Potenz haben, so mufs sein:

$$(x-p)^2+(y-q)^2-r^2-\{(x-p')^2+(y-q')^2-r'^2\}=0,$$

d. h. da diese Gleichung mit (3) übereinstimmt, der Punkt (x, y) mufs auf der Geraden (3) liegen und umgekehrt, jeder Punkt dieser Geraden hat die verlangte Eigenschaft. Also:

I. Der Ort aller Punkte, welche in bezug auf zwei Kreise gleiche Potenzen haben, ist eine Gerade, die auf der Centrale senkrecht steht; schneiden sich die beiden Kreise, so ist die Linie gleicher Potenzen (zuweilen Radikalaxe genannt) die gemeinschaftliche Sehne, berühren sie sich, so ist sie die gemeinschaftliche Tangente.

Sucht man die Koordinaten der Durchschnittspunkte von (1) und (2), so werden dieselben für den Fall, dafs die Kreise sich nicht schneiden, imaginär; genügen aber natürlich noch der Gleichung (3), weil sie (1) und (2) befriedigen; man sagt deshalb auch, die Kreise schneiden sich in zwei imaginären Punkten, für welche freilich eine geometrische Darstellung nicht möglich ist. Die Gerade (3) heifst daher in diesem Falle eine imaginäre oder ideale Sekante beider Kreise. Da die Potenz eines äufseren Punktes in bezug auf einen Kreis das Quadrat der von dem Punkte an den Kreis gelegten Tangente ist, so folgt daraus, dafs die Tangenten, welche von einem Punkte der Linie gleicher Potenzen an zwei Kreise gelegt sind, gleich sein müssen.

Es sei die Gleichung eines dritten Kreises:

$$(5) \quad (x-p'')^2+(y-q'')^2-r''^2=0;$$

bezeichnen wir die linken Seiten der Gleichungen (1), (2), (5) mit U, U', U'', so sind:

$$(6) \quad U-U'=0, \qquad (7) \quad U-U''=0, \qquad (8) \quad U'-U''=0$$

die Linien gleicher Potenzen zwischen dem ersten und zweiten, dem ersten und dritten, und dem zweiten und dritten Kreise; da jede dieser Gleichungen (z. B. 8) als eine Folge der beiden anderen (von 6 und 7) angesehen werden kann, so wird die gemeinschaftliche Lösung je zweier auch die dritte befriedigen, d. h. die drei Geraden (6), (7), (8) gehen durch einen Punkt (§. 14), oder:

II. Die drei Linien gleicher Potenzen von je zweien dreier Kreise schneiden sich in einem Punkte (§. 106, II).

Wir übergehen die Diskussion einzelner Fälle, in welchen die Sätze dieses Paragraphen Ausnahmen erleiden; so haben z. B. zwei koncentrische Kreise keine Linie gleicher Potenzen, drei Kreise, deren Mittelpunkte in einer Geraden liegen, keinen Punkt gleicher Potenzen.

Sind U und U' zwei sich nicht schneidende Kreise, so kann ihre Linie gleicher Potenzen durch Satz II. leicht gefunden werden. Beschreibt man einen Kreis U'', der sowohl U als U' in zwei Punkten schneidet, und treffen sich die gemeinschaftlichen Sehnen von U und U'', U' und U'' in a, so geht auch die Linie gleicher Potenzen von U und U' durch a; man kann nun entweder einen zweiten Punkt dieser Geraden auf dieselbe Weise finden, oder von a auf die Centrale von U und U' ein Lot fällen.

Berührt der Kreis U' den Kreis U in einem Punkte α, und schneidet U'' den Kreis U' in a und b, und U in c und d, so gehen die Tangente von U im Punkte α und die Geraden ab und cd durch einen Punkt u. Dieser Punkt bleibt derselbe, wenn statt des Kreises U'' ein anderer durch a und b gehender beschrieben wird, weil u schon als Durchschnitt der Tangente in α und der Geraden ab bestimmt ist.

Soll umgekehrt ein Kreis beschrieben werden, der durch zwei gegebene Punkte a und b geht, und einen gegebenen Kreis U berührt, so lege man durch a und b irgend einen Kreis U'', der U in c und d schneidet, und verlängere ab, cd, bis sie sich in u treffen. Legt man alsdann von u eine Tangente $u\alpha$ an den gegebenen Kreis U, und ist α der Berührungspunkt, so wird der durch a, b und α gehende Kreis U' der verlangte sein. Solcher Kreise U' giebt es demnach zwei.

(Aufg. 19—24.)

Viertes Kapitel.

Die Ellipse.

§. 31. Der Ort aller Punkte G (Fig. 21), für welche die Summe der Entfernungen von zwei gegebenen festen Punkten F und F' konstant ist, heifst eine Ellipse, die Punkte F und F' heifsen die Brennpunkte, ihre Entfernung die Excentrizität; zwei Gerade, wie FG, $F'G$, heifsen Radien-Vektoren oder Leitstrahlen (Fokalstrahlen).

Aufgabe. Die Gleichung der Ellipse aufzustellen.

Es sei $FF' = 2e$, die konstante Summe $FG + F'G = 2a$, so ist $a > e$, weil $FG + F'G > FF'$. Die Gerade FF' nehmen wir als x-Axe, O die Mitte von FF' als den Anfangspunkt der rechtwinkligen Koordinaten; die Abscisse von F sei $+e$, die Koordinaten von G seien x und y; dann hat man:

$$GF = \sqrt{(x-e)^2+y^2}, \quad GF' = \sqrt{(x+e)^2+y^2};$$

also ist die Gleichung der Ellipse:

$$(1) \quad \sqrt{(x-e)^2+y^2} + \sqrt{(x+e)^2+y^2} = 2a.$$

Um neue Eigenschaften der Ellipse zu finden, machen wir (1) rational und setzen $x^2+y^2+e^2 = m^2$, so wird (1):

$$(2) \quad \sqrt{m^2-2xe} + \sqrt{m^2+2xe} = 2a;$$

und wenn man quadriert:

$$(3)\quad 2m^2+2\sqrt{m^4-4x^2e^2} = 4a^2,$$

woraus:

$$(4)\quad (m^2-2a^2)^2 = m^4-4x^2e^2.$$

Durch Auflösung der Klammern erhält man:

$$a^4-a^2m^2 = -x^2e^2, \quad \text{oder:} \quad a^4-a^2e^2-a^2y^2-a^2x^2 = -x^2e^2,$$

also:

$$(5)\quad a^2(a^2-e^2) = (a^2-e^2)x^2+a^2y^2.$$

Setzt man:

$$(6)\quad a^2-e^2 = b^2,$$

und dividiert (5) durch a^2b^2, so kommt als **Gleichung der Ellipse**:

$$(7)\quad \frac{x^2}{a^2}+\frac{y^2}{b^2} = 1.$$

Eine andere Ableitung von (5) ergiebt sich aus §. 40, Form. 1—4.

Zusatz 1. Man darf Gleichung (7) statt (1) gebrauchen, weil man von (7) auf (1) zurückschliefsen kann, vorausgesetzt, dafs $a > e$ ist. Man folgert aus (7) ohne Schwierigkeit (4); aus Gleichung (4) durch Wurzelausziehen und Multiplikation mit 2:

$$2m^2\pm2\sqrt{m^4-4x^2e^2}=4a^2, \quad \text{oder:} \quad \left(\sqrt{m^2+2ex}\pm\sqrt{m^2-2ex}\right)^2=4a^2;$$

d. h. für jeden Punkt der Kurve (7) oder (5) ist entweder $(F'G+FG)^2=4a^2$, oder $(F'G-FG)^2=4a^2$; die zweite Annahme ist aber unzulässig; denn nach einem elementaren Satz ist $F'G-FG$ oder $FG-F'G$ (jenachdem $F'G \gtrless FG$) kleiner als FF', also $(F'G-FG)^2 < 4e^2$, und wenn $e < a$, kann $(F'G-FG)^2$ nicht $= 4a^2$ sein, es bleibt daher nur $F'G+FG=2a$ oder Gleichung (1).

Zusatz 2. Da (7) nur die Quadrate der Koordinaten enthält, so werden, wenn ein Punkt (x, y) auf der Kurve liegt, auch die Punkte $(-x, y)$, $(x, -y)$, $(-x, -y)$ sich auf ihr befinden; diese bilden mit (x, y) ein zu den Axen symmetrisches Rechteck, wie $GG_1G_2G_3$ (Fig. 21). Die Ellipse besteht demnach aus vier kongruenten Quadranten; jede durch O gehende Sehne GG_2 wird in O halbiert und heifst daher ein **Durchmesser**, so wie O der **Mittelpunkt** der Ellipse. Zwei zu den Axen symmetrisch gelegene Durchmesser sind einander gleich; z. B. GG_2, G_1G_3. Für die

Durchschnitte der x-Axe mit der Ellipse ist $y=0$, also $\frac{x^2}{a^2}=1$, und $x=\pm a$; dies sind die Abscissen zweier Punkte A, A', deren Distanz $=2a$, also gleich der konstanten Summe $FG+F'G$ ist; ebenso findet man für die Durchschnitte der y-Axe mit der Kurve, B und B', $x=0$, $y=\pm b$, AA' heifst die grofse, BB' die kleine Axe der Kurve; ihre Endpunkte die Scheitel. Da wegen Gleichung (7) die Summe der positiven Brüche $\frac{x^2}{a^2}$, $\frac{y^2}{b^2}$ der Einheit gleich sein mufs, so kann jeder von ihnen dieselbe nicht überschreiten; also ist der numerische Wert von x kleiner oder gleich a, und von y kleiner oder gleich b, und die Ellipse liegt ganz innerhalb eines Rechtecks, für welches A und A', B und B' die Mitten der Gegenseiten sind.

§. 32. Konstruktion der Ellipse durch Punkte. Aus der Gleichung der Ellipse folgt

$$y^2=\frac{b^2}{a^2}(a^2-x^2) \quad \text{oder} \quad \frac{y^2}{(a+x)(a-x)}=\frac{b^2}{a^2}.$$

In Fig. 21 ist $AJ=a-x$, $A'J=a+x$; also haben wir den Satz:

I. In der Ellipse verhält sich das Quadrat der Ordinate zu dem Rechteck der Segmente der grofsen Axe wie b^2 zu a^2.

Für $b=a$ wird die Ellipse ein Kreis; beschreibt man daher über AA' (Fig. 21) als Durchmesser einen Kreis, und bezeichnet die zu derselben Abscisse OJ gehörende Kreisordinate JD mit Y, so ist $Y^2=a^2-x^2$, woraus $y^2=\frac{b^2}{a^2}Y^2$, und $\frac{y}{Y}=\frac{b}{a}$, d. h.:

II. Wird über der grofsen Axe als Durchmesser ein Kreis beschrieben, so verhalten sich die Ellipsenordinaten zu den entsprechenden Kreisordinaten wie die kleine Axe zur grofsen.

Ähnliche Sätze wie I. und II. finden in bezug auf die kleine Axe statt.

Beschreibt man demnach über AA' und BB' (Fig. 22) als Durchmesser zwei Kreise, zieht vom Mittelpunkte O eine Gerade, welche den ersten Kreis in D, den zweiten in D' schneidet, ferner von D eine Parallele zu BB' und von D' eine Parallele zu AA', so ist ihr Durchschnitt G ein Punkt der über AA' und BB' als Axen beschriebenen Ellipse; denn $GJ:DJ=D'O:DO=b:a$.

Zieht man von G zum Radius DO eine Parallele, welche AA' in K, BB' in L trifft, so ist $GK = D'O = b$, $GL = DO = a$. Trägt man auf AA' die Länge $JK' = JK$ ab, und zieht die Gerade $K'G$, welche BB' in L' trifft, so sind die Dreiecke GKK', GLL' gleichschenklig, also wiederum $GK' = b$, $GL' = a$. Stellt man sich diese Konstruktionen für alle Punkte der Ellipse wiederholt vor, so erhält man den Satz:

III. **Bewegt sich eine Gerade von konstanter Länge (KL oder $K'L'$) so, dafs ihre Endpunkte stets auf zwei rechtwinkligen Axen bleiben, so beschreibt ein Punkt G dieser Geraden eine Ellipse, deren Axen den Entfernungen des Punktes G von den Endpunkten der konstanten Länge gleich sind (GK und GL oder GK' und GL').** Der Punkt G kann ebensowohl auf der konstanten Länge selbst (wie auf $K'L'$), als auch auf deren Verlängerung liegen (wie auf KL). (Ellipsenzirkel.)

§. 33. **Durchmesser der Ellipse.** Ist $2d$ der durch G gehende Durchmesser, also (Fig. 22) $OG = d$, und die positive Drehung von OA nach $OG = \varphi$, also die Koordinaten von G gleich $d\cos\varphi$, $d\sin\varphi$, so ist wegen der Gleichung der Ellipse:

$$\frac{d^2\cos\varphi^2}{a^2} + \frac{d^2\sin\varphi^2}{b^2} = 1,$$

woraus:

$$(1) \quad \frac{1}{d^2} = \frac{\cos\varphi^2}{a^2} + \frac{\sin\varphi^2}{b^2}, \quad \text{oder:} \quad d^2 = \frac{a^2b^2}{b^2\cos\varphi^2 + a^2\sin\varphi^2}.$$

Der Nenner, welcher $= b^2 + (a^2 - b^2)\sin\varphi^2 = b^2 + e^2\sin\varphi^2$, ist am kleinsten für $\varphi = 0$ und $= 180^\circ$, am gröfsten für $\varphi = 90^\circ$ und $= 270^\circ$; also ist umgekehrt die grofse Axe der gröfste, die kleine Axe der kleinste Durchmesser der Ellipse. Steht der Durchmesser $2d'$ auf $2d$ senkrecht, so hat φ für ihn einen um 90° gröfseren Wert, und weil $\cos(90^\circ + \varphi) = -\sin\varphi$, $\sin(90^\circ + \varphi) = \cos\varphi$, so ist:

$$(2) \quad \frac{1}{d'^2} = \frac{\sin\varphi^2}{a^2} + \frac{\cos\varphi^2}{b^2}.$$

Addiert man (1) und (2), so kommt $\frac{1}{d^2} + \frac{1}{d'^2} = \frac{1}{a^2} + \frac{1}{b^2}$, d. h. **für je zwei rechtwinklige Halbmesser ist die Summe der reziproken Quadrate konstant** $= \frac{1}{a^2} + \frac{1}{b^2}$.

§. 34. **Konjugierte Durchmesser.** Durch Verallgemeinerung der in §. 32, Satz II dargestellten Beziehung zwischen einer Ellipse und dem über ihrer grofsen oder kleinen Axe als Durchmesser beschriebenen Kreise lassen sich leicht weitere Eigenschaften dieser Durchmesser ableiten.

Sind zwei Punktsysteme P, (x, y) und P', (x', y') in der Art auf einander bezogen, dafs zu gleichen Abscissen proportionale Ordinaten gehören, so dafs für $x' = x$:

$$(1) \quad y' : y = b : a,$$

so gehört zu jeder geraden Linie L im System P:

$$L: \qquad y = \mu x + m$$

wieder eine gerade Linie:

$$L': \qquad \frac{a}{b} y = \mu x + m$$

im System P'. Der Durchschnitt dieser beiden Linien ist ein Punkt der x-Axe; denn durch Subtraktion beider Gleichungen L und L' ergiebt sich:

$$\left(1 - \frac{a}{b}\right) y = 0,$$

d. h. so lange a von b verschieden ist, $y = 0$, die Gleichung der x-Axe (§. 14).

Dem Mittelpunkt M einer begrenzten Linie L entspricht der Mittelpunkt M' der zugehörigen begrenzten Linie L'.

Sind μ und ν die Richtungskoeffizienten zweier Linien L, so sind

$$(2) \quad \mu' = \frac{b}{a} \mu \quad \text{und} \quad \nu' = \frac{b}{a} \nu$$

die Richtungskoeffizienten der zugehörigen Linien L', folglich wenn die Linien L parallel sind, d. h. wenn $\mu = \nu$, so sind auch die Linien L' parallel, und wenn die Linien L auf einander senkrecht stehen, d. h. wenn $\mu\nu + 1 = 0$ ist, so ergiebt sich durch Multiplikation der Ausdrücke für μ' und ν':

$$(3) \quad \mu'\nu' = -\frac{b^2}{a^2},$$

wodurch die gegenseitige Lage der Linien L' des zweiten Systems vollkommen bestimmt ist.

Dies vorausgesetzt, ergiebt sich nunmehr ein naher Zusammenhang zwischen einer Ellipse E und dem über einer ihrer

Axen, z. B. der x-Axe, als Durchmesser konstruiertem Kreise K, weil aus der Gleichung dieses Kreises:

$$x^2+y^2=a^2$$

die der Ellipse:

$$\frac{x^2}{a^2}+\frac{y^2}{b^2}=1$$

hergeleitet wird, indem man unter Beibehaltung desselben Wertes von x statt y einführt $\frac{a}{b}y$, so dafs Kreis und Ellipse bezüglich als entsprechende Kurven der Systeme P und P' angesehen werden können.

Einem jeden System paralleler Sehnen des Kreises entspricht ein System paralleler Sehnen der Ellipse, und weil die Mittelpunkte der ersteren auf einem Durchmesser D des Kreises liegen, der die Kreissehnen senkrecht durchschneidet, so liegen auch die Mittelpunkte der Ellipsensehnen auf einem Durchmesser D' der Ellipse, dessen Richtungskoeffizient $\nu'=\operatorname{tg}\varphi_1$ aus dem der Ellipsensehnen $\mu'=\operatorname{tg}\varphi$ bestimmt wird durch die Gleichung (3). nämlich:

$$(4)\quad \operatorname{tang}\varphi . \operatorname{tang}\varphi_1 = -\frac{b^2}{a^2}.$$

Also:

I. Die Mitten der parallelen Sehnen einer Ellipse liegen auf einem Durchmesser.

Da die Gleichung (4) zwischen $\operatorname{tang}\varphi$ und $\operatorname{tang}\varphi_1$ symmetrisch ist, so mufs, wenn die parallelen Sehnen mit der $+x$-Axe den Winkel φ bilden, der sie halbierende Durchmesser den Winkel φ_1 (oder $180^\circ+\varphi_1$) machen, d. h.:

II. Zieht man Sehnen, die zu dem in I. erwähnten Durchmesser parallel sind, so werden diese wiederum von einem Durchmesser halbiert, der den in I. erwähnten Sehnen parallel ist.

Zwei Durchmesser LL', MM' (Fig. 23), von denen jeder die Sehnen halbiert, die dem anderen parallel sind, heifsen konjugierte Durchmesser.

Es gehören also zu jeden zwei auf einander senkrechten Durchmessern des Kreises K zwei konjugierte Durchmesser der Ellipse E und umgekehrt.

Dafs der Winkel $\varphi_1-\varphi$ dieser konjugierten Durchmesser ein stumpfer ist, ergiebt sich sofort aus der Figur 29, ebenso dafs die kleine Axe einer Ellipse durch die stumpfen Winkel zweier beliebigen konjugierten Durchmesser und die grofse Axe durch die spitzen Winkel derselben geht. Die grofse und kleine Axe der Ellipse sind selbst konjugierte Durchmesser und zwar die einzigen, welche auf einander senkrecht stehen.

Es seien nunmehr (Fig. 29) die Ellipse E und die über der grofsen Axe $2a$ und der kleinen Axe $2b$ als Durchmesser konstruierten Kreise A und B gegeben und in den letzteren zwei beliebige auf einander senkrechte Radien OB_0A_0 und OB_1A_1 gezeichnet, zu denen als entsprechende konjugierte Halbmesser der Ellipse OE_0 und OE_1 gehören mögen, wo also A_0 und E_0 dieselbe Abscisse OQ_0, A_1 und E_1 dieselbe Abscisse OQ_1 haben und

$$E_0B_0 \perp A_0Q_0, \quad E_1B_1 \perp A_1Q_1$$

gelegt sind. Nach dem früheren sind die Winkel mit der x-Axe:

$$E_0OQ_0 = \varphi, \quad E_1OQ_0 = \varphi_1 \quad \text{und weiter sei} \quad A_0OQ_0 = \theta,$$

wo θ die sogenannte excentrische Anomalie ist, so ist wegen $OA_1 \perp OA_0$ auch Winkel $Q_1A_1O = \theta$; demnach lassen sich die Endpunkte E_0 und E_1 der konjugierten Halbmesser, wie folgt, darstellen:

$$(5) \quad \begin{aligned} OQ_0 &= x = a\cos\theta, & OQ_1 &= x_1 = -a\sin\theta, \\ E_0Q_0 &= y = b\sin\theta, & E_1Q_1 &= y_1 = b\cos\theta, \end{aligned}$$

was auch durch die Gleichung der Ellipse

$$\frac{x^2}{a^2} + \frac{y^2}{b^2} = 1,$$

auf der die Punkte E_0 und E_1 liegen, bestätigt wird. Aus den Gleichungen (5) ergiebt sich sofort:

$$\operatorname{tg}\varphi = \frac{y}{x} = \frac{b}{a}\operatorname{tang}\theta \quad \text{und} \quad \operatorname{tg}\varphi_1 = \frac{y_1}{x_1} = -\frac{b}{a}\operatorname{cotang}\theta,$$

und demnach auch

$$\operatorname{tang}\varphi . \operatorname{tang}\varphi_1 = -\frac{b^2}{a^2},$$

die Gleichung (4). Wenn man ferner die konjugierten Halbmesser der Ellipse $OE_0 = m$ und $OE_1 = n$ einführt, so kann man setzen:

$$(6) \quad \begin{aligned} x &= m\cos\varphi \\ y &= m\sin\varphi \end{aligned} \quad \text{und} \quad \begin{aligned} x_1 &= n\cos\varphi_1, \\ y_1 &= n\sin\varphi_1, \end{aligned}$$

und alsdann ergiebt sich vermöge der Gleichung der Ellipse:

$$(7)\quad \begin{cases} \dfrac{\cos\varphi^2}{a^2}+\dfrac{\sin\varphi^2}{b^2}=\dfrac{1}{m^2}, \\ \dfrac{\cos\varphi_1^2}{a^2}+\dfrac{\sin\varphi_1^2}{b^2}=\dfrac{1}{n^2}. \end{cases}$$

Aus den Gleichungen (5) erhält man durch Quadrieren und Addieren:

$$x^2+x_1^2=a^2 \quad \text{und} \quad y^2+y_1^2=b^2,$$

ebenso aus den Gleichungen (6):

$$x^2+y^2=m^2 \quad \text{und} \quad x_1^2+y_1^2=n^2,$$

folglich

$$(8)\quad a^2+b^2=m^2+n^2:$$

d. h.:

III. Die Summe der Quadrate zweier konjugierten Durchmesser ist konstant und der Summe der Quadrate der Axen gleich.

Weiter ergiebt sich aus den Gleichungen (5) und (6):

$$\begin{aligned} mn\sin(\varphi_1-\varphi) &= m\cos\varphi . n\sin\varphi_1 - m\sin\varphi . n\cos\varphi_1, \\ &= xy_1-yx_1, \\ &= ab\cos\theta^2+ab\sin\theta^2, \end{aligned}$$

d. h.

$$(9)\quad mn\sin(m, n)=ab,$$

wo der Winkel zwischen den Durchmessern durch (m, n) bezeichnet ist, in Worten:

IV. Das Parallelogramm zwischen zwei konjugierten Durchmessern hat konstanten Inhalt und ist dem Rechteck zwischen den Axen gleich. (Vergl. §. 37, III.)

Anm. Weil $2mn=m^2+n^2-(m-n)^2=a^2+b^2-(m-n)^2$, so kann man statt (9) schreiben:

$$(10)\quad \sin(m, n)=\frac{2ab}{a^2+b^2-(m-n)^2}.$$

Die rechte Seite von (10) erhält, wenn $m=n$, den kleinsten Wert; damit $m=n$ werde, müssen die konjugierten Durchmesser $2m$ und $2n$ gegen die Axen gleich geneigt sein, daraus folgt, dafs in (5), wenn φ den spitzen Winkel bedeutet, $\varphi_1=180^0-\varphi$, oder $\tan\varphi_1=-\tan\varphi$ zu setzen ist, also $\tan\varphi=\frac{a}{b}$; ferner folgt aus (8), wenn $m = n$, dafs $m = \sqrt{\frac{a^2+b^2}{2}}$. Fassen wir dies zusammen, so sehen wir, dafs die Diagonalen des Rechtecks, welches die Scheitel der Ellipse zu Mitten der Seiten hat, die beiden gleichen konjugierten Durchmesser bestimmen, und dafs diese unter allen konjugierten Durchmessern den kleinsten Winkel mit einander bilden.

Endlich ist noch eine Umformung der Gleichung der Ellipse durch Vermittelung der konjugierten Durchmesser von Bedeutung. Ist E (Fig. 29a) ein beliebiger Punkt der Ellipse, A der zugehörige Punkt des Kreises, $A\alpha$ senkrecht auf OA_0, so entspricht die Linie $E\varepsilon$, wo ε auf OE_0 liegt, dem Lote $A\alpha$, wenn $A\alpha$ und $E\varepsilon$ durch denselben Punkt C der x-Axe gehen, weil nun $A\alpha$ parallel A_1O, so ist auch $E\varepsilon$ parallel dem zu OE_0 konjugierten Halbmesser OE_1 d. h. $O\varepsilon$ und $E\varepsilon$ sind die schiefwinkligen Koordinaten des Punktes E der Ellipse, bezogen auf die konjugierten Halbmesser OE_0 und OE_1 als Koordinatenaxen. Wir setzen $O\varepsilon = t$, $E\varepsilon = u$ und die positive Drehung der $+x$-Axe nach $O\varepsilon$ gleich φ; es sei ferner φ_1 der im positiven Sinne gezählte Winkel zwischen einer durch ε zur $+x$-Axe parallel gezogenen Linie und $E\varepsilon$. Sind (x, y), (x', y') die Koordinaten von E und ε auf das bisherige Axensystem, (X, Y) die Koordinaten von E auf ein gleichgerichtetes mit dem Anfangspunkte ε, so ist:

$$X = x - x', \quad Y = y - y'; \quad X = u\cos\varphi_1, \quad Y = u\sin\varphi_1;$$
$$x' = t\cos\varphi, \quad y' = t\sin\varphi;$$

woraus:

$$x = t\cos\varphi + u\cos\varphi_1, \quad y = t\sin\varphi + u\sin\varphi_1.$$

Diese Werte müssen der Gleichung der Ellipse genügen, also hat man, wenn man sie einsetzt und ordnet:

$$t^2\left(\frac{\cos\varphi^2}{a^2} + \frac{\sin\varphi^2}{b^2}\right) + 2tu\left(\frac{\cos\varphi\cos\varphi_1}{a^2} + \frac{\sin\varphi\sin\varphi_1}{b^2}\right)$$
$$+ u^2\left(\frac{\cos\varphi_1^2}{a^2} + \frac{\sin\varphi_1^2}{b^2}\right) = 1.$$

In dieser Gleichung ist der Koeffizient von $2tu$ vermöge der Gleichung (4) gleich Null und werden die Faktoren von t^2 und u^2 vermöge der Gleichungen (7) bezüglich gleich $\frac{1}{m^2}$ und $\frac{1}{n^2}$, so dafs sich ergiebt:

$$(11)\quad \frac{t^2}{m^2}+\frac{u^2}{n^2}=1.$$

Nun sind aber t und u die schiefwinkligen Koordinaten von E für die Koordinatenaxen OE_0, OE_1; folglich:

V. Die Gleichung einer Ellipse, auf die konjugierten Durchmesser $2m$ und $2n$ als x- und y-Axen bezogen, ist:

$$(12)\quad \frac{x^2}{m^2}+\frac{y^2}{n^2}=1.$$

(Siehe auch §. 42.)

§. 35. Bestimmung der Axen aus zwei konjugierten Durchmessern. Sind $2m$ und $2n$ zwei sich gegenseitig halbierende Gerade, w der spitze Winkel, den sie bilden, so giebt es jedesmal eine und nur eine Ellipse, von der diese Geraden konjugierte Durchmesser sind; denn man kann immer und nur auf eine Weise die Geraden a, b, wo $a > b$ sein möge, und den spitzen Winkel $\varphi < w$ durch die Gleichungen bestimmen (§. 34, Form. 7, 8, 9):

$$(1)\quad \frac{1}{m^2}=\frac{\cos\varphi^2}{a^2}+\frac{\sin\varphi^2}{b^2};$$

$$(2)\quad a^2+b^2=m^2+n^2;$$

$$(3)\quad ab=mn\sin w.$$

Die Gleichungen (2) und (3) geben die Gröfsen der Axen, denn man hat:

$$a+b=\sqrt{m^2+n^2+2mn\sin w}=\sqrt{m^2+n^2-2mn\cos(90^0+w)},$$

weil $\cos(90^0+w)=-\sin w$.

$$a-b=\sqrt{m^2+n^2-2mn\sin w}=\sqrt{m^2+n^2-2mn\cos(90^0-w)}.$$

Ist in Fig. 24 Winkel $LOM=w$, $MO=n$, $LO=m$, und fällt man von M eine Senkrechte auf OL, trägt auf derselben $MK=MK'=m$ ab und verbindet K und K' mit O, so ist W. $OMK'=90^0-w$, W. $OMK=90^0+w$, also $OK=a+b$, $OK'=a-b$, woraus sich a und b ergeben.

Es sei jetzt ODA die Richtung der grofsen Halbaxe a der Ellipse, MM' und LL' senkrecht zu OA, so ist W. $LOA=DMM'=\varphi$ und, der früheren Bezeichnung entsprechend, $LL'=y_1$, $OL'=x_1$; $MM'=y_2$, $OM'=x_2$. Demnach ergiebt sich:

$$MD=\frac{y_2}{\cos\varphi},\quad \text{wo}\quad y_2=\frac{b}{a}x_1\quad (\S.\ 34,\ 5),$$

folglich wird:

$$\frac{DK'}{DK} = \frac{m - \frac{y_2}{\cos\varphi}}{m + \frac{y_2}{\cos\varphi}} = \frac{m\cos\varphi - y_2}{m\cos\varphi + y_2} = \frac{x_1 - \frac{b}{a}x_1}{x_1 + \frac{b}{a}x_1}$$

$$= \frac{a-b}{a+b} = \frac{OK'}{OK};$$

d. h. ODA ist die Halbierungslinie des Winkels KOK'.

Anm. Die vorhergehenden Entwickelungen, verbunden mit §. 34, V., zeigen, dafs die auf schiefwinklige Koordinaten sich beziehende Gleichung:

$$(6) \quad \frac{x^2}{m^2} + \frac{y^2}{n^2} = 1$$

immer eine Ellipse darstellt, für welche die Koordinatenaxen konjugierte Durchmesser sind. Infolge derselben lassen sich einige der in §§. 31 und 32 gegebenen Sätze verallgemeinern; so kommt an Stelle von §. 32, II. folgender Satz:

Fällt man von den Punkten eines Kreises Ordinaten auf einen Durchmesser, verkürzt oder verlängert dieselben nach einem konstanten Verhältnis, und läfst sie sämtlich um ihre Fufspunkte den Winkel w beschreiben, so dafs sie nach der Drehung wieder parallel sind, so liegen die Endpunkte der Ordinaten jetzt auf einer Ellipse.

§. 36. Aufgabe. Die Gleichung der Tangente an einem Punkte der Ellipse aufzustellen (vgl. §. 28).

Es sei die Gleichung der Ellipse, auf ein System konjugierter Durchmesser bezogen:

$$(1) \quad \frac{x^2}{m^2} + \frac{y^2}{n^2} = 1;$$

und die Gleichung irgend einer durch (x', y') gehenden Geraden:

$$(2) \quad \frac{x-x'}{k} = \frac{y-y'}{l};$$

die Koordinaten eines Durchschnittspunktes von (1) und (2) sind:

$$(3) \quad x = x' + k\varepsilon, \quad y = y' + l\varepsilon,$$

wo ε eine Wurzel ist der Gleichung:

$$(4) \quad \varepsilon^2\left(\frac{k^2}{m^2} + \frac{l^2}{n^2}\right) + 2\varepsilon\left(\frac{kx'}{m^2} + \frac{ly'}{n^2}\right) + \frac{x'^2}{m^2} + \frac{y'^2}{n^2} - 1 = 0.$$

Da (4) vom zweiten Grade ist, so haben eine Ellipse und eine Gerade höchstens zwei Punkte gemein. Ist (x', y') ein Ellipsenpunkt, also $\frac{x'^2}{m^2}+\frac{y'^2}{n^2}-1=0$, so verwandelt sich (4) in:

$$(5)\quad \varepsilon\left\{\varepsilon\left(\frac{k^2}{m^2}+\frac{l^2}{n^2}\right)+2\left(\frac{kx'}{m^2}+\frac{ly'}{n^2}\right)\right\}=0.$$

Hieraus ergeben sich die zwei Werte von ε:

$$\varepsilon=0 \quad \text{und:} \quad \varepsilon=-2\frac{\frac{kx'}{m^2}+\frac{ly'}{n^2}}{\frac{k^2}{m^2}+\frac{l^2}{n^2}}.$$

Der erste Wert, in (3) eingesetzt, giebt $x=x'$, $y=y'$, d. h. ein Durchschnittspunkt fällt in (x', y'). Damit auch der zweite Durchschnitt in (x', y') falle, oder (2) Tangente werde, mufs der zweite Wert von ε auch $=0$ sein, dies giebt:

$$(6)\quad \frac{kx'}{m^2}+\frac{ly'}{n^2}=0, \quad \text{oder:} \quad \frac{l}{k}=-\frac{n^2x'}{m^2y'}.$$

Setzt man diesen Wert in (2) oder in $y-y'=\frac{l}{k}(x-x')$ ein, so kommt $y-y'=-\frac{n^2x'}{m^2y'}(x-x')$, oder: $m^2yy'+n^2xx'$ $=m^2y'^2+n^2x'^2$, woraus $\frac{xx'}{m^2}+\frac{yy'}{n^2}=\frac{x'^2}{m^2}+\frac{y'^2}{n^2}$, und weil (x', y') auf der Ellipse liegt, schliefslich:

$$(7)\quad \frac{xx'}{m^2}+\frac{yy'}{n^2}=1;$$

dies ist also die Gleichung der Tangente am Punkte (x', y') der Ellipse.

§. 37. Eigenschaften der Tangente. Nimmt man den durch einen Punkt der Ellipse L (Fig. 23) gehenden Durchmesser als x-Axe, den konjugierten als y-Axe, so wird für den Berührungspunkt $x'=m$, $y'=0$; also die Gleichung der Tangente (§. 36, Form. 7) $\frac{x}{m}=1$, oder $x=m$; dies ist aber die Gleichung einer Parallelen zur y-Axe, also:

I. Die Tangente an einem Punkte der Ellipse ist parallel dem Durchmesser, welcher dem durch den Berührungspunkt gehenden konjugiert ist, also auch den Sehnen, die der letztere halbiert.

II. Die Tangenten an den Endpunkten eines Durchmessers sind einander parallel.

Demnach läfst sich §. 34, IV. folgendermafsen aussprechen:

III. **Die Tangenten an den Endpunkten zweier konjugierten Durchmesser bilden ein Parallelogramm von konstantem Inhalt.**

Die Tangente am Punkte (x', y') schneidet von der x-Axe das Stück $\frac{m^2}{x'}$ ab; derselbe Axenabschnitt gehört zur Tangente am Punkte $(x', -y')$ Die Sehne PP_1, welche zwei Punkte (x', y'), $(x', -y')$ verbindet, wird von der x-Axe halbiert, folglich:

IV. **Der Durchschnitt R zweier Tangenten liegt auf der Verlängerung des Durchmessers LL', welcher durch die Mitte Q der Berührungssehne geht, und zwar ist $OR = \frac{\overline{OL}^2}{OQ}$, oder R, L, Q, L' sind vier harmonische Punkte (§ 26).**

Da OR durch die drei Punkte L, Q, L' schon vollkommen bestimmt ist, so haben wir den Satz:

V. **Beschreibt man über der Geraden LL' als Durchmesser zwei beliebige Ellipsen, und zieht durch einen Punkt Q von LL' in jeder Ellipse eine durch LL' halbierte Sehne, so gehen die vier Tangenten an den Endpunkten durch einen Punkt R auf der Verlängerung von LL'.**

Anm. Namentlich also treffen sich (Fig. 22) die Tangenten der Ellipse in G und G_3 und die Kreistangenten in D und D_3 in einem Punkte der grofsen Axe, so wie die Tangenten in G und D' in einem Punkte der kleinen.

Vier Tangenten an den Endpunkten zweier Durchmesser $L'L''$, $m'm''$ (Fig. 25) bilden ein Parallelogramm $abcd$. Sind $M'M''$, $l'l''$ die den Seiten desselben parallelen Durchmesser, ferner $L'O = m$, $M'O = n$ und x', y' die Koordinaten von m' in bezug auf die Axen $L'L''$, $M'M''$, so ist die Gleichung von $ab \,.\,.\, \frac{xx'}{m^2} + \frac{yy'}{n^2} = 1$; die Gleichung von $ad \,.\,.\, x = m$; die Gleichung von $bc \,.\,.\, x = -m$; also die Abscisse von a gleich m, die Ordinate $= \frac{n^2}{y'}\left(1 - \frac{x'}{m}\right) = L'a$; die Abscisse von $b = -m$, die Ordinate $= \frac{n^2}{y'}\left(1 + \frac{x'}{m}\right) = L''b$, also $L'a \,.\, L''b = \frac{n^4}{y'^2}\left(1 - \frac{x'^2}{m^2}\right)$, oder wegen $1 = \frac{x'^2}{m^2} + \frac{y'^2}{n^2}$,

$L'a \cdot L''b = n^2 = \overline{OM'}^2$; ebenso ist $m'a \cdot m''d = \overline{Ol'}^2$, und wegen der Kongruenz der Vierecke $Om'bL''$ und $Om''dL'$ ist $m''d = m'b$, also $m'a \cdot m'b = \overline{Ol'}^2$; oder:

VI. **Werden zwei parallele Tangenten von einer dritten Tangente geschnitten, so ist das Produkt der Stücke der beiden parallelen Tangenten von den Berührungspunkten an ($L'a \cdot L''b$) gleich dem Quadrate des Halbmessers ($\overline{OM'}^2$), der ihnen parallel ist, und das Produkt der Stücke der dritten Tangente ($m'a \cdot m'b$) gleich dem Quadrate des Halbmessers ($\overline{Ol'}^2$), welcher der dritten Tangente parallel ist.**

In dem eingeschriebenen Parallelogramm $L'm'L''m''$ (Fig. 25) ist der Durchmesser, welcher zwei Gegenseiten, z. B. $L'm'$, $L''m''$, halbiert, den beiden anderen parallel; also:

VII. **Die Geraden ($m'L'$, $m'L''$), welche einen Punkt der Ellipse mit den Endpunkten eines Durchmessers $L'L''$ verbinden, sind zwei konjugierten Durchmessern parallel.**

Da b und d auf dem Durchmesser liegen, welcher $m'L''$, $m''L'$ halbiert (IV.), so ist bd dieser Durchmesser und parallel $m'L'$, ebenso ac parallel $m'L''$, oder:

VIII. **Die Diagonalen eines der Ellipse umschriebenen Parallelogramms bestimmen die Richtungen zweier konjugierten Durchmesser.**

Mit Hülfe von VIII. läfst sich VI. etwas anders aussprechen.

§. 38. **Konstruktionen. Aufgabe I. Den Durchmesser zu konstruieren, der einem gegebenen konjugiert ist.**

Auflösung. Man ziehe eine Sehne, die dem gegebenen Durchmesser parallel ist, dann ist der Durchmesser, der sie halbiert, der verlangte.

Aufgabe II. An einem Punkte L der Ellipse eine Tangente zu ziehen.

Auflösung. 1) Man bestimme zu dem durch den Berührungspunkt L gehenden Durchmesser den konjugierten, und ziehe durch L eine Gerade, welche ihm parallel ist. 2) Allgemeiner, man ziehe zwei beliebige konjugierte Diameter ($2m$, $2n$), bestimme in bezug auf dieselben die Koordinaten von L: x', y', trage auf dem Durchmesser $2m$ vom Mittelpunkte aus die Distanz, welche die Tangente $\frac{xx'}{m^2} + \frac{yy'}{n^2} - 1 = 0$ von der x-Axe abschneidet, nämlich

$\frac{m^2}{x'}$, ab und verbinde deren Endpunkt mit L. Die Konstruktion von $\frac{m^2}{x'}$ ist ein bekanntes elementares Problem. 3) Man errichte über der grofsen Axe einen Kreis (Fig. 22), fälle vom Berührungspunkte G ein Lot auf die Axe, welches den Kreis in D schneidet, ziehe die Kreistangente in D, und verbinde den Punkt, wo diese die grofse Axe trifft, mit G (§. 37, V. Anm.).

Aufgabe III. Von einem Punkte R aufserhalb der Ellipse Tangenten an dieselbe zu ziehen (Fig. 23).

Auflösung. Man ziehe durch R und den Mittelpunkt O eine Gerade, welche mit der Ellipse den Durchmesser LL' bestimmt; auf RO konstruiere man einen Punkt Q so, dafs $OQ = \frac{\overline{LO}^2}{RO}$ und ziehe durch Q eine Sehne, welche dem zu LL' konjugierten Durchmesser parallel ist, dann sind ihre Endpunkte die gesuchten Berührungspunkte (§. 37, IV.). Eine Verallgemeinerung dieser Konstruktion bietet der folgende Paragraph.

§. 39. Die Berührungssehne. Es sei (ξ, η) ein beliebiger Punkt in der Ebene der auf konjugierte Durchmesser bezogenen Ellipse $\frac{x^2}{m^2} + \frac{y^2}{n^2} = 1$. Ist (x', y') der Berührungspunkt einer Tangente $\frac{xx'}{m^2} + \frac{yy'}{n^2} = 1$, und soll die Tangente durch (ξ, η) gehen, so ist erforderlich und ausreichend, dafs $\frac{\xi x'}{m^2} + \frac{\eta y'}{n^2} = 1$ sei; der Berührungspunkt (x', y') liegt demnach auf der Geraden:

$$(1) \quad \frac{\xi x}{m^2} + \frac{\eta y}{n^2} = 1.$$

Umgekehrt wird die Tangente jedes Ellipsenpunktes, der auf der Geraden (1) liegt, durch den Punkt (ξ, η) gehen, und da (1) die Ellipse im allgemeinen in zwei Punkten schneidet, so gehen durch (ξ, η) im allgemeinen zwei Tangenten, und (1) ist die Gleichung der Geraden, welche die Berührungspunkte verbindet, oder die Gleichung der Berührungssehne. Durch Konstruktion ihrer Axenabschnitte kann man sie selbst, und somit die von (ξ, η) an die Ellipse gezogenen Tangenten konstruieren. — Ist (ξ, η) ein Punkt der Kurve, so ist (1) die Gleichung der Tangente. Sind von (ξ, η) aus keine Tangenten an die Kurve möglich, so wird dieselbe von der Geraden, deren Gleichung (1) ist, nicht mehr geschnitten; ihre geometrische Bedeutung werden wir später kennen lernen.

Zieht man durch den Punkt J oder (ξ, η) (Fig. 26) eine Parallele zur x-Axe, und schneidet dieselbe die Ellipse in den Punkten (x, η) und $(-x, \eta)$ oder b und d, die Berührungssehne (1) in (ξ', η) oder c, so ist:

$$\frac{x^2}{m^2}+\frac{\eta^2}{n^2}=1, \quad \frac{\xi\xi'}{m^2}+\frac{\eta^2}{n^2}=1,$$

folglich $x^2=\xi\xi'$, oder, wenn n die Mitte von bd, $\overline{nb}^2=nc.nJ$; d. h. J, b, c, d sind harmonische Punkte (§. 26). Da nun jede durch J gezogene Gerade einem Durchmesser parallel ist, den man als x-Axe annehmen kann, so haben wir den Satz:

I. Zieht man durch den Durchschnitt J zweier Tangenten eine Sekante, so bilden die Schnittpunkte derselben mit der Ellipse, der Schnittpunkt mit der Berührungssehne und der Punkt J vier harmonische Punkte, von denen die beiden letzten so wie die beiden ersten konjugiert sind.

Die Berührungssehnen der Punkte (ξ, η), (ξ, η'), (ξ, η'') .. treffen die x-Axe in einem Punkte, dessen Abscisse $=\frac{m^2}{\xi}$, während die Punkte selbst in einer Parallelen zur x-Axe liegen; man kann aber für jede Gerade AA' (Fig. 27 und 27*) ein Paar konjugierte Durchmesser bestimmen, deren einer MM' der Geraden parallel ist, folglich:

II. Legt man von den Punkten einer Geraden AA' Tangentenpaare an die Ellipse, so schneiden sich die Berührungssehnen sämtlich in einem Punkte J. Der durch J gezogene Durchmesser LL' trifft, nötigenfalls verlängert, AA' in einem Punkte H, so dafs $OJ.OH=\overline{OL}^2$ ist (d. h. L, L', J, H sind harmonische Punkte), und der AA' parallele Durchmesser ist LL' konjugiert. Schneidet also AA' die Ellipse (Fig. 27*), so ist diese Linie zugleich Berührungssehne von J (§. 37, IV.). Umgekehrt:

III. Legt man durch einen Punkt J gerade Linien, von welchen jede eine gegebene Ellipse in zwei Punkten trifft, und bestimmt für jedes Punktepaar den Durchschnitt der zugehörigen Tangenten, so ist der Ort desselben eine Gerade AA'; der durch J gehende Durchmesser OL trifft sie in H so, dafs $OJ.OH=OL^2$, und der OL konjugierte

Durchmesser ist AA' parallel; können demnach von J aus Tangenten an die Ellipse gelegt werden, so ist AA' die Berührungssehne.

In der That, legt man durch J die Gerade JFF'', und schneidet die Tangente in F' die Gerade AA' in H', zieht man ferner von H' eine zweite Tangente, so wird nach dem direkten Satze II. ihr Berührungspunkt mit den Punkten J und F in einer Geraden liegen; der Berührungspunkt ist also F''.

Man nennt J den **Pol** der Geraden AA', und diese die **Polare** von J.

§. 40. **Die Eigenschaften der Brennpunkte** (Fig. 28). Wir kehren jetzt zu den Brennpunkten zurück und wollen die Entfernungen derselben von irgend einem Punkte G und einer Tangente der Kurve berechnen. Wir bedienen uns wieder des in §§. 31—35 gebrauchten Systems der Hauptaxen. Die Koordinaten von G seien x_1, y_1, die der Brennpunkte F und F' bezüglich $+e$, 0 und $-e$, 0, wo $e^2 = a^2 - b^2$; ferner sei $FG = r$, $F'G = r'$, $OG = m$; dann ist:

$$(1) \quad r^2 = (x_1 - e)^2 + y_1^2, \qquad (2) \quad r'^2 = (x_1 + e)^2 + y_1^2,$$

woraus:

$$(2) \quad r^2 - r'^2 = (r + r')(r - r') = -4ex_1.$$

Nun ist:

$$(3) \quad r + r' = 2a, \quad \text{also:} \quad (3^*) \quad r - r' = -\frac{2ex_1}{a},$$

folglich:

$$(4) \quad r = a - \frac{ex_1}{a}, \quad r' = a + \frac{ex_1}{a}.$$

Setzt man den Wert von r in (1) ein, so kommt man auf die Gleichung der Ellipse. — Es ist sehr merkwürdig, daß, **während die Entfernung irgend eines Punktes F von einem Ellipsenpunkte durch eine Quadratwurzel ausgedrückt wird, die Irrationalität verschwindet, wenn F ein Brennpunkt ist.**

Wir haben ferner:

$$m^2 = x_1^2 + y_1^2 = x_1^2 + b^2 - \frac{b^2}{a^2} x_1^2 = b^2 + \frac{e^2}{a^2} x_1^2$$

und:

$$rr' = a^2 - \frac{e^2}{a^2} x_1^2,$$

also:

$$m^2 + rr' = a^2 + b^2.$$

Bezeichnet man aber den dem m konjugierten Halbmesser durch n, so ist (§. 34, Form. 8) $a^2+b^2=m^2+n^2$, also $rr'=n^2$, oder:

I. **Das Produkt der beiden nach einem Ellipsenpunkte G gezogenen Leitstrahlen ist dem Quadrate des Halbmessers gleich, der dem durch G gehenden konjugiert ist.**

Sind p und p' die von F und F' auf die Tangente in G gefällten Lote, H, H' ihre Fufspunkte, (ξ, η) und (ξ', η') die Koordinaten derselben, so ist, weil die Gleichung der Tangente $\frac{xx_1}{a^2}+\frac{yy_1}{b^2}-1=0$ (nach §. 23, Form. 6 und 7):

$$\xi=e-\frac{x_1}{a^2}\frac{\frac{ex_1}{a^2}-1}{\frac{x_1^2}{a^4}+\frac{y_1^2}{b^4}}, \quad \eta=-\frac{y_1}{b^2}\frac{\frac{ex_1}{a^2}-1}{\frac{x_1^2}{a^4}+\frac{y_1^2}{b^4}},$$

$$p=\pm\frac{\frac{ex_1}{a^2}-1}{\sqrt{\frac{x_1^2}{a^4}+\frac{y_1^2}{b^4}}}.$$

Nun ist:

$$\frac{x_1^2}{a^4}+\frac{y_1^2}{b^4}=\frac{x_1^2}{a^4}+\frac{1}{b^2}\left(1-\frac{x_1^2}{a^2}\right)=\frac{a^4-x_1^2e^2}{a^4b^2}=\frac{rr'}{a^2b^2},$$

und (4):

$$\frac{ex_1}{a^2}-1=-\frac{r}{a}.$$

Setzen wir diese Werte ein, so kommt:

$$\xi=e+\frac{x_1}{a^2}\frac{r}{a}\frac{a^2b^2}{rr'}=e+\frac{x_1b^2}{ar'}=\frac{ar'e+x_1b^2}{ar'}=\frac{a^2e+e^2x_1+x_1b^2}{ar'},$$

oder, wenn a^2 für e^2+b^2 gesetzt wird, und man in p den absoluten Wert nimmt:

$$(5)\quad \xi=\frac{a(x_1+e)}{r'}, \quad \eta=\frac{ay_1}{r'}, \quad p=b\sqrt{\frac{r}{r'}}.$$

Um ξ', η', p' zu erhalten, mufs man in (5) e, r, r' bezüglich mit $-e$, r', r vertauschen; dies giebt:

$$(6)\quad \xi'=\frac{a(x_1-e)}{r}, \quad \eta'=\frac{ay_1}{r}, \quad p'=b\sqrt{\frac{r'}{r}}.$$

Diese Formeln führen zu folgenden Sätzen:

II. **Das Produkt der Lote (p, p'), welche von den Brennpunkten auf eine Tangente gefällt werden, ist dem Quadrate (b^2) der halben kleinen Axe gleich.**

Ferner ist $\frac{p}{r} = \frac{b}{r}\sqrt{\frac{r}{r'}} = \frac{b}{\sqrt{rr'}}$, und ebenso $\frac{p'}{r'} = \frac{b}{\sqrt{rr'}}$, also $\frac{p}{r} = \frac{p'}{r'}$, also sind die rechtwinkligen Dreiecke FGH und $F'GH'$ einander ähnlich, und W. $FGH =$ W. $F'GH'$, d. h.:

III. **Die Tangente bildet mit den Leitstrahlen gleiche Winkel, oder halbiert den Winkel zwischen einem Leitstrahl und der Verlängerung des anderen.**

Die Gerade, welche auf der Tangente einer Kurve in deren Berührungspunkte senkrecht steht, heifst die **Normale** der Kurve; es folgt demnach aus III.:

IV. **Die Normale der Ellipse halbiert den Winkel zwischen den Leitstrahlen.**

Die Gleichung der Normale ist:

$$(7)\quad \frac{x-x_1}{\frac{x_1}{a^2}} = \frac{y-y_1}{\frac{y_1}{b^2}}.$$

Aus (5) ergiebt sich $OH^2 = \xi^2+\eta^2 = \frac{a^2}{r'^2}\{(x_1+e)^2+y_1^2\} = a^2$, folglich:

V. **Die Fufspunkte der Lote, welche man von den Brennpunkten einer Ellipse auf sämtliche Tangenten fällen kann, liegen auf dem Kreise, der die grofse Axe zum Durchmesser hat.**

Anm. Der Satz V. beantwortet die Frage: **welches ist der Ort der Fufspunkte der von einem Brennpunkte auf alle Tangenten der Ellipse gefällten Lote?** Da es wichtig ist, den Gedankengang zu kennen, welcher bei derartigen Aufgaben verfolgt wird, und weil die Rechnung im gegenwärtigen Falle eine eigentümliche Schwierigkeit darbietet, so wollen wir die gestellte Frage direkt beantworten.

Die Gleichung der Tangente am Punkte (x_1, y_1) ist:

$$(8)\quad \frac{xx_1}{a^2}+\frac{yy_1}{b^2}-1 = 0;$$

die Gleichung des vom Brennpunkte F oder $(e, 0)$ auf die Gerade (8) gefällten Lotes ist:

$$(9)\quad \frac{x_1}{a^2}y-\frac{y_1}{b^2}(x-e) = 0.$$

Bestimmt man aus (8) und (9) x und y, so hat man die Koordinaten eines auf der Tangente (8) liegenden Fufspunktes. Offenbar sind x und y von x_1 und y_1 abhängig; kann man nun eine von den letzteren Gröfsen unabhängige Gleichung zwischen x und y finden, so werden derselben alle Fufspunkte genügen, d. h. sie wird die Gleichung des gesuchten Ortes sein. Man mufs also aus (8) und (9) x_1 und y_1 eliminieren; dazu bedarf es noch einer dritten Gleichung, und diese ist:

$$(10) \quad \frac{x_1^2}{a^2}+\frac{y_1^2}{b^2}=1.$$

Aus (8) und (9) erhält man:

$$x_1=\frac{a^2(x-e)}{y^2+x(x-e)}, \quad y_1=\frac{b^2y}{y^2+x(x-e)},$$

und wenn diese Ausdrücke in (10) eingesetzt werden:

$$(11) \quad a^2(x-e)^2+b^2y^2=\{y^2+x(x-e)\}^2.$$

Dies ist die Gleichung des gesuchten Ortes, sie steigt auf den vierten Grad, ein Resultat, welches dem Satze V. zu widersprechen scheint. Setzt man aber:

$$y^2+(x-e)^2=u^2,$$

und demnach:

$$y^2+x(x-e)=u^2+e(x-e),$$

so verwandelt sich (11) in:

$$a^2(x-e)^2+b^2y^2=u^4+2u^2e(x-e)+e^2(x-e)^2,$$

und wenn man e^2+b^2 für a^2 setzt, in:

$$0=u^2\{u^2+2e(x-e)-b^2\},$$

oder, wenn für u^2 wieder sein Wert geschrieben wird, in:

$$(12) \quad \{(x-e)^2+y^2\}\{x^2+y^2-a^2\}=0.$$

Der erste Faktor wird nur Null, wenn $x=e$, $y=0$ ist, d. h. für den Brennpunkt F, der, weil er auf keiner reellen Tangente der Ellipse liegt, nicht zum gesuchten Orte gehört; es bleibt also nur $x^2+y^2-a^2=0$, d. h. der über der grofsen Axe als Durchmesser beschriebene Kreis.

(Aufg. 25—26a.)

§. 41. Konstruktionen. Eine einfache Konstruktion der Tangente und Normale, wenn der Berührungspunkt bekannt ist, ergiebt sich aus §. 40, III. und IV.

Soll man von einem Punkte K, aufserhalb der Kurve, Tangenten an dieselbe ziehen, so denke man sich eine solche konstruiert, KG (Fig. 28), verlängere das Lot FH über H hinaus, bis es den verlängerten Leitstrahl $F'G$ in J trifft, dann ist W. $FGH = JGH$, weil jeder $=$ W. $F'GK$, also sind die rechtwinkligen Dreiecke FGH und JGH kongruent, und jeder Punkt der Tangente von F und J gleichweit entfernt, z. B. $KF = KJ$, aufserdem ist noch $F'J = F'G + GF = 2a$. Beschreibt man demnach zwei Kreise, den einen um K mit dem Radius KF, den anderen um F' mit $2a$, und verbindet ihre Durchschnittspunkte J, J' mit F', so erhält man die Berührungspunkte G, G'.

Eine andere Konstruktion folgt aus §. 40, V. Man beschreibe über der grofsen Axe und über KF als Durchmesser zwei Kreise, und verbinde deren Durchschnitte H und h mit K, so werden HK und hK Tangenten der Ellipse sein.

§. 42. Flächeninhalt der Ellipse. Zu der in §. 34 besprochenen Beziehung zwischen zwei Punktsystemen P, (x, y) und P', (x, y'), deren zu denselben Abscissen gehörige Ordinaten in gleichem Verhältnis zu einander stehen, nämlich:

$$y' : y = b : a,$$

läfst sich weiter hinzufügen, dafs geradlinige Figuren F und F', deren Ecken entsprechende Punkte beider Systeme sind, dasselbe Verhältnis $a : b$ zu einander haben.

In der That, sind die Ecken der einen Figur F:

$$(x_1, y_1), \quad (x_2, y_2), \quad \ldots \quad (x_n, y_n),$$

so sind die der zweiten Figur F':

$$\left(x_1, \frac{b}{a} y_1\right), \quad \left(x_2, \frac{b}{a} y_2\right), \quad \ldots \quad \left(x_n, \frac{b}{a} y_n\right);$$

folglich unterscheidet sich (§. 10, 1) der Ausdruck für den Inhalt des Vielecks F' von dem für den Inhalt von F nur durch den Faktor $\frac{b}{a}$, wie behauptet wurde.

Ebenso stehen entsprechende krummlinige Figuren beider Systeme, diese Figuren als Grenzen eingeschriebener Vielecke von unendlich vielen und unendlich kleinen Seiten angesehen, im besonderen die Ellipse E und der über ihrer grofsen Axe als Durchmesser konstruierte Kreis A (vergl. §. 34) zu einander im Verhältnis ihrer entsprechenden Ordinaten. Man hat also:

$$\text{Ellipse}: \; a^2\pi = b : a,$$

d. h. der Flächeninhalt der Ellipse ist gleich $ab\pi$.

Weil ferner der durch zwei konjugierte Halbmesser OE_0 und OE_1 (Fig. 29) bestimmte Sektor der Ellipse dem Kreisquadranten A_0OA_1 entspricht, so erhält man auch den Satz:

Durch jede zwei konjugierte Durchmesser wird die Ellipse in vier gleiche Teile geteilt.

(Aufg. 27).

Fünftes Kapitel.

Die Hyperbel.

§. 43. Der Ort aller Punkte G (Fig. 30), deren Entfernungen GF und GF' von zwei festen Punkten F und F' konstante Differenz $= 2a$ haben, heifst eine Hyperbel; die festen Punkte F und F' nennt man die Brennpunkte, ihre Entfernung $FF' = 2e$ die Excentrizität, und die zwei Geraden GF und GF' Radien-Vektoren oder Leitstrahlen. — Da in jedem Dreieck GFF' die Differenz zweier Seiten $GF - GF'$ (oder $GF' - GF$) kleiner als die dritte Seite FF' sein mufs, so ist $a < e$.

Aufgabe. Die Gleichung der Hyperbel aufzustellen.

Die Mitte O von FF' sei der Anfangspunkt der rechtwinkligen Koordinaten, OF die positive x-Axe, dann ist für den Punkt G oder (x, y):

$$GF = \sqrt{(x-e)^2+y^2}, \quad GF' = \sqrt{(x+e)^2+y^2}.$$

Nun ist für positive Werte von x immer $(x-e)^2 < (x+e)^2$, also $GF < GF'$; für negative, $(x-e)^2 > (x+e)^2$, also $GF > GF'$; die analytische Definition der Hyperbel ist demnach:

$$(1) \quad \sqrt{(x+e)^2+y^2} - \sqrt{(x-e)^2+y^2} = \pm 2a,$$

jenachdem x einen $\pm$ Wert hat.

Macht man (1) rational, so kommt man, wie in §. 31, 5, auf $a^2(a^2-e^2) = (a^2-e^2)x^2 + a^2y^2$, was, weil a^2-e^2 negativ ist, besser:

$$(2) \quad a^2(e^2-a^2) = (e^2-a^2)x^2 - a^2y^2,$$

geschrieben wird; setzt man:

$$(3) \quad e^2 - a^2 = b^2, \qquad \text{oder:} \qquad (3^*) \quad e^2 = a^2 + b^2,$$

so wird die Hyperbelgleichung:

$$(4) \quad \frac{x^2}{a^2} - \frac{y^2}{b^2} = 1.$$

Da (4) nur x^2 und y^2 enthält, so besteht die Kurve aus vier kongruenten Quadranten (§. 31, Zus. 2), und es wird hinreichen, die Gestalt desjenigen, in welchem x und y positiv sind, zu untersuchen. Schreibt man statt (4):

$$(5) \quad y = \frac{b}{a}\sqrt{x^2 - a^2} \quad \text{und:} \quad (6) \quad \frac{y}{x} = \frac{b}{a}\sqrt{1 - \frac{a^2}{x^2}},$$

so folgt aus (5), dafs x wenigstens $= a$ sein mufs, damit y reell werde, über a hinaus aber jeden beliebig grofsen Wert annehmen kann; und dafs $y = 0$, wenn $x = a$, mit x selbst aber ins Unbegrenzte wächst; der Kurvenquadrant erstreckt sich demnach ins Unendliche. Der Bruch $\frac{y}{x}$ ist nach (6) stets kleiner als $\frac{b}{a}$, nähert sich aber diesem Werte immer mehr, je gröfser x, also auch y wird; macht man daher $OA = a$, $AP = b = \sqrt{e^2 - a^2}$, wodurch $\operatorname{tang} POA = \frac{b}{a}$, und erwägt, dafs $\frac{y}{x} = \operatorname{tang} GOH$, so ergiebt sich, dafs der Radius OG, während G auf der Kurve sich immer weiter entfernt, immer mehr der Richtung OP sich nähert. Setzt man $HG' = Y$, so ist wegen $OH = x$, $\frac{Y}{x} = \frac{b}{a}$ oder $Y^2 = x^2\frac{b^2}{a^2}$, und für den Hyperbelpunkt G ist $y^2 = x^2\frac{b^2}{a^2} - b^2$, also $Y^2 - y^2 = b^2$, oder $Y - y = \frac{b^2}{Y + y}$; da mit zunehmendem x die Ordinaten Y und y über alle Grenzen wachsen, so wird $Y - y$ oder $G'G$ kleiner als jede beliebige Gröfse, ohne jedoch je $= 0$ zu werden; der Hyperbelquadrant nähert sich also immer mehr der Geraden OP und kommt ihr beliebig nahe*), ohne sie jedoch je zu erreichen. — Die Anwendung derselben Betrachtungen auf die übrigen Quadranten ergiebt folgendes Resultat:

Trägt man von der Mitte O (Fig. 30*) der Excentrizität FF' die Distanz $OA = OA'$ ab, so geht die Hyperbel durch A und A'; errichtet man ferner in A und A' zwei unbegrenzte Lote zu FF',

---

*) D. h. wenn man sich zwischen der Kurve und OP eine Parallele zu OP gezogen denkt, so tritt die Kurve in den Raum zwischen beide Parallelen, wie klein auch die Entfernung derselben genommen werde.

so liegt zwischen ihnen kein Hyperbelpunkt. Treffen diese Lote den über FF' als Durchmesser beschriebenen Kreis in P, P_1, P_2, P_3, so dafs $AP = \sqrt{c^2 - a^2} = b$, und zieht man die unbegrenzten durch O gehenden Geraden pp_2, p_1p_3, so liegt in dem unendlichen Raume pPP_3p_3 ein unendlicher Hyperbelzweig und in $p_1P_1P_2p_2$ der andere; beide zusammen bilden die durch (4) dargestellte Hyperbel. Die Punkte A, A' sind die Scheitel, AA' die Hauptaxe der Kurve; die Geraden pp_2, p_1p_3, welche sich der Hyperbel immer mehr nähern, so dafs ihre Entfernung von der Kurve beliebig klein, aber nie $= 0$ wird, heifsen die Asymptoten; die Gleichung der einen (pp_2) ist $y = \frac{b}{a}x$, die der anderen (p_1p_3) ist $y = -\frac{b}{a}x$, oder bezüglich:

$$(7) \quad \frac{x}{a} - \frac{y}{b} = 0, \quad \frac{x}{a} + \frac{y}{b} = 0.$$

Eine Hyperbel heifst gleichseitig, wenn $b = a$; das Dreieck POA (Fig. 30*) wird für dieselbe gleichschenklig, also W. $POA = 45^\circ$, und W. $POP_3 = 90^\circ$; der Asymptotenwinkel der gleichseitigen Hyperbel ist demnach ein rechter.

§. 44. Unendliche Wurzeln einer quadratischen Gleichung, direkte Bestimmung der Asymptoten, Tangenten.

Denkt man sich in der quadratischen Gleichung:

$$(1) \quad Lu^2 + 2Mu + N = 0$$

die Koeffizienten veränderlich, so ändern sich auch mit ihnen die Wurzeln u_1 und u_2, wo:

$$u_1 = \frac{-M - \sqrt{M^2 - LN}}{L}, \quad u_2 = \frac{-M + \sqrt{M^2 - LN}}{L}.$$

Um zu sehen, was aus diesen Werten wird, wenn erstens L, zweitens L und M gleich Null werden, schaffen wir die Wurzelgröfsen aus den Zählern fort, und erhalten:

$$u_1 = \frac{(-M - \sqrt{M^2 - LN})(-M + \sqrt{M^2 - LN})}{L(-M + \sqrt{M^2 - LN})} = \frac{N}{-M + \sqrt{M^2 - LN}}$$

und ähnlich:

$$u_2 = \frac{N}{-M - \sqrt{M^2 - LN}}.$$

Wenn $L = 0$, mufs M statt $\sqrt{M^2 - LN}$ gesetzt werden und es kommt $u_1 =$ unendlich, $u_2 = -\frac{N}{2M}$; die eine Wurzel von (1) wird also, wenn L verschwindet, unendlich, während die andere den Wert $-\frac{N}{2M}$ bekommt. Ist auch $M=0$, so wird u_2 ebenfalls unendlich und u_1 und u_2 sind als gleich anzusehen; in der That wird die Bedingung, dafs (1) zwei gleiche Wurzeln habe, nämlich $M^2-LN=0$, durch die Annahme $L=0$, $M=0$ befriedigt.

Zu demselben Resultate kann man gelangen, ohne (1) aufzulösen; setzt man in (1) $u=\frac{1}{v}$, so wird aus (1):

$$(2) \quad L+2Mv+Nv^2=0.$$

Heifsen v_1, v_2 die Wurzeln von (2), so ist $u_1=\frac{1}{v_1}$, $u_2=\frac{1}{v_2}$. Wenn $L=0$, so wird (2) $2Mv+Nv^2=0$, also $v_1=0$, $v_2=-\frac{2M}{N}$, also $u_1=$ unendlich, $u_2=-\frac{N}{2M}$; wenn $L=0$ und $M=0$, so wird (2) $Nv^2=0$, also $v_1=v_2=0$, und $u_1=u_2=$ unendlich, wie vorhin.

Jede Gleichung $2Mu+N=0$ kann demnach als eine quadratische mit einer unendlichen Wurzel, und $N=0$ als eine quadratische Gleichung mit zwei gleichen unendlichen Wurzeln betrachtet werden*).

Wir wollen jetzt die Fälle untersuchen, wo von den Durchschnitten einer Geraden und einer Hyperbel:

$$(3) \quad \lambda x+\mu y+n=0, \quad \frac{x^2}{a^2}-\frac{y^2}{b^2}=1,$$

der eine oder beide ins Unendliche fallen. Die Abscissen dieser Durchschnitte sind die Wurzeln der Gleichung:

$$(4) \quad \left(\frac{\mu^2}{a^2}-\frac{\lambda^2}{b^2}\right)x^2-\frac{2\lambda n}{b^2}x-\left(\frac{n^2}{b^2}+\mu^2\right)=0;$$

die notwendige und ausreichende Bedingung, damit eine dieser Wurzeln unendlich werde, ist $\frac{\mu^2}{a^2}-\frac{\lambda^2}{b^2}=0$, d. h. $\frac{\lambda}{\mu}$ entweder $=\frac{b}{a}$ oder $=-\frac{b}{a}$; die Gerade (3) mufs demnach einer der Asymptoten

*) Auf ganz analoge Weise läfst sich darthun, dafs wenn in einer Gleichung dritten Grades der Koeffizient des höchsten Gliedes verschwindet, die Gleichung eine unendlich grofse Wurzel hat u. s. w., und dafs umgekehrt eine quadratische Gleichung als eine kubische Gleichung mit einer unendlichen, als eine biquadratische mit zwei unendlichen Wurzeln u. s. w. angesehen werden kann.

(§. 43, Form. 7) parallel sein. Sollen beide Wurzeln von (4) unendlich werden, so mufs auch $\frac{\lambda n}{b^2} = 0$, d. h. $n = 0$ sein. Für $\frac{\lambda}{\mu} = \pm \frac{b}{a}$ und $n = 0$ wird aber (3) die Gleichung einer Asymptote; wir haben also das Resultat:

Es giebt für die Hyperbel zwei und nicht mehr Gerade, die Asymptoten, von denen eine jede zwei zusammenfallende, unendlich entfernte Schnittpunkte mit der Kurve gemein hat. Gerade, die einer Asymptote parallel sind, und nur solche, haben mit der Hyperbel einen endlich und einen unendlich entfernten Schnittpunkt gemein.

Da die beiden unendlich entfernten Schnittpunkte einer Asymptote und einer Hyperbel zusammenfallen, so ist **jede Asymptote als Tangente an einem unendlich entfernten Punkte** anzusehen. In der That, ist (x', y') ein Hyperbelpunkt, so erhält man durch dieselbe Rechnung wie bei der Ellipse (§. 36) als **Gleichung der Tangente:**

$$(5)\quad \frac{xx'}{a^2} - \frac{yy'}{b^2} = 1, \quad \text{oder:} \quad (6)\quad \frac{x}{a^2} - \frac{y}{b^2}\frac{y'}{x'} = \frac{1}{x'}.$$

Mit wachsendem x' und y' nähert sich $\frac{y'}{x'}$ dem Werte $+\frac{b}{a}$ (§. 43), wenn (x', y') im ersten oder dritten Quadranten liegt, und dem Werte $-\frac{b}{a}$, wenn (x', y') in einem der beiden anderen Quadranten liegt. Entfernt sich also (x', y') ins Unendliche, so mufs in (6) $\frac{1}{x'} = 0$, $\frac{y'}{x'} = \pm\frac{b}{a}$ gesetzt werden, d. h. geht (6) in $\frac{x}{a^2} \mp \frac{y}{b^2}\frac{b}{a} = 0$ oder in die Gleichungen der Asymptoten über (§. 43, 7).

Anm. Jede Gerade, die mit einer algebraischen Kurve zwei zusammenfallende, unendlich entfernte Punkte gemein hat, also als Tangente an einem unendlich entfernten Berührungspunkte angesehen werden kann, heifst eine **Asymptote** der algebraischen Kurve; man kann beweisen, dafs die Asymptote einem Kurvenzweige beliebig nahe kommt, ohne ihn je zu erreichen.

§. 45. **Eigenschaften der Asymptoten.** Das Produkt $\left(\frac{x}{a} + \frac{y}{b}\right)\left(\frac{x}{a} - \frac{y}{b}\right)$ verschwindet nur für solche Werte von x

und y, für welche einer der Faktoren $= 0$ wird, also nur für Punkte der Asymptoten; demnach stellt die Gleichung:

$$(1) \quad \frac{x^2}{a^2} - \frac{y^2}{b^2} = 0$$

beide Asymptoten zusammen dar, oder sie ist die Gleichung des Systems beider Asymptoten. Die Gerade:

$$(2) \quad \lambda x + \mu y + n = 0$$

schneidet (1) in zwei Punkten, deren Abscissen X_1 und X_2 Wurzeln sind der Gleichung:

$$(3) \quad \left(\frac{\mu^2}{a^2} - \frac{\lambda^2}{b^2}\right) x^2 - \frac{2\lambda n}{b^2} x - \frac{n^2}{b^2} = 0;$$

während die Abscissen x_1, x_2 der Durchschnitte von (2) und der Hyperbel durch die Gleichung (§. 44, Form. 4) gegeben sind. Da beide Gleichungen nur in dem von x freien Gliede verschieden sind, so ist:

$$(4) \quad X_1 + X_2 = x_1 + x_2 = \frac{2\lambda n}{b^2\left(\frac{\mu^2}{a^2} - \frac{\lambda^2}{b^2}\right)}.$$

Sind Y_1, Y_2, y_1, y_2 die zugehörigen Ordinaten, so beweist man ebenso, dafs $Y_1 + Y_2 = y_1 + y_2$. Demnach ist die Mitte $\left(\frac{x_1 + x_2}{2}, \frac{y_1 + y_2}{2}\right)$ der durch (2) bestimmten Hyperbelsehne zugleich die Mitte $\left(\frac{X_1 + X_2}{2}, \frac{Y_1 + Y_2}{2}\right)$ der durch (2) bestimmten Asymptotensehne, oder:

I. Schneidet eine Gerade die Hyperbel (Fig. 31) in C, C' und die Asymptoten in D, D', so haben CC', DD' dieselbe Mitte, d. h. ist $DC = D'C'$ und $DC' = D'C$.

Wird die Sehne (2) Tangente, so fallen ihre Schnittpunkte mit der Kurve und ihr Mittelpunkt in den Berührungspunkt, und nach I. ist $HE = HE'$, oder:

II. Der Berührungspunkt H einer Tangente halbiert das von den Asymptoten begrenzte Stück EE' derselben.

Aus II. ergiebt sich eine einfache Konstruktion der Tangente. Durch die Asymptoten PO, P_1O (Fig. 32) und einen Punkt C der Hyperbel ist dieselbe vollkommen und eindeutig bestimmt; denn sind x und y die auf die Halbierungslinien der Asymptotenwinkel bezogenen Koordinaten von C, so geben die Gleichungen

$$\frac{x^2}{a^2} - \frac{y^2}{b^2} = 1 \quad \text{und} \quad \frac{b}{a} = \operatorname{tang} \tfrac{1}{2} POP_1$$

die Werte von b und a. Zieht man durch C beliebige Gerade CAA' und macht $A'C' = AC$, so gehören alle diese Punkte C' zu einer Hyperbel.

Fällt man von dem Hyperbelpunkte (x', y') oder H (Fig. 31) Lote auf die Asymptoten $\frac{x}{a} - \frac{y}{b} = 0$, $\frac{x}{a} + \frac{y}{b} = 0$, so sind dieselben (§. 23, Form. 7):

$$= \pm \frac{\frac{x'}{a} - \frac{y'}{b}}{\sqrt{\frac{1}{a^2} + \frac{1}{b^2}}} \quad \text{und:} \quad = \pm \frac{\frac{x'}{a} + \frac{y'}{b}}{\sqrt{\frac{1}{a^2} + \frac{1}{b^2}}},$$

also ihr Produkt:

$$= \frac{\frac{x'^2}{a^2} - \frac{y'^2}{b^2}}{\frac{1}{a^2} + \frac{1}{b^2}} = \frac{1}{\frac{1}{a^2} + \frac{1}{b^2}} = \frac{a^2 b^2}{a^2 + b^2}.$$

Zieht man HN, HN' den Asymptoten parallel, und ist w der Asymptotenwinkel, so sind jene beiden Lote $HN \sin w$, $HN' \sin w$, also $HN . HN' \sin w^2 = \frac{a^2 b^2}{a^2 + b^2}$; nun ist:

$$\sin w = \frac{2 \operatorname{tang} \frac{w}{2}}{1 + \operatorname{tang} \frac{w^2}{2}} = \frac{2 \frac{b}{a}}{1 + \frac{b^2}{a^2}} = \frac{2ab}{a^2 + b^2},$$

folglich:

$$HN . HN' = \frac{a^2 + b^2}{4},$$

mit anderen Worten:

III. Betrachtet man die Asymptoten als schiefwinklige Axen und nimmt die Winkel, in welchen die Hyperbel liegt, zum ersten und dritten Quadranten, so ist die Gleichung der Kurve:

$$(5) \quad xy = \frac{a^2 + b^2}{4}.$$

Weil für die Tangente H die Mitte von EE', ist auch $HN = \frac{1}{2} OE'$, $HN' = \frac{1}{2} OE$, also nach dem obigen:

$$\frac{1}{4} OE . OE' \sin w^2 = \frac{a^2 b^2}{a^2 + b^2}.$$

und wegen $\sin w = \frac{2ab}{a^2+b^2}$:

$$\tfrac{1}{2} OE . OE' \sin w = ab, \quad \text{d. h.}$$

IV. **Jede Tangente bestimmt mit den Asymptoten ein Dreieck von konstantem Inhalt** $= ab$.

(Aufg. 28.)

§. 46. **Durchmesser der Hyperbel; konjugierte Hyperbeln.** Eine durch den Mittelpunkt gezogene Gerade und eine Hyperbel:

$$(1) \quad y = \operatorname{tang}\varphi . x, \qquad (2) \quad \frac{x^2}{a^2} - \frac{y^2}{b^2} = 1,$$

schneiden sich in Punkten, deren Koordinaten sind:

$$(3) \quad x = \pm \frac{1}{\sqrt{\frac{1}{a^2} - \frac{\operatorname{tang}\varphi^2}{b^2}}}, \quad y = \pm \frac{\operatorname{tang}\varphi}{\sqrt{\frac{1}{a^2} - \frac{\operatorname{tang}\varphi^2}{b^2}}}.$$

Für die Entfernung $2d$ dieser Schnittpunkte ergiebt sich:

$$(4) \quad d^2 = x^2 + y^2 = \frac{1 + \operatorname{tang}\varphi^2}{\frac{1}{a^2} - \frac{\operatorname{tang}\varphi^2}{b^2}} = \frac{1}{\frac{\cos\varphi^2}{a^2} - \frac{\sin\varphi^2}{b^2}}.$$

Die Werte von x, y und d werden unendlich, wenn $\operatorname{tang}\varphi = \pm \frac{b}{a}$, d. h. für die Asymptoten, und imaginär, wenn der numerische Wert von $\operatorname{tang}\varphi > \frac{b}{a}$ ist, d. h. wenn (1) in denjenigen Asymptotenwinkeln liegt, in welchen die y-Axe sich befindet. Man nennt jede durch den Mittelpunkt gehende Gerade (1) einen **Durchmesser** der Hyperbel, einen **reellen**, wenn sie die Kurve wirklich schneidet, einen **Nebendurchmesser**, wenn sie dieselbe nicht trifft. Man legt dem letzteren — um gewisse Sätze bequem aussprechen zu können — ebenfalls eine Länge bei $= 2\sqrt{-\frac{1}{\frac{\cos\varphi^2}{a^2} - \frac{\sin\varphi^2}{b^2}}}$, wo die Gröfse unter der Wurzel positiv ist, weil für einen Nebendurchmesser $\frac{\cos\varphi^2}{a^2} - \frac{\sin\varphi^2}{b^2} = \frac{\cos\varphi^2}{b^2}\left(\frac{b^2}{a^2} - \operatorname{tang}\varphi^2\right)$ negativ ist. Der y-Axe entspricht der Winkel $\varphi = 90^0$, also ist der zu ihr gehörende Nebendurchmesser $= 2b = BB'$ (Fig. 30*); diese Gerade heifst die **Nebenaxe** der Hyperbel.

Trägt man auf der die Kurve nicht schneidenden Geraden gg' (Fig. 30*) $Og = Og' = \sqrt{-\frac{1}{\frac{\cos\varphi^2}{a^2}-\frac{\sin\varphi^2}{b^2}}} = d$ ab, und sind x, y die Koordinaten von g, so ist:

$$x = d\cos\varphi,\quad y = d\sin\varphi,\quad \frac{1}{d^2} = -\left\{\frac{\cos\varphi^2}{a^2}-\frac{\sin\varphi^2}{b^2}\right\},$$

oder:

$$1 = \frac{d^2\sin\varphi^2}{b^2}-\frac{d^2\cos\varphi^2}{a^2},\quad \text{woraus:}\quad 1 = \frac{y^2}{b^2}-\frac{x^2}{a^2}.$$

Die Endpunkte g, g' eines jeden Nebendurchmessers liegen also auf einer Hyperbel, deren Haupt- und Nebenaxe resp. die Neben- und Hauptaxe der gegebenen Kurve sind. (In Fig. 30* ist dieselbe punktiert gezeichnet; ihre Brennpunkte sind f und f', ihre Asymptoten die der gegebenen Kurve.) Zwei solche Hyperbeln, von denen die reellen Durchmesser der einen die Nebendurchmesser der anderen sind, heifsen **konjugierte**.

Anm. Eine dem Durchmesser (1) parallele Gerade:

$$(5)\quad x\sin\varphi - y\cos\varphi + p = 0$$

hat mit der Hyperbel (2) zwei Punkte gemein, deren Abscissen x_1, x_2 die Wurzeln sind der Gleichung:

$$(6)\quad \left(\frac{\cos\varphi^2}{a^2}-\frac{\sin\varphi^2}{b^2}\right)x^2 - \frac{2p\sin\varphi}{b^2}x - \left(\frac{p^2}{b^2}+\cos\varphi^2\right) = 0$$

(vgl. §. 44, Form. 4). Hieraus folgt:

$$x_1x_2 = -\frac{\frac{p^2}{b^2}+\cos\varphi^2}{\frac{\cos\varphi^2}{a^2}-\frac{\sin\varphi^2}{b^2}};$$

nun ist für einen reellen Durchmesser (1) der Nenner positiv, also x_1x_2 negativ, d. h. x_1 und x_2 sind reell und haben entgegengesetzte Zeichen. Ist aber (1) ein Nebendurchmesser, so ist der Nenner negativ, also x_1x_2 positiv; d. h. entweder sind x_1 und x_2 reelle Gröfsen mit demselben Zeichen oder zusammengehörige imaginäre Werte (d. h. $x_1 = A+B\sqrt{-1}$, $x_2 = A-B\sqrt{-1}$, woraus $x_1x_2 = A^2+B^2$). **Jede Gerade also, die einem reellen Durchmesser parallel ist, schneidet beide Hyperbelzweige, ist sie einem Nebendurchmesser parallel, so schneidet (berührt) sie entweder einen Hyperbelzweig, oder trifft die Kurve gar nicht.**

§. 47. Konjugierte Durchmesser; Konstruktionen. Im Anschlufs an den letzten Paragraphen läfst sich noch ein Schlufs machen auf die Lage der Mittelpunkte paralleler Sehnen auch bei der Hyperbel (vergl. §. 34). Es ergiebt sich nämlich, indem man voraussetzt, dafs durch die Gleichung (1) ein reeller Durchmesser vorausgesetzt wird, aus der Gleichung (6), wenn man $\frac{\cos\varphi^2}{a^2}-\frac{\sin\varphi^2}{b^2}$ durch $\frac{1}{d^2}$ ersetzt, (4), für die Wurzeln x_1 und x_2 die weitere Beziehung

$$\frac{x_1+x_2}{2}=\frac{d^2.p\sin\varphi}{b^2},$$

als Ausdruck für die Abscisse des Mittelpunktes der durch die Gleichung (5) dargestellten Sehne der Hyperbel. Bezeichnet man diesen Mittelpunkt durch (x_0, y_0), so erhält man demnach:

$$x_0=\frac{d^2.p\sin\varphi}{b^2},\quad y_0=\frac{d^2.p\cos\varphi}{a^2},$$

folglich

$$(7)\quad \frac{x_0}{y_0}=\frac{a^2}{b^2}\cdot\operatorname{tang}\varphi,$$

unter Annahme veränderlicher Werte für x_0 und y_0 die Gleichung eines Durchmessers der Hyperbel und zugleich, weil in ihr die Konstante p nicht vorkommt, des Ortes für die Mittelpunkte paralleler Sehnen. Bezeichnet man den Winkel der Linie (7) mit der positiven Seite der x-Axe durch φ_1, so hat man $\operatorname{tang}\varphi_1=\frac{b^2}{a^2\operatorname{tang}\varphi}$, d. h.

$$(8)\quad \operatorname{tang}\varphi.\operatorname{tang}\varphi_1=\frac{b^2}{a^2}.$$

Demnach ergiebt sich ebenso, wie bei der Ellipse, folgender Satz, der auch aus §. 45, I. abgeleitet werden könnte:

I. Die Mitten paralleler Sehnen liegen in einem Durchmesser, und alle diesem letzteren parallelen Sehnen haben ihre Mitten in einem zweiten Durchmesser, welcher der ersten Schaar Sehnen parallel ist. — Zwei Durchmesser, von denen jeder die Sehnen halbiert, die dem anderen parallel sind, heifsen konjugierte.

Aus (8) kann man zu jedem Durchmesser die Richtung des konjugierten bestimmen; dieselbe Gleichung lehrt, dafs $\operatorname{tang}\varphi$ und $\operatorname{tang}\varphi_1$ nicht gleichzeitig numerisch kleiner (gröfser) als $\frac{b}{a}$ sein können, weil sonst ihr Produkt kleiner (gröfser) als $\frac{b^2}{a^2}$ wäre, also ist numerisch $\operatorname{tang}\varphi \gtreqless \frac{b}{a}$, wenn $\operatorname{tang}\varphi_1 \lesseqgtr \frac{b}{a}$ ist, d. h. von zwei konjugierten Durchmessern ist der eine ein reeller, der andere ein Nebendurchmesser, und jede Asymptote ist sich selbst konjugiert.

Nehmen wir an, dafs der PP' halbierende Durchmesser LL' ein reeller, also $\operatorname{tang}\varphi$ numerisch $< \frac{b}{a}$ sei, und setzen $LL' = 2m$, den konjugierten Nebendurchmesser MM', welcher der Sehne PP' parallel ist, $= 2n$, so ist nach §. 46:

$$(9) \quad \frac{1}{m^2} = \frac{\cos\varphi^2}{a^2} - \frac{\sin\varphi^2}{b^2},$$

$$(10) \quad \frac{1}{n^2} = -\left\{\frac{\cos\varphi_1^2}{a^2} - \frac{\sin\varphi_1^2}{b^2}\right\}.$$

Setzen wir nunmehr (Fig. 33) $OQ = t$, $PP_1 = 2u$, die Winkel, welche die Richtung des positiven x mit t und dem oberen Teile von PP_1 bildet, bezüglich gleich φ und φ_1, so erhalten wir genau ebenso wie in §. 34 für die Ellipse, unter Berücksichtigung von (8):

$$t^2\left(\frac{\cos\varphi^2}{a^2} - \frac{\sin\varphi^2}{b^2}\right) + u^2\left(\frac{\cos\varphi_1^2}{a^2} - \frac{\sin\varphi_1^2}{b^2}\right) = 1;$$

diese Gleichung verwandelt sich wegen (9) und (10) in $\frac{t^2}{m^2} - \frac{u^2}{n^2} = 1$. Nun sind t und u oder OQ und PQ die schiefwinkligen Koordinaten von P in bezug auf OL und OM als Axen; also haben wir den Satz:

II. **Die Gleichung der Hyperbel, bezogen auf einen reellen Durchmesser $2m$ als x-Axe und auf den konjugierten Nebendurchmesser $2n$ als y-Axe, ist:**

$$(11) \quad \frac{x^2}{m^2} - \frac{y^2}{n^2} = 1.$$

Durch eine wörtliche, auf (11) angewendete Wiederholung des Verfahrens in §. 44 ergeben sich die **Gleichungen der Asymptoten**, auf dieselben Axen bezogen:

$$(12) \quad \frac{x}{m} - \frac{y}{n} = 0, \quad \frac{x}{m} + \frac{y}{n} = 0.$$

Die Tangenten in L und L' sind dem konjugierten Durchmesser MM' parallel, wie sich z. B. durch eine einfache Grenzbetrachtung aus Satz I. ergiebt. Nun sind NL und OL ($= m$) die schiefwinkligen Koordinaten des Asymptotenpunktes N, die **einer** Gleichung

(12) genügen, der ersten, wenn OL und OM die positiven Halbaxen bedeuten, also ist $\frac{m}{m}-\frac{NL}{n}=0$, d. h. $NL=n$, $NN'=2n$ oder:

III. Das von den Asymptoten begrenzte Stück einer Tangente ist dem ihr parallelen Nebendurchmesser gleich.

Weil ferner RQ, OQ die schiefwinkligen Koordinaten von R, PQ, OQ die von P sind, so ist

$$\frac{OQ}{m}-\frac{RQ}{n}=0, \quad \frac{OQ^2}{m^2}-\frac{PQ^2}{n^2}=1,$$

woraus $RQ^2-PQ^2=n^2=(RQ+PQ)(RQ-PQ)$, oder wegen $RQ=R'Q$, $n^2=R'P.RP$. Ebenso findet man, wenn $P'SS'$ dem Durchmesser LL' parallel ist, $m^2=S'P'.SP'$; d. h.:

IV. Zieht man durch einen Hyperbelpunkt P eine Transversale, welche die Asymptoten in zwei Punkten trifft, so ist das Produkt der Entfernungen dieser Punkte von P dem Quadrate des der Transversale parallelen Halbmessers gleich. — Ein spezieller Fall dieses Satzes ist III.

Sind also ein Hyperbelpunkt P und die Asymptoten gegeben, so kann man mit Hilfe von IV. beliebig viele Durchmesser, und namentlich auch die Axen $2a$ und $2b$ finden.

Sind (Fig. 34) zwei in O sich halbierende konjugierte Durchmesser, der reelle LL' und der Nebendurchmesser MM', gegeben, so sind zwei durch L und L' mit MM' parallel gezogene Gerade zwei Tangenten der Kurve, und macht man auf einer der Parallelen $LN=LN'=OM$, so sind nach III. ON und ON' die beiden Asymptoten. Da nun auch noch der Hyperbelpunkt L bekannt ist, so läfst sich nach dem vorhergehenden Richtung und Gröfse der Axen leicht bestimmen.

(Aufg. 29.)

§. 48. Brennpunkte. Die — bis auf ein Vorzeichen — vollkommene Übereinstimmung der Ellipsen- und Hyperbelgleichung hat zur Folge, dafs die über die Tangenten, Berührungssehnen u. s. w. der Ellipse gefundenen Sätze unverändert, oder wenigstens mit geringen, leicht aufzufindenden Modifikationen, welche sich meist auf die Lage einzelner Stücke der Figur beziehen, auch für die Hyperbel gelten. So bildet z. B. bei der Hyperbel die Tangente mit den nach dem Berührungspunkte gezogenen Leitstrahlen gleiche Winkel, aber sie halbiert den Winkel zwischen den Leitstrahlen selbst und nicht, wie bei der Ellipse, den Nebenwinkel desselben. In der That, der Durchschnitt der Tangente $\frac{xx'}{a^2} - \frac{yy'}{b^2} = 1$ mit der x-Axe hat die Abscisse $\frac{a^2}{x'}$, welche, weil $\frac{a}{x'}$ numerisch $\leqq 1$, ebenfalls numerisch $\leqq a$ ist; d. h. der Durchschnitt der Tangente liegt zwischen den Scheiteln, also um so mehr zwischen den Brennpunkten, folglich liegt auch die Tangente zwischen den Leitstrahlen. — Sind also eine Ellipse und eine Hyperbel um dieselben Brennpunkte beschrieben, so ist in ihren Durchschnittspunkten die Tangente der einen Kurve Normale der anderen.

Ist (Fig. 30), wie in §. 43, $FG = r$, $F'G = r'$, so hat man:

$$r^2 = (x-e)^2 + y^2, \quad r'^2 = (x+e)^2 + y^2, \quad r'^2 - r^2 = 4ex.$$

Nun ist für den Hyperbelzweig mit positiven Abscissen $r' - r = 2a$, also $r' + r = \frac{2ex}{a}$, wodurch:

$$(1) \quad r = \frac{ex}{a} - a, \quad r' = \frac{ex}{a} + a.$$

Dagegen ist für den anderen Zweig $r - r' = 2a$, also $r + r' = -\frac{2ex}{a}$ und:

$$(2) \quad r = a - \frac{ex}{a}, \quad r' = -a - \frac{ex}{a}.$$

§. 49. **Leitlinien der Ellipse und Hyperbel.** Die letzten Formeln, so wie die ähnlichen (§. 40, Form. 4) für die Ellipse, führen zu einer gleichmäfsigen Entstehungsweise beider Kurven.

Für den Ellipsenpunkt G (Fig. 35) hatten wir gefunden (§. 40, Form. 4):

$$FG = r = a - \frac{ex}{a} = \frac{e}{a}\left(\frac{a^2}{e} - x\right).$$

Trägt man von O aus auf der grofsen Axe das Stück $OL = \frac{a^2}{e}$ auf, welches gröfser ist als a, weil $e < a$, zieht ff durch L senkrecht zu OL, und fällt von G auf ff die Senkrechte GH, so ist, wo auch G auf der Ellipse liegen mag, $GH = JL = \frac{a^2}{e} - x$, also nach dem obigen:

$$\frac{GF}{GH} = \frac{e}{a}.$$

Die Gerade ff heifst eine **Leitlinie** oder **Direktrix** der Ellipse; da $OF.OL$ gleich dem Quadrate des Halbmessers (a^2) ist, auf dem F und L liegen, und ff dem Durchmesser parallel, der $2a$ konjugiert ist (nämlich der kleinen Axe), so ist (§. 39, III.) ff die Polare des Brennpunktes F, und die Tangenten an den Endpunkten irgend einer durch F gelegten Sehne schneiden sich auf ff. Zu dem Brennpunkte F' gehört die Leitlinie $f'f'$ und wir haben nach (1) den Satz:

I. Die Entfernungen eines Ellipsenpunktes von dem Brennpunkte und der zugehörigen Leitlinie stehen in konstantem Verhältnis, nämlich in dem der Excentrizität zur grofsen Axe.

Derselbe Satz gilt auch für die Hyperbel (Fig. 36); denn macht man $OL = \frac{a^2}{e}$, wo $\frac{a^2}{e} < a$, weil $\frac{a}{e} < 1$, und zieht ff durch L senkrecht zu OF, sowie von einem Kurvenpunkte G (oder G'), GH (oder $G'H'$) senkrecht zu ff, so ist:

$$GH = JO - LO = x - \frac{a^2}{e},$$

$$GF = r = \frac{ex}{a} - a = \frac{e}{a}\left(x - \frac{a^2}{e}\right) \quad \text{(§. 48, Form. 1);}$$

$$G'H' = J'O + OL = -x + \frac{a^2}{e},$$

$$G'F = r = a - \frac{ex}{a} = \frac{e}{a}\left(-x + \frac{a^2}{e}\right) \quad \text{(§. 48, Form. 2);}$$

also:

$$\frac{GF}{GH} = \frac{G'F}{G'H'} = \frac{e}{a}.$$

Umgekehrt:

II. Der Ort aller Punkte G, für welche die Entfernungen von einem gegebenen Punkte F (Fig. 37) und einer gegebenen Geraden ff ein konstantes Verhältnis λ haben, ist eine Ellipse oder Hyperbel, jenachdem λ $\left(\text{oder } \frac{GF}{GH}\right)$ kleiner oder gröfser als 1 ist.

Denn es sei ff die Ordinatenaxe, das Lot FL von F auf diese Linie die x-Axe, F habe die positive Abscisse h, so ist $GH = \pm x$, jenachdem G und F auf derselben, oder auf verschiedenen Seiten von ff liegen, und $GF = \sqrt{(x-h)^2 + y^2}$; also ist die Gleichung des gesuchten Ortes:

(1) $x^2-2xh+h^2+y^2=\lambda^2x^2$, oder: $x^2(1-\lambda^2)-2xh+y^2=-h^2$,

welche man in:

$$x^2-2x\frac{h}{1-\lambda^2}+\frac{h^2}{(1-\lambda^2)^2}+\frac{y^2}{1-\lambda^2}=-\frac{h^2}{1-\lambda^2}+\frac{h^2}{(1-\lambda^2)^2}$$
$$=\frac{h^2\lambda^2}{(1-\lambda^2)^2}$$

und schliefslich in:

$$(2)\quad \left(x-\frac{h}{1-\lambda^2}\right)^2+\frac{y^2}{1-\lambda^2}=\frac{h^2\lambda^2}{(1-\lambda^2)^2}$$

umformt. Verschiebt man die y-Axe, so dafs der neue Anfangspunkt O im alten Systeme die Abscisse $\frac{h}{1-\lambda^2}$ hat, so bleiben die Ordinaten ungeändert, und die neuen Abscissen, wir wollen sie X nennen, ergeben sich aus den alten durch die Relation $X=x-\frac{h}{1-\lambda^2}$ (§. 2). Ist ferner A eine positive Gröfse, deren Quadrat $A^2=\frac{h^2\lambda^2}{(1-\lambda^2)^2}$ ist, so verwandelt sich (2) in:

$$(3)\quad X^2+\frac{y^2}{1-\lambda^2}=A^2.$$

Bezeichnet man das X des Punktes F mit E, so ist:

$$E=-\frac{\lambda^2h}{1-\lambda^2},\quad \frac{E^2}{A^2}=\lambda^2,\quad A^2(1-\lambda^2)=A^2-E^2.$$

Dadurch geht (3) in:

$$(4)\quad \frac{X^2}{A^2}+\frac{y^2}{A^2-E^2}=1$$

über. Diese Gleichung stellt eine Ellipse oder Hyperbel vor, jenachdem $A^2 \gtrless E^2$, d. h. $\lambda \lessgtr 1$ ist. In beiden Fällen findet man für die Excentrizität von (4) den absoluten Wert von $2E$, also ist F einer der Brennpunkte der Kurve.

Nur wenn $\lambda=1$, lassen sich die Transformationen, durch welche man von (1) auf (2) kommt, wegen des verschwindenden Nenners $1-\lambda^2$ nicht ausführen, und man erhält eine neue Kurve, die im nächsten Kapitel untersucht werden soll.

(Aufg. 30 und 31.)

Sechstes Kapitel.

Die Parabel. — Scheitel- und Polargleichungen der Ellipse, Hyperbel und Parabel.

§. 50. Der Ort aller Punkte G (Fig. 38), welche von einem gegebenen Punkte F und einer gegebenen Geraden ff' gleichweit abstehen, heifst eine Parabel, F der Brennpunkt, ff' die Direktrix oder Leitlinie der Parabel. Die Gestalt der Parabel hängt allein von der Entfernung des Brennpunktes von der Leitlinie FL ab, welche Entfernung $= p$ sein mag.

Aufgabe. Die Gleichung der Parabel zu bestimmen.

Die Mitte von FL sei der Anfangspunkt der Koordinaten; eine Parallele zur Leitlinie sei die y-Axe; AF die positive x-Axe, also die Abscisse von $L = -\frac{p}{2}$. Ist G der Punkt (x, y), so ist das Lot $GH = JA + AL = x + \frac{p}{2}$ (für einen Punkt mit negativer Abscisse ist es gleich $+$ oder $-\left(x+\frac{p}{2}\right)$, jenachdem G zwischen der Ordinatenaxe und der Leitlinie oder jenseits der letzteren liegt) und $GF = \sqrt{\left(x-\frac{p}{2}\right)^2 + y^2}$, also, weil $GF = GH$:

$$\left(x+\frac{p}{2}\right)^2 = \left(x-\frac{p}{2}\right)^2 + y^2,$$

woraus:

$$(1) \quad y^2 = 2px.$$

Der Gleichung (1) genügt der Anfangspunkt (0, 0), also geht die Kurve durch A; dieser Punkt heifst der Scheitel. Da negative Werte des x für y imaginäre Werte ergeben würden, so erstreckt sich die Kurve nur innerhalb der beiden Quadranten mit positivem x, den Wert der Abscisse kann man von $x = 0$ bis $x = +\infty$ wachsen lassen. Zu jedem Werte von x gehören zwei gleiche, mit entgegengesetztem Zeichen behaftete Werte von y, also teilt die x-Axe, die deshalb auch die Axe der Kurve heifst, die Parabel in zwei kongruente Hälften; y selbst wächst ebenfalls absolut von 0 bis ∞. Während aber die Parabel, sich ins Unendliche erstreckend, sich immer mehr von der Axe entfernt, nähert sich die Gerade AG

derselben immer mehr, denn $\operatorname{tang} GAJ = \frac{y}{x} = \frac{2p}{y}$ wird mit wachsendem y immer kleiner. Die Ordinaten der Durchschnittspunkte einer Geraden:

$$(2) \quad \lambda x + \mu y + n = 0$$

mit der Kurve (1) sind durch die quadratische Gleichung gegeben:

$$(3) \quad \lambda y^2 + 2p\mu y + 2pn = 0;$$

diese Gleichung hat eine unendliche Wurzel (§. 44), wenn $\lambda = 0$; dann ist aber (2) oder $\mu y + n = 0$ der Axe parallel; folglich schneidet jede Parallele zur Axe die Parabel in einem endlich und in einem unendlich entfernten Punkte. Beide Durchschnittspunkte können nur ins Unendliche fallen, wenn $\lambda = 0$, $\mu = 0$ ist; dann hört (2) auf Gleichung einer Geraden zu sein; also hat die Parabel keine Asymptoten (§. 44, Anm.).

Um die Parabel punktweise zu konstruieren, verbinde man F mit irgend einem Punkte H auf ff, errichte in der Mitte K von FH ein Lot zu FH, und von H ein Lot zu ff, dann ist für den Durchschnitt G beider Lote $GF = GH$, also G ein Punkt der Kurve; K liegt offenbar in der y-Axe.

§. 51. Sekante, Tangente und Normale der Parabel. Es seien (x', y'), (x'', y'') zwei Punkte der Parabel, also:

$$y'^2 = 2px', \quad y''^2 = 2px'',$$

woraus:

$$y'^2 - y''^2 = 2p(x' - x'') \quad \text{und:} \quad \frac{y' - y''}{x' - x''} = \frac{2p}{y' + y''}.$$

Die Gleichung der durch beide Punkte gehenden Geraden ist:

$$y - y' = \frac{y' - y''}{x' - x''}(x - x'),$$

oder, wegen der letzten Gleichung:

$$(1) \quad y - y' = \frac{2p}{y' + y''}(x - x').$$

Soll die durch zwei andere Parabelpunkte (x_1, y_1), (x_2, y_2) gehende Sekante der ersten parallel sein, so ist, weil bezüglich $\frac{y' - y''}{x' - x''}$ und $\frac{y_1 - y_2}{x_1 - x_2}$ gleich sind $\frac{2p}{y' + y''}$ und $\frac{2p}{y_1 + y_2}$, erforderlich und ausreichend, dafs $y' + y'' = y_1 + y_2$; nun sind aber die Ordinaten der Mitten beider Sehnen $\frac{1}{2}(y' + y'')$, $\frac{1}{2}(y_1 + y_2)$ und daher für parallele Sehnen gleich, folglich ergiebt sich der Satz:

I. In einer Parabel liegen die Mitten paralleler Sehnen in einer Parallelen zur Axe.

Alle Parallelen zur Axe heifsen Durchmesser der Parabel. Fällt (x'', y'') mit (x', y') zusammen, so wird aus der Sekante (1) eine Tangente. Man erhält demnach als Gleichung der Tangente am Berührungspunkte (x', y'): $y-y' = \frac{p}{y'}(x-x')$, und wenn man nach Wegschaffung des Nenners y' statt y'^2 den Wert $2px'$ setzt:

$$(2) \quad yy' = p(x+x').$$

Man findet aus dieser Gleichung oder als eine Folgerung aus I., dafs die Tangente am Endpunkte eines Durchmessers den Sehnen parallel ist, die dieser halbiert; die Ordinatenaxe ist also Tangente am Scheitel. Die Gleichung der Normale, die durch (x', y') geht und auf (2) senkrecht steht, ist:

$$(3) \quad y-y' = -\frac{y'}{p}(x-x').$$

Zur Konstruktion der Tangente und Normale suchen wir ihre Durchschnitte mit der x-Axe. Setzt man in (2) $y=0$, so kommt $x=-x'$; der Punkt P (Fig. 38), wo die Tangente in G die Axe trifft, ist also vom Scheitel A ebenso weit entfernt, als der Fufspunkt J der Ordinate; weil $PA+AF = AJ+AL$ oder $PF = JL = GH$, und nach §. 50 $GF = GH$, so ist $GF = PF$. Hieraus ergiebt sich die Gleichheit der Winkel PGF, GPF, oder der W. PGF, $P'GH'$, d. h.:

II. Die Tangente bildet gleiche Winkel mit dem Radius-Vektor und dem Durchmesser.

Setzen wir in (3) $y=0$, so kommt $x = x'+p$; ist demnach GN die Normale, so ist $AN = x'+p$; es ist aber $AJ = x'$, also $JN = p$, d. h.:

III. Das Stück der Axe zwischen der Ordinate und der Normale, die Subnormale der Parabel, ist konstant $=p$.

Alle diese Eigenschaften gewähren Mittel zur Konstruktion der Normale und Tangente, wenn der Berührungspunkt gegeben ist. — Weil $PF = FG = GH$ und PF parallel mit GH, so ist $PFGH$ ein Rhombus, dessen Diagonalen PG, FH sich unter rechten Winkeln halbieren; die Mitte K von HF liegt aber auf der y-Axe (§. 50), folglich:

IV. Die Fufspunkte (K) der Lote, welche man vom

Brennpunkte F auf die Tangenten fällt, liegen in der Scheiteltangente.

Anm. Aus diesem Satze ergiebt sich eine Konstruktion der Tangenten von einem Punkte P' an die Parabel, man beschreibe (Fig. 38*) über $P'F$ als Durchmesser einen Kreis und verbinde die Punkte (K und K_0), in welchen er die Scheiteltangente schneidet, mit P', so sind dies die verlangten Tangenten. Die Konstruktion pafst auch für den Fall, dafs P' ein Punkt der Kurve selbst ist. — Weil ferner für den Punkt P' der Tangente $P'F = P'H$, so erhält man die Berührungspunkte G und G_0 der durch P' gehenden Tangenten, wenn man mit $P'F$ um P' einen Kreis beschreibt, und aus den Punkten H und H_0, welche er mit der Leitlinie gemein hat, Parallelen zur Axe zieht, welche die Parabel in G und G_0 treffen.

(Aufg. 32 und 33.)

§. 52. **Umformung der Parabelgleichung.** Die Sehne $BB' = 2t$ (Fig. 39), werde in P durch den Durchmesser QPP' halbiert; es sei φ die Gröfse der positiven Drehung von PP' nach PB, ferner seien ξ, η die Koordinaten von P, ξ', η die von Q; dann sind die Koordinaten von B: $\xi + t\cos\varphi$, $\eta + t\sin\varphi$, und die von B': $\xi + t\cos(180^0 + \varphi)$, $\eta + t\sin(180^0 + \varphi)$ oder $\xi - t\cos\varphi$, $\eta - t\sin\varphi$. Setzt man diese Werte in die Gleichung der Parabel ein, so kommt:

$$\eta^2 + 2\eta t\sin\varphi + t^2\sin\varphi^2 = 2p\xi + 2pt\cos\varphi,$$
$$\eta^2 - 2\eta t\sin\varphi + t^2\sin\varphi^2 = 2p\xi - 2pt\cos\varphi,$$

woraus durch Addition und Subtraktion:

$$(1) \quad \eta^2 + t^2\sin\varphi^2 = 2p\xi,$$

$$(2) \quad \eta\sin\varphi = p\cos\varphi, \quad \text{oder:} \quad \operatorname{tang}\varphi = \frac{p}{\eta}.$$

Die Interpretation von (2) führt auf den Satz I. in §. 51; ferner ist:

$$\sin\varphi^2 = \frac{\operatorname{tang}\varphi^2}{1 + \operatorname{tang}\varphi^2} = \frac{p^2}{p^2 + \eta^2},$$

wodurch (1) in:

$$(3) \quad t^2 = \frac{p^2 + \eta^2}{p^2}(2p\xi - \eta^2)$$

übergeht. Da für Q oder (ξ', η): $\eta^2 = 2p\xi'$ ist, so kann man statt (3) schreiben:

$$(4)\quad t^2 = \frac{p^2+2p\xi'}{p^2}(2p\xi-2p\xi') = 4\left(\frac{p}{2}+\xi'\right)(\xi-\xi').$$

Nun ist:

$$\xi-\xi' = QP,\quad \frac{p}{2}+\xi' = AL+\xi' = L'Q,$$

also

$$t^2 = 4L'Q.QP.$$

Es können aber t (d. h. BP) und QP als Koordinaten von B in bezug auf ein schiefwinkliges System angesehen werden, dessen Axen der Durchmesser QP und die (der Sehne BB' parallele) Tangente in Q ist; also, wenn $2L'Q = q$ gesetzt wird:

I. Die Gleichung der Parabel, bezogen auf einen Durchmesser als x-Axe und die Tangente am Endpunkte oder Scheitel des Durchmessers als y-Axe, ist:

$$(5)\quad y^2 = 2qx,$$

wo q die doppelte Entfernung des Anfangspunktes von der Leitlinie bedeutet.

Ist das schiefwinklige Axensystem xQy (Fig. 40) und $q = 2QL'$ gegeben, so ist die durch L' gehende Senkrechte zur x-Axe die Leitlinie der Parabel. Fällt man von L' auf die y-Axe das Lot $L'K$ und macht seine Verlängerung $KF = KL'$, so ist nach den §§. 50 und 51 F der Brennpunkt.

Durch dieselbe Rechnung wie in §. 51 findet man die Gleichung der Tangente in diesem schiefwinkligen Systeme:

$$(6)\quad yy' = q(x+x'),$$

wo (x', y') der Berührungspunkt B ist. Ihr Durchschnitt (Fig. 39) P' mit der neuen x-Axe QP hat die Abscisse $-x'$; also ist $P'Q = PQ$; da nun für den Punkt B' oder $(x', -y')$ dasselbe gilt, so haben wir den Satz:

II. Die Tangenten an den Endpunkten einer Sehne schneiden sich auf demjenigen Durchmesser, welcher die Sehne halbiert, und zwar ist der Scheitel des Durchmessers (Q) von der Mitte der Sehne (P) und dem Durchschnitte der Tangenten (P') gleichweit entfernt.

Um demnach von einem Punkte P' (Fig. 39) aufserhalb der Parabel Tangenten an dieselbe zu legen, ziehe man durch P' eine Parallele zur Axe, welche die Kurve in Q trifft, mache $QP = QP'$, und lege durch P eine Gerade, welche der Tangente in Q parallel ist, so wird dieselbe die Kurve in den verlangten Berührungspunkten treffen.

(Aufg. 34—36.)

§. 53. Die Berührungssehne. Es sei (ξ, η) ein beliebiger Punkt in der Ebene der auf einen Durchmesser und die Tangente an seinem Scheitel bezogenen Parabel $y^2 = 2qx$. Ist (x', y') der Berührungspunkt einer Tangente $yy' = q(x+x')$, und soll dieselbe durch (ξ, η) gehen, so ist erforderlich und ausreichend, dafs $\eta y' = q(\xi+x')$ sei; der Berührungspunkt (x', y') liegt demnach auf der Geraden:

$$(1) \quad \eta y = q(x+\xi).$$

Umgekehrt, die Tangente jedes Parabelpunktes, welcher auf (1) liegt, geht durch (ξ, η), also ist (1) die zu (ξ, η) gehörende Berührungssehne.

Die Berührungssehnen der Punkte (ξ, η), (ξ, η'), (ξ, η'') ... treffen die x-Axe in einem Punkte, dessen Abscisse $= -\xi$, während die Punkte selbst in einer Parallelen zur y-Axe liegen; man kann aber für jede Gerade AA' (Fig. 41 und 42) eine ihr parallele Tangente der Parabel bestimmen (am Endpunkte des Durchmessers, welcher die AA' parallelen Sehnen halbiert), folglich:

I. Legt man von den Punkten einer Geraden AA' Tangentenpaare an die Parabel, so schneiden sich die Berührungssehnen sämtlich in einem Punkte J; der durch J gezogene Durchmesser trifft, nötigenfalls verlängert, AA' in einem Punkte H, so dafs sein Scheitel Q die Mitte von JH ist. Aufserdem halbiert dieser Durchmesser die mit AA' parallelen Sehnen; wenn demnach die Linie AA' die Parabel schneidet, so ist sie zugleich Berührungssehne von J (§. 52, II.).

Ähnlich wie in §. 39 beweist man auch die Umkehrung dieses Satzes, nämlich:

II. Legt man durch einen Punkt J Gerade, von welchen jede die Parabel in zwei Punkten trifft, und bestimmt für jedes Punktepaar den Durchschnitt der zugehörigen Tangenten, so ist der Ort desselben eine Gerade AA'; der durch J gehende Durchmesser halbiert die mit AA' parallelen Sehnen, und trifft AA' in einem Punkte H, so dafs sein Scheitel Q die Mitte von JH ist; können demnach von J aus Tangenten an die Parabel gelegt werden, so ist AA' die Berührungssehne.

Man nennt J den Pol von AA' und diese Gerade die **Polare** von J; ist J der Brennpunkt, so ist AA' die Leitlinie.

§. 54. **Flächeninhalt von Parabelstücken.** Der Lehrsatz (§. 52, II.) führt zu der **Inhaltsberechnung des Parabelsegments.**

Es sei Q (Fig. 43) der Durchschnitt der Tangenten in A und B, C der Scheitel des durch Q gehenden Durchmessers, der zugleich AB in P halbiert, also FE, die Tangente in C, der Sehne AB parallel. Weil $QC = CP$, so ist $FE = \frac{1}{2}AB$ und das von Q auf EF gefällte Lot gleich dem von C auf AB gefällten; das eingeschriebene Dreieck ACB ist demnach doppelt so grofs, als das umschriebene QFE. Zieht man durch F und E wiederum Durchmesser und in ihren Scheiteln D und D' die Tangenten GH, $G'H'$, so wie aufserdem die Sehnen BD, CD, CD', AD', so sind nach derselben Schlufsfolge die Dreiecke BDC und $AD'C$ das Doppelte der Dreiecke HFG und $H'EG'$; also auch durch Addition das eingeschriebene Fünfeck $BDCD'A$ doppelt so grofs als die von den Tangenten gebildete Figur $HQH'G'GH$. Fährt man auf diese Weise fort, indem man durch H, G, H', G' wieder Durchmesser zieht, so findet man endlich, nach bekannter Schlufsweise, dafs die von der Sehne AB und dem Parabelbogen BCA begrenzte Fläche doppelt so grofs ist, als das von dem Kurvenbogen und den Tangenten an den Endpunkten der Sehne eingeschlossene Stück; oder mit anderen Worten:

Das von einer Sehne und der Parabel begrenzte Stück ist zwei Drittel des Dreiecks, welches die Sehne mit den Tangenten an ihren Endpunkten einschliefst.

Steht die Sehne zur Axe senkrecht, so teilt letztere die ganze Figur in zwei kongruente Stücke; daher ist auch (Fig. 38) das von der Ordinate GJ $(= y)$, der Abscisse AJ $(= x)$, und dem Bogen AG begrenzte Stück zwei Drittel des Dreiecks GPJ, also, wegen $PJ = 2x$, gleich $= \frac{2}{3}xy$.

(Aufg. 37.)

§. 55. **Scheitelgleichungen der Ellipse und Hyperbel.** Die Gleichungen dieser beiden Kurven nehmen eine ähnliche Form an wie die der Parabel, wenn ein Durchmesser und die Tangente an einem seiner Endpunkte als x- und y-Axen angenommen werden. — Es sei bei der **Ellipse** (Fig. 23) die Tangente in L die y-Axe, LL' die x-Axe, also für den Punkt P, $PQ = y$, $LQ = x$.

Nach §. 34, V. ist $\frac{X^2}{m^2}+\frac{y^2}{n^2}=1$, wo X die vom Mittelpunkte gezählte Abscisse OQ bedeutet, es ist aber für jede Lage von P, $X=m-x$, also:

$$\frac{(m-x)^2}{m^2}+\frac{y^2}{n^2}=1, \quad \text{oder:} \quad -\frac{2x}{m}+\frac{x^2}{m^2}+\frac{y^2}{n^2}=0,$$

woraus:

$$(1) \quad y^2=\frac{2n^2}{m}x-\frac{n^2}{m^2}x^2,$$

und wenn gesetzt wird:

$$(2) \quad p=\frac{n^2}{m},$$

so kommt:

$$(3) \quad y^2=2px-\frac{p}{m}x^2.$$

Setzt man bei der Hyperbel (Fig. 33) die von O in der Richtung nach OQ positiv genommenen Abscissen $=X$, und die vom Scheitel L nach derselben Richtung gerechneten Abscissen $=x$, so hat man (§. 47, II.):

$$\frac{X^2}{m^2}-\frac{y^2}{n^2}=1, \quad X=x+m,$$

woraus:

$$\frac{2x}{m}+\frac{x^2}{m^2}-\frac{y^2}{n^2}=0,$$

und, wenn wiederum der Kürze wegen p statt $\frac{n^2}{m}$ geschrieben wird:

$$(4) \quad y^2=2px+\frac{p}{m}x^2.$$

Nimmt man demnach einen Kurvenpunkt als Anfangspunkt, den durch ihn gehenden Durchmesser als x-Axe, die Tangente an demselben als y-Axe, so stellt

$$y^2=2px+\alpha x^2$$

die Gleichung einer Ellipse, Parabel oder Hyperbel vor, jenachdem α negativ, $=0$, oder positiv ist.

Die Linie $2p=\frac{2n^2}{m}$ nennt man den Parameter des Durchmessers, welcher als x-Axe dient. Ist die x-Axe diejenige Hauptaxe $2a$, welche die Brennpunkte enthält, also ihr Parameter $2p=2\frac{b^2}{a}$, so ist $2p$ die durch einen Brennpunkt gezogene zur Hauptaxe senkrechte Sehne. Denn die Mittelpunktsgleichung der Ellipse oder der Hyperbel ist $\frac{X^2}{a^2} \pm \frac{y^2}{b^2} = 1$; die Abscisse eines Brennpunktes vom Mittelpunkte aus gezählt $e = \sqrt{a^2 \mp b^2}$; also ist die auf dem Brennpunkte stehende Ordinate durch die Gleichung gegeben $\frac{a^2 \mp b^2}{a^2} \pm \frac{y^2}{b^2} = 1$, woraus $y^2 = \frac{b^4}{a^2}$, und $y = p$. Dasselbe gilt für die auf ihre Hauptaxe bezogene Parabel $y^2 = 2px$; denn die Abscisse des Brennpunktes ist gleich $\frac{p}{2}$, also die Ordinate im Brennpunkte $= p$ und die in Rede stehende Sehne $= 2p$. — Wird in (3) und (4) die Gröfse m unendlich angenommen, so erhält man die Gleichung der Parabel; diese Kurve kann also als eine Ellipse oder Hyperbel angesehen werden, von welcher der Mittelpunkt und der eine Brennpunkt unendlich entfernt sind.

§. 56. Polargleichungen der Ellipse, Hyperbel und Parabel. Es sei in der Ellipse (Fig. 21) der Radius-Vektor $FG = r$, der von AF nach FG gezählte Winkel $AFG = v$, so dafs für A' Winkel $v = 180^0$ wird; x die Abscisse von G, vom Mittelpunkte aus gerechnet, und x_1 die vom Brennpunkte, aber nach derselben Richtung, gezählte, so ist:

$$x_1 = r\cos v, \quad x_1 = x - e, \quad r = a - \frac{ex}{a} \quad (\S.\ 40),$$

also:

$$r = a - \frac{e}{a}(e + r\cos v), \quad \text{woraus:} \quad r(a + e\cos v) = a^2 - e^2 = b^2.$$

Schreibt man:

$$(1) \quad \frac{b^2}{a} = p, \quad \frac{e}{a} = \lambda,$$

so ist die Polargleichung der Ellipse vom Brennpunkte aus:

$$(2) \quad r = \frac{p}{1 + \lambda\cos v}.$$

Für die Hyperbel (Fig. 30) möge ebenfalls dem Scheitel A, so wie A' der Wert $v = 0$ entsprechen; dann ist $OF - FH = OH$, oder $x = e - r\cos v$, welche Formel für jede Lage von G gilt. Nun ist (§. 48) für den Hyperbelzweig, in dem F liegt, $r = \frac{ex}{a} - a$, und für den anderen $= a - \frac{ex}{a}$, also hat man die Formeln:

$$r = \frac{e^2}{a} - \frac{e}{a} r\cos v - a, \quad r = a - \frac{e^2}{a} + \frac{e}{a} r\cos v,$$

woraus:

$$r(a + e\cos v) = e^2 - a^2 = b^2,$$
$$r(e\cos v - a) = e^2 - a^2 = b^2,$$

und mit Hilfe der Abkürzungen (1):

$$(3) \quad r = \frac{p}{1 + \lambda\cos v} \quad \text{und:} \quad (3^*) \quad r = \frac{p}{\lambda\cos v - 1}.$$

Für die Parabel (Fig. 38) sei wiederum W. $AFG = v$, dann ist:

$$x = AF + FJ = \frac{p}{2} + r\cos(180^0 - v) = \frac{p}{2} - r\cos v;$$

nun ist (§. 50):

$$r = FG = GH = \frac{p}{2} + x = p - r\cos v,$$

woraus:

$$(4) \quad r = \frac{p}{1 + \cos v}.$$

Weil $\frac{e}{a} = \lambda$ für die Ellipse (Hyperbel) kleiner (gröfser) als 1 ist, so stellt also die Polargleichung:

$$r = \frac{p}{1 + \lambda\cos v}$$

die Ellipse, die Parabel oder einen Hyperbelzweig dar, jenachdem $\lambda < 1$, $\lambda = 1$, oder $\lambda > 1$ ist.

Siebentes Kapitel.

Transformation der Koordinaten.

§. 57. Die folgenden Untersuchungen verlangen die Lösung der Hilfsaufgabe, „wenn die gegenseitige Lage zweier Koordinatensysteme und die Koordinaten eines Punktes B in bezug auf das eine System bekannt sind, die Koordinaten von B in bezug auf das andere System zu finden“. Wir haben in §. 6 gesehen, dafs, wenn beide Systeme parallel und gleich gerichtet sind, und B in bezug auf das erste System x, y und in bezug auf das zweite X, Y zu Koordinaten hat, die Gleichungen:

$$(1) \quad X = x - \xi, \quad Y = y - \eta$$

stattfinden, wo ξ, η die Koordinaten des zweiten Anfangspunktes in bezug auf das erste System sind. Wir wollen jetzt den Fall untersuchen, dafs beide Systeme den Anfangspunkt, aber nicht die Richtungen der Axen gemein haben, und zuletzt den allgemeinen Fall betrachten.

§. 58. **Transformation der Koordinaten mit demselben Anfangspunkte.** Es sei (Fig. 44) $abcdef$.. eine gebrochene Linie; durch a sei eine Gerade gezogen, deren eine Hälfte t als positive Seite einer Abscissenaxe angesehen werde. Versteht man unter (ab, t), (bc, t), (cd, t) u. s. w. die Winkel, welche die Richtung eines Punktes, der die Seiten ab, bc, cd, .. der Reihe nach durchläuft, mit t bildet*), so ist die Abscisse von $a = 0$, von $b = ab\cos(ab, t)$, von $c = ab\cos(ab, t) + bc\cos(bc, t)$; denn ist (bc, t) spitz, wie in Fig. 44, so ist zu der Abscisse von b das Stück $b'c' = bc\cos(bc, t)$ hinzuzufügen, und ist (bc, t) stumpf, wie in Fig. 45, so ist von der Abscisse von b das Stück $b'c' = bc\cos(180^0 - (bc, t)) = -bc\cos(bc, t)$ abzuziehen, d. h. $bc\cos(bc, t)$ zu addieren. Ebenso findet sich die Abscisse von $d = ab\cos(ab, t) + bc\cos(bc, t) + cd\cos(cd, t)$ u. s. w. Bildet die gebrochene Linie ein geschlossenes Polygon $abc \ldots fga$, so ist die Abscisse des letzten Punktes a wieder $= 0$, und man hat:

$$(1) \quad ab\cos(ab, t) + bc\cos(bc, t) + \cdots$$
$$\cdots + fg\cos(fg, t) + ga\cos(ga, t) = 0;$$

welche Formel die Grundlage der Polygonometrie bildet. — Die Richtung t bildet mit der Richtung einer Seite, wie ab, zwei Winkel, die sich zu 360^0 ergänzen; da aber die Cosinus zweier solchen Winkel gleich sind, so ist es für die Formel (1) und die folgenden gleichgültig, welchen von beiden man nimmt; dies würde nicht der Fall sein, wenn die Formel (1) Sinus enthielte.

Es sei die Halbaxe t durch den Anfangspunkt O eines Koordinatensystems gezogen (Fig. 46); wir bezeichnen Ob durch r, den

*) In der Figur sind die Winkel (ab, t), (bc, t), (cd, t) .. mit α, β, γ .. bezeichnet.

Winkel (Ob, t) durch (r, t) und die Winkel zwischen den **positiven** Halbaxen x und y und der Axe t bezüglich durch (x, t), (y, t); dann ist das t des Punktes b gleich $r\cos(r, t)$, und auch nach dem vorigen gleich $Oa\cos(Oa, t)+ab\cos(ab, t)$, also:

$$(2)\quad r\cos(r, t) = Oa\cos(Oa, t)+ab\cos(ab, t).$$

Liegt nun der Punkt b im positiven Quadranten, so ist $Oa = x$, $ab = y$, und die Richtungen von O nach a, und von a nach b den $+x$- und $+y$-Richtungen parallel; also wird aus (2):

$$(3)\quad r\cos(r, t) = x\cos(x, t)+y\cos(y, t).$$

Ist dagegen eine der Koordinaten negativ, wie z. B. für b' die Abscisse, so gilt zwar noch immer (2) $r\cos(r, t) = Oa'\cos(Oa', t) + a'b'\cos(a'b', t)$, aber (Oa', t) ist nicht $=(x, t)$, sondern $(180^\circ-(x, t))$, und $r\cos(r, t) = -Oa'\cos(x, t)+y\cos(y, t)$; weil jedoch $x = -Oa'$, so geht diese Formel wieder in (3) über; ähnlich zeigt man die Gültigkeit von (3) für die beiden anderen Quadranten der Ebene.

Bezeichnen nun (x, y), (x', y') die Koordinaten eines und desselben Punktes b in bezug auf zwei Koordinatensysteme mit demselben Anfangspunkte O (Fig. 47) und t eine beliebige durch O gezogene Halbaxe, so ist auch:

$$r\cos(r, t) = x'\cos(x', t)+y'\cos(y', t),$$

also:

$$(4)\quad x\cos(x, t)+y\cos(y, t) = x'\cos(x', t)+y'\cos(y', t).$$

Diese Gleichung stellt, da t eine beliebige Gerade ist, unzählig viele Relationen zwischen den vier Gröfsen x, y, x', y' dar; nimmt man zwei Richtungen für t an, so hat man zwei Gleichungen, aus denen man das eine Paar der Gröfsen x, y; x', y' durch das andere ausdrücken kann. Ist z. B. t' auf der y-Axe senkrecht, also $(y, t') = 90^\circ$, und $\cos(y, t') = 0$, so erhält man:

$$x\cos(x, t') = x'\cos(x', t')+y'\cos(y', t'),$$

und ähnlich, wenn t'' auf der x-Axe senkrecht ist:

$$y\cos(y, t'') = x'\cos(x', t'')+y'\cos(y', t''),$$

also:

$$(5)\quad \begin{cases} x = x'\dfrac{\cos(x', t')}{\cos(x, t')}+y'\dfrac{\cos(y', t')}{\cos(x, t')}, \\[2ex] y = x'\dfrac{\cos(x', t'')}{\cos(y, t'')}+y'\dfrac{\cos(y', t'')}{\cos(y, t'')}. \end{cases}$$

Ist namentlich das eine System (x', y') ein rechtwinkliges, und giebt man der Geraden t der Reihe nach die Richtung von $+x'$ und $+y'$, so kommt, mit Berücksichtigung von $\cos(x', x') = 1$, $\cos(x', y') = 0$, $\cos(y', y') = 1$:

$$(6) \quad \begin{cases} x\cos(x, x') + y\cos(y, x') = x', \\ x\cos(x, y') + y\cos(y, y') = y'. \end{cases}$$

Stimmen die Drehungsrichtungen von der $+x$- nach der $+y$-Axe und von der $+x'$- nach der $+y'$-Axe überein, und ist in diesem Sinne gemessen der Winkel von der $+x$- nach der $+y$-Axe $= \varphi$, und von der $+x$- nach der $+x'$-Axe $= \alpha$, also nach der $+y'$-Axe $= 90^0 + \alpha$, so sind die Winkel von der $+y$- nach der $+x'$- und $+y'$-Axe bezüglich gleich $\alpha - \varphi$ und $90^0 + \alpha - \varphi$. (Fällt einer dieser Winkel negativ aus, so kann man 360^0 hinzuaddieren.) Wir haben demnach in (6) $\cos(x, x') = \cos\alpha$, $\cos(x, y') = \cos(90^0 + \alpha) = -\sin\alpha$, $\cos(y, x') = \cos(\alpha - \varphi) = \cos(\varphi - \alpha)$, $\cos(y, y') = \cos(90^0 + \alpha - \varphi)$ $= -\sin(\alpha - \varphi) = \sin(\varphi - \alpha)$ zu setzen; man erhält hierdurch:

$$(7) \quad \begin{cases} x' = x\cos\alpha + y\cos(\varphi - \alpha), \\ y' = -x\sin\alpha + y\sin(\varphi - \alpha). \end{cases}$$

Löst man diese Gleichungen nach x und y auf, so kommt, weil $\cos\alpha\sin(\varphi - \alpha) + \sin\alpha\cos(\varphi - \alpha) = \sin(\varphi - \alpha + \alpha) = \sin\varphi$:

$$(8) \quad \begin{cases} x = \dfrac{1}{\sin\varphi}\{x'\sin(\varphi - \alpha) - y'\cos(\varphi - \alpha)\}, \\ y = \dfrac{1}{\sin\varphi}\{x'\sin\alpha + y'\cos\alpha\}. \end{cases}$$

Die Formeln (7) und (8) geben die Transformation eines beliebigen Systems (x, y) in ein rechtwinkliges (x', y') und umgekehrt. Ist auch das (x, y)-System rechtwinklig, oder $\varphi = 90^0$, also das (x', y')-System die Lage, in welche das (x, y)-System durch eine positive Drehung um den Winkel α gelangt, so gehen die Formeln (8) in:

$$(9) \quad x = x'\cos\alpha - y'\sin\alpha, \quad y = x'\sin\alpha + y'\cos\alpha$$

über.

Anm. Quadriert man die Gleichungen (7) und addiert sie, so kommt wegen:

$$\cos\alpha^2 + \sin\alpha^2 = 1, \quad \cos\alpha\cos(\varphi - \alpha) - \sin\alpha\sin(\varphi - \alpha) = \cos\varphi,$$
$$\cos(\varphi - \alpha)^2 + \sin(\varphi - \alpha)^2 = 1:$$

$$(10) \quad x'^2 + y'^2 = x^2 + 2xy\cos\varphi + y^2;$$

eine Gleichung, die man vorhersehen konnte, weil die beiden Seiten derselben das Quadrat der Entfernung eines Punktes vom gemeinschaftlichen Anfangspunkte bezüglich in dem rechtwinkligen Systeme (x', y') und in dem schiefwinkligen (x, y) ausdrücken.

(Aufg. 38—41.)

§. 59. **Allgemeine Transformation der Koordinaten.** Aus §. 58, Form. 5 ergiebt sich, dafs die Transformationsformeln, wenn beide Systeme denselben Anfangspunkt haben, von der Form sind:

$$x = \alpha x' + \beta y', \quad y = \alpha' x' + \beta' y',$$

wo α, β, α', β' nur von den Winkelverhältnissen zwischen den vier Axen abhängige Koeffizienten bedeuten.

Man habe jetzt zwei beliebige Koordinatensysteme, x, y und x', y', das eine mit dem Anfangspunkte O, das andere mit dem Anfangspunkte O'; durch O' lege man ein Hilfssystem (X, Y), das dem ersten (x, y) parallel und gleich gerichtet ist; dann gelten für die Koordinaten eines und desselben Punktes in bezug auf die drei Systeme die Gleichungen:

$$(1)\quad X = x - \xi,\quad Y = y - \eta;\quad X = \alpha x' + \beta y',\quad Y = \alpha' x' + \beta' y',$$

wo ξ, η die Koordinaten von O' in bezug auf das (x, y)-System und α, β, α', β' durch die Winkelverhältnisse zwischen den Axen (x, y) und (x', y') nach §. 58 bekannt sind. Aus (1) folgt:

$$(2)\quad \begin{cases} x = \xi + \alpha x' + \beta y', \\ y = \eta + \alpha' x' + \beta' y', \end{cases}$$

und dies sind die Formeln für die allgemeine Transformation der Koordinaten. Sind z. B. (wie in Fig. 48) beide Systeme rechtwinklig und das zweite gegen das erste um a im positiven Sinne gedreht, so ist infolge von §. 58, Form. 9:

$$(3)\quad x = \xi + x' \cos a - y' \sin a,\quad y = \eta + x' \sin a + y' \cos a;$$

für andere Winkelverhältnisse beider Systeme bekommt man andere Werte der Konstanten α, β; α', β'.

Es seien die Gleichungen der beiden Axen Ox, Oy in bezug auf das andere System $x'O'y'$ bezüglich:

$$(4)\quad A + Bx' + Cy' = 0,\qquad (5)\quad A' + B'x' + C'y' = 0.$$

Nun ist für die Ox-Axe $y = 0$, also zufolge (2):

$$(6)\quad \eta + \alpha' x' + \beta' y' = 0,$$

und für die Oy-Axe $x=0$, also wegen (2):

$$(7)\quad \xi+\alpha x'+\beta y' = 0.$$

Da (4) und (6) dieselbe Gerade in dem System $x'O'y'$ darstellen, so können sich ihre linken Seiten nur durch einen konstanten (von x', y' unabhängigen) Faktor unterscheiden (§. 17), dasselbe gilt für (5) und (7), und wenn man diese Faktoren durch δ, δ' bezeichnet, so mufs sein:

$$\eta+\alpha'x'+\beta'y' = \delta\,(A+Bx'+Cy'),$$
$$\xi+\alpha x'+\beta y' = \delta'(A'+B'x'+C'y');$$

dies giebt den wichtigen Satz:

I. Sind $p=0$, $q=0$ die Gleichungen zweier sich schneidenden Geraden in bezug auf ein gegebenes Koordinatensystem (x', y'), und macht man die erste zur y-, die zweite zur x-Axe eines neuen Systems (x, y), so sind die Transformationsformeln der Koordinaten $x=\delta p$, $y=\delta' q$, wo δ und δ' zwei von Null verschiedene Konstanten bezeichnen.

Ist die Gleichung einer Kurve $U=0$ in dem System (x, y) gegeben, und man schreibt in $U=0$ statt x und y die rechten Seiten von (2), so erhält man die Gleichung $U'=0$, welche dieselbe Kurve in bezug auf das (x', y')-System darstellt. Ist die Kurve namentlich eine algebraische der $n$ten Ordnung, so dafs U aus einer Reihe von Gliedern besteht $ax^l y^{l'}+bx^m y^{m'}+\cdots$, wo die Exponentensummen $l+l'$, $m+m'$, .. den Wert n nicht übersteigen, aber wenigstens einmal erreichen, so wird $U'=0$ von keiner höheren Ordnung sein können als $U=0$, denn das Glied, welches an die Stelle von $ax^l y^{l'}$ tritt, $a(\xi+\alpha x'+\beta y')^l(\eta+\alpha' x'+\beta' y')^{l'}$, ist ebenfalls von der Dimension $l+l'$. Andererseits kann man durch ganz analoge Formeln wie (2) $U'=0$ in $U=0$ zurücktransformieren, also kann auch U von keiner höheren Ordnung sein wie U', d. h. die Ordnung einer algebraischen Kurve bleibt durch die Transformation der Koordinaten ungeändert.

§. 60. Anwendungen auf die Lehre vom Punkte und der geraden Linie. Aus der Formel (§. 58, 3), nämlich:

$$(1)\quad r\cos(r,t) = x\cos(x,t)+y\cos(y,t)$$

folgt, wenn t der Reihe nach mit r, der $+x$-, der $+y$-Axe zusammenfällt:

$$(2)\quad r = x\cos(x, r) + y\cos(y, r),$$
$$(3)\quad r\cos(r, x) = x + y\cos(y, x),$$
$$(4)\quad r\cos(r, y) = x\cos(x, y) + y,$$

und wenn man $x \times (3) + y \times (4)$ bildet, mit Berücksichtigung von (2):

$$(5)\quad r^2 = x^2 + 2xy\cos(x, y) + y^2 \quad \text{(vgl. §. 11, Form. 3).}$$

Dividiert man (3) und (4) durch r, so lassen sich die Brüche $\frac{x}{r}$, $\frac{y}{r}$ aus den neuen Gleichungen berechnen, und es kommt:

$$(6)\quad \begin{cases} \frac{x}{r}\{1-\cos(x, y)^2\} = -\cos(r, y)\cos(y, x) + \cos(r, x), \\ \frac{y}{r}\{1-\cos(x, y)^2\} = -\cos(r, x)\cos(y, x) + \cos(r, y). \end{cases}$$

Setzt man diese Werte in die durch r dividierte Gleichung (2) ein, so wird:

$$(7)\quad \begin{aligned} &1-\cos(x, y)^2 - \cos(r, x)^2 - \cos(r, y)^2 \\ &+ 2\cos(r, x)\cos(r, y)\cos(y, x) = 0, \end{aligned}$$

dies ist eine Gleichung zwischen den Winkeln, welche drei durch einen Punkt gezogene Richtungen x, y, r bilden. Giebt man den kleinen Vorteil auf, bei der Bezeichnung (r, x) und ähnlichen von der Feststellung einer Drehungsrichtung absehen zu dürfen, so kann man Sinus einführen, und die Formeln (6) vereinfachen sich. Gehen nämlich von einem Punkte O zwei Richtungen aus, a und b, und nennt man (b, a) die im positiven Sinne gezählte Drehung (§. 8) von a nach b, so ist, wie man sich leicht überzeugt, $(b, a) = 360^0 - (a, b)$ oder $= -(a, b)$, wenn man 360^0 und seine Vielfachen aufser Acht läfst, und $(c, b) = (c, a) - (b, a)$; ferner kann $\cos(a, b)$ und $-\sin(a, b)$ für $\cos(b, a)$ und $\sin(b, a)$ gesetzt werden. Erwägt man, dafs:

$$(6^*)\quad \begin{cases} \cos(r, x) = \cos\{(r, y)-(x, y)\} = \cos(r, y)\cos(x, y) \\ \qquad + \sin(r, y)\sin(x, y), \\ \cos(r, y) = \cos\{(r, x)-(y, x)\} = \cos(r, x)\cos(y, x) \\ \qquad + \sin(r, x)\sin(y, x), \end{cases}$$

so gehen die Formeln (6) in die folgenden über:

$$(7^*)\quad x = r\,\frac{\sin(r, y)}{\sin(x, y)}, \qquad y = r\,\frac{\sin(r, x)}{\sin(y, x)},$$

und die Substitution dieser Werte in (5) ergiebt:

(8) $\sin(r,y)^2 - 2\sin(r,y)\sin(r,x)\cos(y,x) + \sin(r,x)^2 = \sin(y,x)^2$.

Es sei (x', y') der Endpunkt einer zweiten vom Anfange der Koordinaten ausgehenden Geraden r'; wir wollen der Kürze wegen den Axenwinkel (y, x) mit φ und:

	$\cos(r, x)$,	$\cos(r, y)$,	$\cos(r', x)$,	$\cos(r', y)$	
mit	α,	β,	α',	β'	bezeichnen.

Aus (1) folgt dann:

$$(9) \quad r\cos(r, r') = x\cos(x, r') + y\cos(y, r'),$$

und weil:

$$r'\cos(x, r') = x' + y'\cos\varphi, \quad r'\cos(y, r') = x'\cos\varphi + y',$$

so wird diese Gleichung:

$$(10) \quad rr'\cos(r, r') = xx' + yy' + \cos\varphi(xy' + x'y)$$

oder:

$$(11) \quad \cos(r', r) = \frac{xx' + yy' + \cos\varphi(xy' + x'y)}{\sqrt{x^2 + 2xy\cos\varphi + y^2}\sqrt{x'^2 + 2x'y'\cos\varphi + y'^2}}.$$

Setzt man in (9) oder in $\cos(r, r') = \frac{x}{r}\alpha' + \frac{y}{r}\beta'$ für $\frac{x}{r}$ und $\frac{y}{r}$ aus (6) die Werte $\frac{\alpha - \beta\cos\varphi}{\sin\varphi^2}$, $\frac{\beta - \alpha\cos\varphi}{\sin\varphi^2}$, so kommt:

$$(12) \quad \cos(r', r) = \frac{\alpha\alpha' + \beta\beta' - \cos\varphi(\alpha\beta' + \alpha'\beta)}{\sin\varphi^2}.$$

Für $\sin(r', r) = \sin\{(r', x) - (r, x)\} = \sin(r', x)\cos(r, x) - \cos(r', x)\sin(r, x)$ erhält man auch zwei Ausdrücke; schreibt man mit Berücksichtigung von (7*) und (3) für $\sin(r, x)$ und $\cos(r, x)$ bezüglich $\frac{y\sin\varphi}{r}$ und $\frac{x + y\cos\varphi}{r}$, und analog für die accentuierten Gröfsen, so kommt:

$$(13) \quad \sin(r', r) = \frac{(xy' - x'y)\sin\varphi}{\sqrt{x^2 + 2xy\cos\varphi + y^2}\sqrt{x'^2 + 2x'y'\cos\varphi + y'^2}}.$$

Schreibt man hingegen α für $\cos(r, x)$ und für $\sin(r, x)$ den aus der zweiten Gleichung (6*) sich ergebenden Wert $\frac{\beta - \alpha\cos\varphi}{\sin\varphi}$ und ebenso für $\cos(r', x)$, $\sin(r', x)$ bezüglich α', $\frac{\beta' - \alpha'\cos\varphi}{\sin\varphi}$, so kommt:

$$(14) \quad \sin(r', r) = \frac{\alpha\beta' - \alpha'\beta}{\sin\varphi}.$$

Ist in (1) (x, y) ein Punkt einer Geraden G, und t die Richtung des vom Anfangspunkte O auf G gefällten Lotes, so ist $r\cos(r, t)$ die Länge dieses Lotes p, also:

$$(15)\quad p = x\cos(p, x) + y\cos(p, y)$$

die Gleichung der Geraden G, deren Lage durch die Länge von p und die Winkel (p, x) und (p, y) vollkommen bestimmt ist. (§. 24, 8.)

Ist die Gleichung der Geraden unter der Form:

$$(16)\quad \alpha x + \beta y + c = 0$$

gegeben, so mufs, wenn λ einen noch zu bestimmenden Faktor bedeutet:

$$(17)\quad \cos(p, x) = \lambda\alpha, \quad \cos(p, y) = \lambda\beta, \quad p = -\lambda c$$

sein. Infolge von (7) mufs aber:

$$1 - \cos\varphi^2 - \lambda^2\alpha^2 - \lambda^2\beta^2 + 2\lambda^2\alpha\beta\cos\varphi = 0$$

werden, woraus:

$$(18)\quad \lambda = \pm \frac{\sin\varphi}{\sqrt{\alpha^2 + \beta^2 - 2\alpha\beta\cos\varphi}};$$

das Zeichen ist so zu nehmen, dafs $p = -\lambda c$ positiv wird, also negativ, wenn c positiv, und umgekehrt; ist $c = 0$, so geht (16) durch den Anfangspunkt und das Zeichen ist willkürlich. — Die Länge P eines von einem beliebigen Punkte (ξ, η) auf (16) gefällten Lotes findet man durch die Betrachtung, dafs, wenn (ξ, η) zum Anfangspunkte eines parallelen Koordinatensystems gemacht würde, die Gleichung (16) in $\alpha(X+\xi) + \beta(Y+\eta) + c = 0$, oder in $\alpha X + \beta Y + \alpha\xi + \beta\eta + c = 0$ überginge; es ist demnach:

$$(19)\quad P = \mp \frac{(\alpha\xi + \beta\eta + c)\sin\varphi}{\sqrt{\alpha^2 + \beta^2 - 2\alpha\beta\cos\varphi}}.$$

Zwei Gerade:

$$(20)\quad \alpha x + \beta y + c = 0, \quad \alpha' x + \beta' y + c' = 0$$

bilden Winkel, von denen der eine dem Winkel (p, p') zwischen den vom Anfangspunkte auf sie gefällten Loten p und p' gleich ist; nun haben wir:

$$\cos(p, x) = \lambda\alpha, \quad \cos(p, y) = \lambda\beta,$$
$$\cos(p', x) = \lambda'\alpha', \quad \cos(p', y) = \lambda'\beta',$$
$$\lambda = \pm \frac{\sin\varphi}{\sqrt{\alpha^2 + \beta^2 - 2\alpha\beta\cos\varphi}}, \quad \lambda' = \pm \frac{\sin\varphi}{\sqrt{\alpha'^2 + \beta'^2 - 2\alpha'\beta'\cos\varphi}}.$$

Vermittelst der Formeln (12) und (14) kommt demnach:

$$(21)\quad \cos(p',p) = \pm \frac{\alpha\alpha'+\beta\beta'-\cos\varphi(\alpha\beta'+\alpha'\beta)}{\sqrt{\alpha^2+\beta^2-2\alpha\beta\cos\varphi}\sqrt{\alpha'^2+\beta'^2-2\alpha'\beta'\cos\varphi}},$$

$$(22)\quad \sin(p',p) = \pm \frac{(\alpha\beta'-\alpha'\beta)\sin\varphi}{\sqrt{\alpha^2+\beta^2-2\alpha\beta\cos\varphi}\sqrt{\alpha'^2+\beta'^2-2\alpha'\beta'\cos\varphi}};$$

das $+$ Zeichen gilt, wenn c und c' gleiches Zeichen haben, oder wenn cc' positiv ist, das $-$ Zeichen, wenn cc' negativ ist; ist $cc' = 0$, so ist das Zeichen willkürlich. Die Geraden (20) stehen demnach auf einander senkrecht, wenn $\cos(p',p) = 0$, d. h.:

$$(23)\quad \alpha\alpha'+\beta\beta'-\cos\varphi(\alpha\beta'+\alpha'\beta) = 0,$$

oder:

$$(24)\quad \alpha'(\alpha-\beta\cos\varphi)+\beta'(\beta-\alpha\cos\varphi) = 0,$$

was mit §. 24, Form. 7 übereinstimmt. Dagegen sind sie parallel, wenn $\sin(p',p) = 0$, oder $\alpha\beta'-\alpha'\beta = 0$ (§. 19, Anm. 1). Die Gleichung einer durch $(\xi,\ \eta)$ gehenden Geraden, welche auf:

$$(16)\quad \alpha x+\beta y+c = 0$$

senkrecht steht, ist demnach:

$$(25)\quad (\beta-\alpha\cos\varphi)(x-\xi)-(\alpha-\beta\cos\varphi)(y-\eta) = 0,$$

da sie durch den Punkt $(\xi,\ \eta)$ offenbar befriedigt wird, und, weil $\alpha' = \beta-\alpha\cos\varphi$, $\beta' = -(\alpha-\beta\cos\varphi)$, der Bedingung (24) genügt. Der Durchschnitt von (25) und (16) oder der Fufspunkt des von $(\xi,\ \eta)$ auf (16) gefällten Lotes findet sich durch eine ähnliche Rechnung wie in §. 23:

$$(26)\quad \begin{cases} x = \xi+(\alpha-\beta\cos\varphi)k, \\ y = \eta+(\beta-\alpha\cos\varphi)k, \\ k = -\dfrac{\alpha\xi+\beta\eta+c}{\alpha^2+\beta^2-2\alpha\beta\cos\varphi}. \end{cases}$$

Die Länge des Lotes P wird durch die Formel:

$$P^2 = (x-\xi)^2+(y-\eta)^2+2(x-\xi)(y-\eta)\cos\varphi$$

gefunden, und ist schon weiter oben (vgl. Form. 19) auf andere Weise abgeleitet.

Achtes Kapitel.

Diskussion und Transformation der allgemeinen Gleichung zweiter Ordnung.

§. 61. Die allgemeine Gleichung zweiter Ordnung ist:

$$(1)\quad ax^2+2bxy+cy^2+2dx+2ey+f=0;$$

die Koeffizienten $a, b, c, \ldots f$ können positiv, negativ oder Null sein; der Fall, daſs a, b und c gleichzeitig gleich 0 sind, ist jedoch ausgeschlossen. Der Zahlenfaktor 2 ist mehreren dieser Glieder beigelegt worden, um in den folgenden Rechnungen Brüche zu vermeiden. Wir wollen untersuchen, welche geometrischen Gestalten durch (1) dargestellt werden, wenn x und y schiefwinklige Koordinaten bedeuten.

Ist a von Null verschieden (eine Voraussetzung, welche in dem ganzen Paragraphen festgehalten werden soll), so kann statt (1) geschrieben werden:

$$a\left(x^2+2\frac{b}{a}xy+2\frac{d}{a}x\right)+cy^2+2ey+f=0,$$

oder:

$$a\left(x+\frac{b}{a}y+\frac{d}{a}\right)^2-\frac{b^2}{a}y^2-\frac{2bd}{a}y-\frac{d^2}{a}+cy^2+2ey+f=0,$$

und weiter:

$$(2)\quad a\left(x+\frac{b}{a}y+\frac{d}{a}\right)^2+\frac{ac-b^2}{a}y^2+2\frac{ae-bd}{a}y+\frac{af-d^2}{a}=0.$$

Ist auch $ac-b^2$ von Null verschieden, so lassen sich die drei letzten Glieder schreiben:

$$\frac{ac-b^2}{a}\left(y^2+2\frac{ae-bd}{ac-b^2}y\right)+\frac{af-d^2}{a}$$

$$=\frac{ac-b^2}{a}\left(y+\frac{ae-bd}{ac-b^2}\right)^2-\frac{(ae-bd)^2}{a(ac-b^2)}+\frac{af-d^2}{a}.$$

Die Reduktion der beiden letzten Glieder giebt einen Bruch, dessen Nenner $a(ac-b^2)$ und dessen Zähler:

$$(af-d^2)(ac-b^2)-(ae-bd)^2$$

$$=a^2fc-afb^2-acd^2+d^2b^2-a^2e^2+2aebd-b^2d^2$$

$$=a(afc-ae^2-cd^2-fb^2+2bed).$$

Dadurch verwandelt sich (2) schliefslich in:

$$(3)\quad \begin{cases} a\left(x+\frac{b}{a}y+\frac{d}{a}\right)^2+\frac{ac-b^2}{a}\left(y+\frac{ae-bd}{ac-b^2}\right)^2 \\ \quad +\frac{afc-ae^2-cd^2-fb^2+2bed}{ac-b^2}=0. \end{cases}$$

Betrachtet man von den beiden Geraden:

$$(4)\quad x+\frac{b}{a}y+\frac{d}{a}=0,\quad y+\frac{ae-bd}{ac-b^2}=0,$$

die offenbar nicht parallel sind, die erste als Y-Axe, die andere als X-Axe eines neuen Koordinatensystems, so hat man die Formeln (§. 59, 1.):

$$X=\delta\left(x+\frac{b}{a}y+\frac{d}{a}\right),\quad Y=\delta'\left(y+\frac{ae-bd}{ac-b^2}\right),$$

wo δ und δ' von der gegenseitigen Lage der Axen abhängige Konstanten sind, die nicht $=0$ sein können. Durch Hilfe dieser Formeln verwandelt sich, wenn der Kürze wegen gesetzt wird:

$$(4^*)\quad afc-ae^2-cd^2-fb^2+2bed=\Delta,$$

die Gleichung (3) in:

$$a\frac{X^2}{\delta^2}+\frac{ac-b^2}{a}\cdot\frac{Y^2}{\delta'^2}+\frac{\Delta}{ac-b^2}=0,$$

oder in:

$$(5)\quad \frac{X^2}{\delta^2}+\frac{ac-b^2}{a^2}\cdot\frac{Y^2}{\delta'^2}+\frac{\Delta}{a(ac-b^2)}=0.$$

Sind nach der Annahme a und $ac-b^2$ von Null verschieden, so ersetzt die einfachere Gleichung (5) die vorgelegte Gleichung (1). Wir unterscheiden bei der Diskussion von (5) zwei Hauptfälle.

I. Es sei $ac-b^2$ positiv.

1) Haben Δ und a gleiches Zeichen, so besteht die linke Seite in (5) aus drei positiven Gröfsen, deren letzte nie gleich Null sein kann; die Gleichung (5) wird demnach durch die Koordinaten keines Punktes befriedigt, und ist also ohne geometrische Bedeutung; dasselbe mufs also auch mit der Gleichung (1) der Fall sein. 2) Ist $\Delta=0$, so wird (5) nur durch $X=0$ und $Y=0$ befriedigt; d. h. (1) stellt nur den neuen Anfangspunkt, oder den Durchschnitt der Geraden (4) dar. 3) Ist $\frac{\Delta}{a}$ negativ $=-h^2$, so geht (5), wenn die positive Gröfse $ac-b^2=\lambda^2$

gesetzt wird, in folgende Gleichung über:

$$\frac{1}{\delta^2}X^2+\frac{\lambda^2}{a^2\delta'^2}Y^2=\frac{h^2}{\lambda^2}, \quad \text{oder:} \quad \left(\frac{\lambda}{\delta h}\right)^2 X^2+\left(\frac{\lambda^2}{a\delta' h}\right)^2 Y^2=1.$$

Setzt man noch $\frac{\delta^2 h^2}{\lambda^2}=D^2$, $\frac{a^2\delta'^2 h^2}{\lambda^4}=D_1^2$, so verwandelt sich (5) schliefslich in:

$$\frac{X^2}{D^2}+\frac{Y^2}{D_1^2}=1.$$

Dies ist die Gleichung einer Ellipse, bezogen auf zwei konjugierte Durchmesser; also ist (1) auch in diesem Falle die Gleichung einer Ellipse; die Geraden (4) sind zwei konjugierte Durchmesser und ihr Durchschnitt der Mittelpunkt der Kurve.

II. Es sei $ac-b^2$ negativ $=-\lambda^2$.

1) Ist $\Delta=0$, dann verwandelt sich (5) in $\frac{X^2}{\delta^2}-\frac{\lambda^2}{a^2\delta'^2}Y^2=0$, oder in $\left(\frac{X}{\delta}+\frac{\lambda Y}{a\delta'}\right)\left(\frac{X}{\delta}-\frac{\lambda Y}{a\delta'}\right)=0$; dies ist die Gleichung eines Systems zweier im Anfangspunkte der X, Y sich schneidenden Geraden. 2) Ist Δ von Null verschieden, so kann man statt (5) schreiben $\frac{a\lambda^2}{\Delta\delta^2}X^2-\frac{\lambda^4}{a\Delta\delta'^2}Y^2=1$. Die beiden Koeffizienten $\frac{a\lambda^2}{\Delta\delta^2}$ und $\frac{\lambda^4}{a\Delta\delta'^2}$ haben gleiches Zeichen, weil ihr Produkt $\frac{\lambda^6}{\Delta^2\delta^2\delta'^2}$ notwendig positiv ist. Sind beide positiv, so kann man sie $=\frac{1}{D_1^2}$ und $\frac{1}{D^2}$ setzen, und erhält $\frac{X^2}{D_1^2}-\frac{Y^2}{D^2}=1$; sind beide negativ, so wird man sie $=-\frac{1}{D_1^2}$ und $-\frac{1}{D^2}$ setzen können, und hätte dann $\frac{Y^2}{D^2}-\frac{X^2}{D_1^2}=1$. Beide Gleichungen stellen aber eine auf konjugierte Diameter bezogene Hyperbel dar. Die Gleichung (1) ist also ebenfalls die Gleichung einer Hyperbel, und die Geraden (4) sind zwei konjugierte Durchmesser.

III. Es sei $ac-b^2=0$.

Die Diskussion kann jetzt nicht mehr von Gleichung (3) ausgehen; die Reduktion von (1) auf (2) ist jedoch noch möglich, weil a von Null verschieden angenommen wird. Die Gleichung (2) wird in gegenwärtigem Falle:

$$(6)\quad a\left(x+\frac{b}{a}y+\frac{d}{a}\right)^2+2\frac{ae-bd}{a}y+\frac{af-d^2}{a}=0.$$

Ist 1) $ae-bd=0$ und $af-d^2$ negativ $=-\mu^2$, so wird (6):

$$\left(x+\frac{b}{a}y+\frac{d}{a}\right)^2-\frac{\mu^2}{a^2}=0,$$

oder:

$$\left(x+\frac{b}{a}y+\frac{d}{a}+\frac{\mu}{a}\right)\left(x+\frac{b}{a}y+\frac{d}{a}-\frac{\mu}{a}\right)=0;$$

dies ist die **Gleichung eines Systems zweier parallelen Geraden**:

$$x+\frac{b}{a}y+\frac{d+\mu}{a}=0,\quad x+\frac{b}{a}y+\frac{d-\mu}{a}=0.$$

2) Ist $ae-bd=0$ und $af-d^2=0$, so verwandelt sich (6) in $\left(x+\frac{b}{a}y+\frac{d}{a}\right)^2=0$, dies ist die Gleichung einer Geraden zum Quadrate erhoben, oder, wie man sich ausdrückt, die **Gleichung einer doppelten Geraden**. 3) Ist $ae-bd=0$, und $af-d^2$ positiv $=\mu^2$, also $\left(x+\frac{b}{a}y+\frac{d}{a}\right)^2+\frac{\mu^2}{a^2}=0$, so ist diese Gleichung **ohne geometrische Bedeutung**. 4) Ist $ae-bd$ von Null verschieden, so kann (6) geschrieben werden:

$$(7)\quad a\left(x+\frac{b}{a}y+\frac{d}{a}\right)^2+2\frac{ae-bd}{a}\left(y+\frac{af-d^2}{2(ae-bd)}\right)=0.$$

Nimmt man von den beiden sich schneidenden Geraden:

$$(8)\quad x+\frac{b}{a}y+\frac{d}{a}=0,\quad y+\frac{af-d^2}{2(ae-bd)}=0,$$

die erste zur X-, die zweite zur Y-Axe, so hat man (§. 59, I.) die Transformationsformeln:

$$Y=\delta\left(x+\frac{b}{a}y+\frac{d}{a}\right),\quad X=\delta'\left(y+\frac{af-d^2}{2(ae-bd)}\right),$$

wo δ und δ' zwei von Null verschiedene Konstanten sind. Dadurch verwandelt sich (7) in $\frac{1}{\delta^2}Y^2+\frac{2(ae-bd)}{a^2\delta'}X=0$, oder in:

$$(9)\quad Y^2=-\frac{2\delta^2(ae-bd)}{a^2\delta'}X.$$

Dies ist aber (§. 52, I.) die **Gleichung einer Parabel, bezogen auf eine Tangente als Y-Axe, und den durch den Berührungspunkt gezogenen Durchmesser als X-Axe.**

Anm. 1. Es sind also, sowohl wenn $ac-b^2 >$ oder < 0, als auch wenn $ac-b^2 = 0$ ist, durch die neuen Koordinatenaxen X und Y konjugierte Richtungen in Beziehung auf die Kurve (1) bestimmt, d. h. die Mittelpunkte aller einer dieser Axen parallelen Sehnen liegen auf einer geraden Linie, welche der anderen Axe parallel ist: die eine dieser Axen, $y+\frac{ae-bd}{ac-b^2}=0$ (4) oder $y+\frac{af-d^2}{2(ae-bd)}=0$ (8), ist parallel der ursprünglichen x-Axe, die zweite ist in allen drei Fällen:

$$ax+by+d=0;$$

diese Gerade ist demnach der x-Axe selbst konjugiert, und ebenso ergiebt sich, wenn man in dem ganzen Paragraphen die x-Axe und y-Axe vertauscht, die Linie:

$$bx+cy+e=0$$

als konjugiert der y-Axe in Beziehung auf die Kurve (1).

Anm. 2. Weil:

$$(af-d^2)(ac-b^2)-(ae-bd)^2=a(acf-ae^2-cd^2-fb^2+2bed)=a\Delta,$$

so kann man, wenn a von Null verschieden ist, statt der Bedingungen $ac-b^2=0$ und $ae-bd=0$, auch sagen $ac-b^2=0$, $\Delta=0$.

§. 62. Besondere Fälle. Es sei jetzt $a=0$, ein Fall, der nie eintreten kann, wenn $ac-b^2$ positiv sein soll. Die Transformationen des vorigen Paragraphen sind alsdann unmöglich.

IV.*) Es sei $a=0$, b von Null verschieden, also $ac-b^2$ negativ.

Die linke Seite der Gleichung $2bxy+cy^2+2dx+2ey+f=0$ läfst sich dann immer auf die Form bringen:

$$(2bx+cy+\alpha)(y+\beta)+\gamma,$$

wo α, β, γ so bestimmt werden müssen, dafs:

$$c\beta+\alpha=2e,\quad 2b\beta=2d,\quad \alpha\beta+\gamma=f$$

werden. Es folgt hieraus:

$$\beta=\frac{d}{b},\quad \alpha=2e-\frac{cd}{b}=\frac{2be-cd}{b},$$

$$\gamma=f-\frac{2bed-cd^2}{b^2}=\frac{fb^2-2bed+cd^2}{b^2}.$$

*) Die Numerierung der Fälle und Gleichungen ist fortgesetzt

Die vorgelegte Gleichung transformiert sich demnach in:

$$(10)\quad \left(2bx+cy+\frac{2be-cd}{b}\right)\left(y+\frac{d}{b}\right)-\frac{2bed-fb^2-cd^2}{b^2}=0.$$

Nimmt man von den beiden sich schneidenden Geraden:

$$2bx+cy+\frac{2be-cd}{b}=0,\quad y+\frac{d}{b}=0,$$

die erste zur X-Axe, die zweite zur Y-Axe eines neuen Koordinatensystems, so ist (§. 59, I.):

$$Y=\delta\left(2bx+cy+\frac{2be-cd}{b}\right),\quad X=\delta'\left(y+\frac{d}{b}\right);$$

dadurch verwandelt sich (10) in:

$$(11)\quad YX=\frac{\delta\delta'}{b^2}(2bed-fb^2-cd^2).$$

1) Ist $2bed-fb^2-cd^2=0$, so stellt die Gleichung zwei sich schneidende Geraden, die neuen Koordinatenaxen, dar. 2) Ist $2bed-fb^2-cd^2$ von Null verschieden, so ist (11) die Gleichung einer Hyperbel, bezogen auf ihre Asymptoten (§. 45, III.). Da nun $2bed-fb^2-cd^2$ der Wert von Δ oder $afc-ae^2-cd^2-fb^2+2bed$ für $a=0$ ist, so stimmen beide Fälle mit II., 1) und 2) überein:

V. Es sei $a=0$, $ac-b^2=0$, also auch $b=0$; c aber sei von Null verschieden.

Statt dieses speziellen Falles behandeln wir den allgemeineren, dafs $ac-b^2=0$, und c von Null verschieden ist, indem wir die Werte von a und b dabei ganz aufser Acht lassen. Die Gleichung (1) läfst sich in diesem Falle schreiben:

$$(12)\quad c\left(y+\frac{b}{c}x+\frac{e}{c}\right)^2+2\frac{cd-be}{c}x+\frac{cf-e^2}{c}=0.$$

Weil:

$$(ac-b^2)(cf-e^2)-(cd-be)^2=c\Delta,$$

so läfst (12) eine ganz ähnliche Diskussion zu wie (6), nur dafs überall $cf-e^2$ an die Stelle von $af-d^2$ tritt. Auch hier sind vier Fälle möglich, wie in III.

Die Gleichung:

$$(1)\quad ax^2+2bxy+cy^2+2dx+2ey+f=0$$

umfafst hiernach folgende Fälle:

Bedeutung.	Bedingungen.
1) ohne geometrische Bedeutung	$ac-b^2>0,\ \Delta\gtrless 0,\ \frac{\Delta}{a}>0;$
	$ac-b^2=0,\ \Delta=0,\ a\gtrless 0,\ af-d^2>0;$
	$ac-b^2=0,\ \Delta=0,\ c\gtrless 0,\ cf-e^2>0.$
2) ein Punkt ...	$ac-b^2>0.\ \Delta=0.$
3) eine doppelte Gerade	$ac-b^2=0,\ \Delta=0,\ a\gtrless 0.\ af-d^2=0;$
	$ac-b^2=0,\ \Delta=0,\ c\gtrless 0.\ cf-e^2=0.$
4) zwei parallele Geraden	$ac-b^2=0,\ \Delta=0,\ a\gtrless 0,\ af-d^2<0;$
	$ac-b^2=0,\ \Delta=0,\ c\gtrless 0,\ cf-e^2<0.$
5) zwei sich schneidende Geraden	$ac-b^2<0,\ \Delta=0.$
6) eine Ellipse ..	$ac-b^2>0,\ \Delta\gtrless 0,\ \frac{\Delta}{a}<0.$
7) eine Parabel ..	$ac-b^2=0,\ \Delta\gtrless 0.$
8) eine Hyperbel .	$ac-b^2<0,\ \Delta\gtrless 0.$

Wir sehen demnach, dafs die allgemeinste Gleichung zweiter Ordnung keine anderen Linien enthält, als die wir in den vorhergehenden Kapiteln kennen gelernt haben. Dieselben werden unter dem allgemeinen Namen Kegelschnitte zusammengefafst, weil sie bekanntlich zuerst als die ebenen Durchschnitte eines Kreiskegels betrachtet worden sind, und man spricht darum auch von der Gleichung (1) als der allgemeinen Gleichung der Kegelschnitte.

Anm. Von wesentlicher Bedeutung für das Folgende ist die Bedingungsgleichung $\Delta=0$ (§. 61, Form. 4*). Es läfst sich nachweisen, dafs das Bestehen derselben erforderlich und hinreichend ist, damit der Ausdruck:

$$ax^2+2bxy+cy^2+2dx+2ey+f$$

in zwei Faktoren $(lx+my+n)\ (l'x+m'y+n')$ zerlegt werden kann. Wir wollen die Richtigkeit dieser Behauptung unabhängig von dem vorhergehenden beweisen.

Es sei zuerst $a\gtrless 0$. Da ll' notwendig $=a$ ist, und das Produkt der beiden Faktoren ungeändert bleibt, wenn der erste mit l, der andere mit l' dividiert und das ganze Produkt mit a multipliziert wird, so kann im Falle der Zerlegbarkeit folgende Form der Faktoren angenommen werden:

$$a(x+\mu y+\nu)(x+\mu' y+\nu').$$

Vergleicht man:

$$a(x+\mu y+\nu)(x+\mu' y+\nu')$$

und:

$$ax^2+2bxy+cy^2+2dx+2ey+f,$$

so sieht man, dafs eine Zerlegung des zweiten Ausdrucks nur dann, dann aber auch immer möglich ist, wenn man durch vier Gröfsen μ, ν, μ', ν' den fünf Gleichungen genügen kann:

$$(13)\quad \begin{cases} \mu+\mu' = \dfrac{2b}{a}, \quad \mu\mu' = \dfrac{c}{a}, \quad \nu+\nu' = \dfrac{2d}{a}, \quad \nu\nu' = \dfrac{f}{a}, \\ \mu\nu'+\mu'\nu = \dfrac{2e}{a}. \end{cases}$$

Die vier ersten Gleichungen bestimmen μ, μ', ν, ν' durch Auflösung der quadratischen Gleichungen:

$$(14)\quad m^2-\frac{2b}{a}m+\frac{c}{a}=0, \quad n^2-\frac{2d}{a}n+\frac{f}{a}=0.$$

Weil ferner:

$$\mu\nu'+\mu'\nu+\mu\nu+\mu'\nu' = (\mu+\mu')(\nu+\nu') = \frac{4bd}{a^2},$$

$$\begin{aligned}(\mu\nu'+\mu'\nu)(\mu\nu+\mu'\nu') &= (\mu^2+\mu'^2)\nu\nu'+(\nu^2+\nu'^2)\mu\mu' \\ &= (\mu+\mu')^2\nu\nu'+(\nu+\nu')^2\mu\mu'-4\mu\mu'\nu\nu' \\ &= \frac{4b^2f}{a^3}+\frac{4d^2c}{a^3}-\frac{4acf}{a^3},\end{aligned}$$

so sind $\mu\nu'+\mu'\nu$ und $\mu\nu+\mu'\nu'$ Wurzeln der quadratischen Gleichung:

$$z^2-\frac{4bd}{a^2}z+\frac{4}{a^3}(b^2f+d^2c-acf)=0.$$

Befriedigt der Wert $z=\dfrac{2e}{a}$ diese Gleichung, so wird auch die letzte Gleichung in (13) erfüllt und umgekehrt. Also ist die erforderliche und ausreichende Bedingung für die Zerlegbarkeit:

$$\frac{4e^2}{a^2}-\frac{8bde}{a^3}+\frac{4(b^2f+d^2c-acf)}{a^3}=0,$$

oder:

$$(15)\quad acf-ae^2-cd^2-fb^2+2bed=\Delta=0.$$

Ist zweitens $a = 0$, b aber $\gtrless 0$, so haben im Falle der Zerlegbarkeit die Faktoren von $2bxy + cy^2 + 2dx + 2ey + f$ die Form:

$$2b(x + \mu y + \nu)(y + \nu').$$

Die Vergleichung der entsprechenden Glieder giebt:

$$2b\mu = c, \quad b\nu' = d, \quad b(\mu\nu' + \nu) = e, \quad 2b\nu\nu' = f,$$

oder:

$$\mu = \frac{c}{2b}, \quad \nu' = \frac{d}{b}, \quad \nu = \frac{e}{b} - \frac{cd}{2b^2} \quad \text{und:} \quad 2d\left(\frac{e}{b} - \frac{cd}{2b^2}\right) = f.$$

Die letzte Gleichung, welche nach einiger Reduktion in:

$$-cd^2 - fb^2 + 2bde = 0$$

übergeht, ist die Bedingung für die Zerlegbarkeit. Sie stimmt mit (15) überein, wenn dort $a = 0$ gesetzt wird.

Sind a und $b = 0$, aber $c \gtrless 0$, so erfordert die Zerlegbarkeit von $cy^2 + 2dx + 2ey + f$, wie man sich leicht überzeugt, dafs $d = 0$ sei. Sind aber $a = b = d = 0$, so ist (15) befriedigt.

Die Bedingung $\Delta = 0$ ist also für die Zerlegbarkeit der linken Seite in (1) notwendig und ausreichend. Die erhaltenen Faktoren selbst sind jedoch nicht immer reell; wie sich unter anderem durch die Betrachtung der quadratischen Gleichungen (14) ergiebt. —

Wir gehen jetzt zu der Aufgabe über, wenn die Gleichung (1) einer Kurve zweiter Ordnung zwischen schiefwinkligen Koordinaten gegeben ist, dieselbe auf eine der beiden Gleichungen zwischen rechtwinkligen Koordinaten zu reduzieren:

$$\frac{X^2}{A} + \frac{Y^2}{B} = 1, \quad Y^2 = 2PX;$$

eine Aufgabe, deren Lösung immer möglich sein mufs, da wir schon gesehen haben, dafs jede Kurve zweiter Ordnung eine Ellipse, Hyperbel oder Parabel ist.

§. 63. Reduktion auf den Mittelpunkt. Man sagt, ein Punkt O sei Mittelpunkt einer Kurve, wenn zu jedem Kurvenpunkte A ein zweiter Kurvenpunkt A_1 auf der Verlängerung von AO über O hinaus gehört, so dafs $AO = A'O$ ist. Ist ein solcher Mittelpunkt vorhanden und zugleich Anfangspunkt der Koordinaten, so mufs die Gleichung der Kurve, wenn sie durch (x, y) befriedigt wird, auch durch $(-x, -y)$ befriedigt werden, d. h. die Gleichung der Kurve mufs richtig bleiben, wenn man überall $-x$, $-y$ statt

x, y schreibt. Wendet man dies auf unsere allgemeine Kurve der zweiten Ordnung an, so ergiebt sich, dafs wenn das Wertepaar (x, y) der Gleichung:

$$(1)\quad ax^2+2bxy+cy^2+2dx+2ey+f=0$$

genügt, auch die Gleichung:

$$(1^*)\quad ax^2+2bxy+cy^2-2dx-2ey+f=0$$

befriedigt werden mufs; diese beiden Gleichungen können aber offenbar nur neben einander bestehen, wenn $d=0$ und $e=0$ ist; die andere Folgerung $a=b=c=f=0$ ist natürlich zu verwerfen. Fehlen also in einer Gleichung zweiter Ordnung die Glieder der ersten Dimension, so ist der Anfangspunkt Mittelpunkt der Kurve. Umgekehrt, hat die Kurve einen Mittelpunkt, so müssen, wenn man ihn zum Anfangspunkte wählt, die Glieder der ersten Dimension fehlen. Für ein paralleles Koordinatensystem x', y' mit dem Anfangspunkte (ξ, η) hat man

$$x-\xi=x',\quad y-\eta=y';\quad \text{oder}\quad x=x'+\xi,\quad y=y'+\eta.$$

Diese Werte in (1) substituiert, ergeben:

$$(2)\quad ax'^2+2bx'y'+cy'^2+2x'(a\xi+b\eta+d)+2y'(b\xi+c\eta+e) \\ +a\xi^2+2b\xi\eta+c\eta^2+2d\xi+2e\eta+f=0.$$

Hat (1) einen Mittelpunkt, so mufs es möglich sein, (ξ, η) so zu wählen, dafs die Glieder der ersten Ordnung in (2) fortfallen. Dies giebt die Gleichungen:

$$(3)\quad a\xi+b\eta+d=0,\quad b\xi+c\eta+e=0,$$

und demnach als die Koordinaten des Mittelpunktes:

$$(4)\quad \xi=\frac{be-cd}{ac-b^2},\quad \eta=\frac{bd-ae}{ac-b^2}.$$

Diese Auflösung der Gleichungen (3) aber ist ohne alle Zweideutigkeit möglich, wenn $ac-b^2$ von Null verschieden ist. In diesem Falle, den wir jetzt ausschliefslich behandeln, hat also (1) einen Mittelpunkt, nämlich den Punkt (ξ, η), dessen Koordinaten in (4) angegeben sind. Setzt man die Werte von ξ und η in (2) ein, so verschwinden zunächst (wegen (3)) die mit $2x'$ und $2y'$ multiplizierten Glieder, und das letzte Glied:

$$a\xi^2+2b\xi\eta+c\eta^2+2d\xi+2e\eta+f \\ =\xi(a\xi+b\eta+d)+\eta(b\xi+c\eta+e)+d\xi+e\eta+f,$$

geht wegen (3) in:

$$d\xi + e\eta + f = d\frac{be-cd}{ac-b^2} + e\frac{bd-ae}{ac-b^2} + f$$
$$= \frac{acf-ae^2-cd^2-fb^2+2bde}{ac-b^2} = \frac{\varDelta}{ac-b^2}$$

über. Also verwandelt sich (2) in:

$$(5) \quad ax'^2 + 2bx'y' + cy'^2 + \frac{\varDelta}{ac-b^2} = 0.$$

Anm. Wohl zu beachten ist, daſs bei dieser Transformation durch Verlegung des Anfangspunktes die Glieder der höchsten Dimension ungeändert bleiben. Wenn nunmehr $ac-b^2$ negativ, d. h. der Kegelschnitt (1) eine Hyperbel ist, so stellt $ax^2+2bxy+cy^2=0$ das System zweier den Asymptoten parallelen Geraden vor; denn verlegt man den Anfangspunkt der Koordinaten in den Mittelpunkt, so wird die Gleichung des Kegelschnitts, wenn man statt $\frac{\varDelta}{ac-b^2}$ kurz $-m$ einführt:

$$ax'^2 + 2bx'y' + cy'^2 = m;$$

die linke Seite läſst sich jetzt in zwei Faktoren mit reellen Koeffizienten zerlegen; bezeichnet man diese durch X und Y, so wird die Gleichung der Hyperbel:

$$X.Y = m,$$

d. h. die Gleichung einer Hyperbel, bezogen auf ihre Asymptoten als Koordinatenaxen (§. 45, III.); also stellt die Gleichung:

$$X.Y = ax'^2 + 2bx'y' + cy'^2 = 0$$

die Asymptoten selbst dar und demnach $ax^2+2bxy+cy^2=0$ das System zweier den Asymptoten parallelen Geraden.

§. 64. **Möglichkeit der Transformation in rechtwinklige Hauptaxen als Koordinatenaxen.** Der Ausdruck $ax'^2 + 2bx'y' + cy'^2$ geht durch jede Koordinatenveränderung, bei welcher der Anfangspunkt fest bleibt, in die Form über $pX^2+2qXY+rY^2$. Man kann nun immer ein solches rechtwinkliges System (X, Y) wählen, daſs nach erfolgter Transformation das mit XY multiplizierte Glied fehlt, oder der Koeffizient $q=0$ wird.

In der That, es sei der Winkel $(X, x') = \alpha$, $(Y, x') = 90^\circ + \alpha$, $(y', x') = \varphi$, also φ der Koordinatenwinkel des gegebenen Systems, dann ist (§. 58, 8):

$$(1)\quad \begin{cases} x' = \dfrac{1}{\sin\varphi}\{X\sin(\varphi-\alpha) - Y\cos(\varphi-\alpha)\}.\\[2mm] y' = \dfrac{1}{\sin\varphi}\{X\sin\alpha + Y\cos\alpha\}.\end{cases}$$

Substituiert man diese Werte in $ax'^2+2bx'y'+cy'^2$, so erhält man:

$$(2)\quad ax'^2+2bx'y'+cy'^2 = pX^2+2qXY+rY^2,$$

wo:

$$(3)\quad \begin{cases} p = \dfrac{1}{\sin\varphi^2}\{a\sin(\varphi-\alpha)^2+2b\sin(\varphi-\alpha)\sin\alpha+c\sin\alpha^2\},\\[2mm] r = \dfrac{1}{\sin\varphi^2}\{a\cos(\varphi-\alpha)^2-2b\cos(\varphi-\alpha)\cos\alpha+c\cos\alpha^2\},\\[2mm] q = \dfrac{1}{\sin\varphi^2}\{-a\sin(\varphi-\alpha)\cos(\varphi-\alpha)\\ \qquad +b(\sin(\varphi-\alpha)\cos\alpha-\cos(\varphi-\alpha)\sin\alpha)\\ \qquad +c\sin\alpha\cos\alpha\}.\end{cases}$$

Nun läfst sich über den Winkel α jedesmal so disponieren, dafs $q=0$ wird. Die Gleichung $q=0$ kann nämlich geschrieben werden:

$$-\frac{a}{2}\sin(2\varphi-2\alpha)+b\sin(\varphi-2\alpha)+\frac{c}{2}\sin 2\alpha = 0,$$

oder:

$$(4)\quad -a\sin(2\varphi-2\alpha)+2b\sin(\varphi-2\alpha)+c\sin 2\alpha = 0,$$

woraus:

$$-a(\sin 2\varphi\cos 2\alpha-\cos 2\varphi\sin 2\alpha)+2b(\sin\varphi\cos 2\alpha-\cos\varphi\sin 2\alpha) \\ +c\sin 2\alpha = 0,$$

also:

$$(5)\quad \sin 2\alpha(a\cos 2\varphi-2b\cos\varphi+c)-\cos 2\alpha(a\sin 2\varphi-2b\sin\varphi) = 0,$$

und schliefslich:

$$(6)\quad \operatorname{tang} 2\alpha = \frac{a\sin 2\varphi-2b\sin\varphi}{a\cos 2\varphi-2b\cos\varphi+c}.$$

Da die Tangente alle Werte von $-\infty$ bis $+\infty$ durchläuft, so wird es immer möglich sein, einen spitzen oder stumpfen Winkel ε zu bestimmen, dessen Tangente dem Bruche rechts gleich ist. Weil nun aber alle Winkel, die sich um Vielfache von 180° unterscheiden, dieselbe Tangente haben, d. h. weil $\operatorname{tang}(\varepsilon+n\,180^\circ)=\operatorname{tang}\varepsilon$ ist, so wird man haben $2\alpha=\varepsilon$, $2\alpha=\varepsilon+180^\circ$ u. s. w., oder:

$$\alpha=\frac{\varepsilon}{2},\quad \alpha=\frac{\varepsilon}{2}+90^\circ,\quad \alpha=\frac{\varepsilon}{2}+180^\circ,\quad \text{u. s. w.}$$

Diese verschiedenen Lösungen von (6) haben für uns jedoch nur den Wert einer einzigen; denn da $\alpha = (X, x')$, so sind die Halbaxen $+X$, $+Y$, $-X$, $-Y$, wie sie z. B. die zweite Lösung ergiebt, der Reihe nach die Y-, $-X$-, $-Y$-, X-Axen, wie sie die erste Lösung bestimmt. Offenbar bleibt aber ein Ausdruck wie $pX^2 + rY^2$ immer von derselben Form (d. h. ohne Glied XY), welche Teile des Axenkreuzes man auch als $+X$- und $+Y$-Axe ansehen mag.

§. 65. **Ausführung der Transformation.** Um die Transformation wirklich auszuführen, deren Möglichkeit wir jetzt nachgewiesen haben, dazu bietet sich zuvörderst der Weg, aus (6)*) die Werte von $\sin\alpha$, $\cos\alpha$, $\sin(\varphi-\alpha)$, $\cos(\varphi-\alpha)$ und endlich die von p und q zu berechnen. Wir ziehen es jedoch vor, die drei Gleichungen (3) direkt zu behandeln und aus ihnen die Werte von p, r, α vermittelst a, b, c und φ zu bestimmen. Addiert und subtrahiert man die Werte für p und r, so erhält man:

$$(7)\quad \begin{cases} (r+p)\sin\varphi^2 = a + 2b(\sin(\varphi-\alpha)\sin\alpha - \cos(\varphi-\alpha)\cos\alpha) + c, \\ (r-p)\sin\varphi^2 = a(\cos(\varphi-\alpha)^2 - \sin(\varphi-\alpha)^2) \\ \qquad -2b(\cos(\varphi-\alpha)\cos\alpha + \sin(\varphi-\alpha)\sin\alpha) \\ \qquad +c(\cos\alpha^2 - \sin\alpha^2), \end{cases}$$

oder:

$$(8)\quad (r+p)\sin\varphi^2 = a - 2b\cos\varphi + c,$$

$$(9)\quad (r-p)\sin\varphi^2 = a\cos(2\varphi-2\alpha) - 2b\cos(\varphi-2\alpha) + c\cos 2\alpha.$$

Löst man $\cos(2\varphi-2\alpha)$ und $\cos(\varphi-2\alpha)$ auf, so kann (9) geschrieben werden:

$$(10)\quad (r-p)\sin\varphi^2 = \cos 2\alpha(a\cos 2\varphi - 2b\cos\varphi + c) \\ + \sin 2\alpha(a\sin 2\varphi - 2b\sin\varphi),$$

nun ist zufolge (5):

$$0 = \sin 2\alpha(a\cos 2\varphi - 2b\cos\varphi + c) - \cos 2\alpha(a\sin 2\varphi - 2b\sin\varphi);$$

wenn man also:

$$\cos 2\alpha \times (10) + \sin 2\alpha \times (5) \quad \text{und:} \quad \sin 2\alpha \times (10) - \cos 2\alpha \times (5)$$

bildet, so erhält man:

$$(11)\quad \begin{cases} (r-p)\sin\varphi^2\cos 2\alpha = a\cos 2\varphi - 2b\cos\varphi + c, \\ (r-p)\sin\varphi^2\sin 2\alpha = a\sin 2\varphi - 2b\sin\varphi, \end{cases}$$

*) Wir setzen die Numerierung der Formeln aus §. 64 fort.

oder:

$$(12)\quad \begin{cases} \cos 2\alpha = \dfrac{a\cos 2\varphi - 2b\cos\varphi + c}{(r-p)\sin\varphi^2}, \\ \sin 2\alpha = \dfrac{a\sin 2\varphi - 2b\sin\varphi}{(r-p)\sin\varphi^2}. \end{cases}$$

Quadriert man die Gleichungen (11) und addiert sie, so erhält man:

$$(13)\quad (r-p)^2\sin\varphi^4 = (a\cos 2\varphi - 2b\cos\varphi + c)^2 + (a\sin 2\varphi - 2b\sin\varphi)^2.$$

Die Gleichungen (8) und (13) geben $r+p$ und $r-p$ durch bekannte Gröfsen, also auch r und p; die Formeln werden aber noch einfacher, wenn man die quadratische Gleichung sucht, deren Wurzeln r und p sind. Wir haben zufolge (13):

$$\begin{aligned}(r-p)^2\sin\varphi^4 &= a^2\cos 2\varphi^2 - 4ab\cos 2\varphi\cos\varphi + 4b^2\cos\varphi^2 \\ &\quad + 2ac\cos 2\varphi - 4bc\cos\varphi + c^2 \\ &\quad + a^2\sin 2\varphi^2 - 4ab\sin 2\varphi\sin\varphi + 4b^2\sin\varphi^2, \\ &= a^2 - 4ab\cos\varphi + 4b^2 + 2ac\cos 2\varphi - 4bc\cos\varphi + c^2;\end{aligned}$$

andererseits ist (8):

$$(r+p)^2\sin\varphi^4 = a^2 - 4ab\cos\varphi + 4b^2\cos\varphi^2 + 2ac - 4bc\cos\varphi + c^2,$$

also:

$$\begin{aligned}(r+p)^2\sin\varphi^4 - (r-p)^2\sin\varphi^4 &= 4b^2(\cos\varphi^2 - 1) + 2ac(1 - \cos 2\varphi) \\ &= -4b^2\sin\varphi^2 + 4ac\sin\varphi^2,\end{aligned}$$

und weil:

$$(r+p)^2 - (r-p)^2 = 4rp,$$

so ergiebt sich:

$$(14)\quad rp\sin\varphi^2 = ac - b^2;$$

da nun (8):

$$r+p = \frac{a - 2b\cos\varphi + c}{\sin\varphi^2},\quad rp = \frac{ac - b^2}{\sin\varphi^2},$$

so sind r und p Wurzeln der quadratischen Gleichung:

$$(15)\quad z^2 - z\,\frac{a - 2b\cos\varphi + c}{\sin\varphi^2} + \frac{ac - b^2}{\sin\varphi^2} = 0.$$

Da zufolge (8) und (13) $r+p$ und $r-p$ stets reell sind, so hat (15) stets reelle Wurzeln. Die Wurzeln von (15) werden gleich sein, wenn $r-p=0$ ist. Diese Bedingung zerfällt offenbar zufolge (13) in die beiden folgenden:

$$a\cos 2\varphi - 2b\cos\varphi + c = 0,\quad a\sin 2\varphi - 2b\sin\varphi = 0,$$

oder:

$$a(2\cos\varphi^2-1)-2b\cos\varphi+c=0,\quad 2a\sin\varphi\cos\varphi-2b\sin\varphi=0.$$

Die letzte giebt:

$$b=a\cos\varphi;$$

setzt man diesen Wert in die erste ein, so hat man $a=c$; also hat (15) nur dann gleiche Wurzeln, wenn:

$$(16)\quad a=c \quad \text{und:}\quad b=a\cos\varphi$$

ist. Die transformierte Gleichung $pX^2+rY^2+\frac{\Delta}{ac-b^2}=0$ wird aber für $p=r$ im allgemeinen die eines Kreises. Stellt demnach die Gleichung zweiter Ordnung eine Kurve dar, und finden die Gleichungen (16) statt, so ist die Kurve ein Kreis.

Nachdem wir in der quadratischen Gleichung (15) die einfachste Angabe der Werte von p und r aufgestellt haben, wollen wir auch die Bestimmung des Winkels α weiter verfolgen.

Schreibt man den Zähler von $\cos 2\alpha$ (vergl. (12) und (8)):

$$a(1-2\sin\varphi^2)-2b\cos\varphi+c=(r+p)\sin\varphi^2-2a\sin\varphi^2$$

und für $\cos 2\alpha$ den Ausdruck $\cos\alpha^2-\sin\alpha^2$, so kommt:

$$\cos\alpha^2-\sin\alpha^2=\frac{r+p-2a}{r-p};$$

nun ist:

$$\cos\alpha^2+\sin\alpha^2=1,$$

woraus:

$$(17)\quad \cos\alpha^2=\frac{r-a}{r-p},\quad \sin\alpha^2=\frac{a-p}{r-p}.$$

Statt des Zählers in $\sin 2\alpha$ oder $2\sin\alpha\cos\alpha$ (12) kann man schreiben $2\sin\varphi(a\cos\varphi-b)$, folglich ist:

$$(18)\quad \sin\alpha\cos\alpha=\frac{a\cos\varphi-b}{(r-p)\sin\varphi}.$$

Bestimmt man demnach $\cos\alpha$ und $\sin\alpha$ vermittelst (17), so ist die Wahl der Vorzeichen bei Ausziehung der Quadratwurzeln so zu treffen, dafs (18) befriedigt wird.

Denken wir uns in der dritten Gleichung (3) statt q Null gesetzt, so bleiben die drei Gleichungen (3) ungeändert, wenn überall statt a, c, α bezüglich c, a, $\varphi-\alpha$ gesetzt werden. In der That, p und r bleiben ganz ungeändert, und die rechte Seite der letzten dieser Gleichungen nimmt das entgegengesetzte Zeichen an, was wegen $q = 0$ gleichgültig ist. Da (17) und (18) aber unmittelbare Folgen jener Gleichungen sind, so können wir auch hier diese Vertauschung vornehmen und erhalten:

$$(19)\quad \begin{cases} \cos(\varphi-\alpha)^2 = \dfrac{r-c}{r-p}, \quad \sin(\varphi-\alpha)^2 = \dfrac{c-p}{r-p}, \\ \sin(\varphi-\alpha)\cos(\varphi-\alpha) = \dfrac{c\cos\varphi - b}{(r-p)\sin\varphi}. \end{cases}$$

Da $\cos(\varphi-\alpha)$ durch $\cos\alpha$ und $\sin\alpha$ bestimmt ist, so kann man bei der Wurzelausziehung in (19) nicht ein beliebiges Vorzeichen nehmen. In der That ist:

$$\cos\alpha\cos(\varphi-\alpha) = \cos\varphi\cos\alpha^2 + \sin\varphi\cos\alpha\sin\alpha$$

und:

$$\sin\alpha\sin(\varphi-\alpha) = \sin\varphi\sin\alpha\cos\alpha - \cos\varphi\sin\alpha^2,$$

oder mit Berücksichtigung von (17) und (18):

$$(20)\quad \begin{cases} \cos\alpha\cos(\varphi-\alpha) = \dfrac{r\cos\varphi - b}{r-p}, \\ \sin\alpha\sin(\varphi-\alpha) = \dfrac{p\cos\varphi - b}{r-p}. \end{cases}$$

Diese Formeln bestimmen die Wahl des Vorzeichens für $\cos(\varphi-\alpha)$ und $\sin(\varphi-\alpha)$.

Vergleicht man die Formeln (17), (19) und (20), so ergiebt sich:

$$(r-a)(r-c) = (r\cos\varphi - b)^2, \quad (p-a)(p-c) = (p\cos\varphi - b)^2,$$

d. h. r und p sind Wurzeln der quadratischen Gleichung:

$$(21)\quad (z-a)(z-c) - (z\cos\varphi - b)^2 = 0,$$

welche Gleichung nach Auflösung der Klammern mit (15) genau übereinstimmt.

§. 66. **Die Fälle $ac - b^2 > 0$ und < 0.** Wir haben in dem vorhergehenden Paragraphen alle bei der Transformation des Ausdruckes $ax'^2 + 2bx'y' + cy'^2$ in $pX^2 + rY^2$ vorkommenden Winkelfunktionen durch a, b, c, φ, p und r ausgedrückt, diese beiden letzten Größen aber als Wurzeln der quadratischen Gleichung gegeben:

$$z^2 - \frac{a - 2b\cos\varphi + c}{\sin\varphi^2} z + \frac{ac - b^2}{\sin\varphi^2} = 0.$$

Es sei nun erstens $ac-b^2$ positiv gleich λ^2, so werden, da $pr=\frac{ac-b^2}{\sin\varphi^2}$, p und r gleiches Zeichen haben, und weil:

$$a(p+r)\sin\varphi^2 = a^2-2ab\cos\varphi+ac = a^2-2ab\cos\varphi+b^2+\lambda^2$$
$$= (a-b\cos\varphi)^2+b^2\sin\varphi^2+\lambda^2,$$

also wesentlich positiv ist, so haben in diesem Falle p und r gleiches Zeichen mit a. Ist aber $ac-b^2$ negativ, so haben p und r entgegengesetztes Vorzeichen.

Hat man demnach die Gleichung:

$$ax^2+2bxy+cy^2+2dx+2ey+f=0$$

durch parallele Verrückung des Koordinatensystems auf die Form gebracht $ax'^2+2bx'y'+cy'^2+\frac{\varDelta}{ac-b^2}=0$, und durch Einführung des passenden rechtwinkligen Systems mit demselben Anfangspunkte auf $pX^2+rY^2+\frac{\varDelta}{ac-b^2}=0$, so braucht man nur zu setzen:

$$\frac{-p(ac-b^2)}{\varDelta}=\frac{1}{A}, \quad \frac{-r(ac-b^2)}{\varDelta}=\frac{1}{B},$$

um schliefslich eine Gleichung zu erhalten von der Form:

$$\frac{X^2}{A}+\frac{Y^2}{B}=1;$$

dies setzt natürlich voraus, dafs $\varDelta \gtrless 0$ ist. Ist dies erfüllt, so haben A und B gleiches Zeichen, wenn $ac-b^2$ positiv ist, und zwar sind beide positiv, wenn $\frac{p}{\varDelta}$, $\frac{q}{\varDelta}$ negativ sind; da aber ap, ar nach einer vorhergehenden Bemerkung gewifs positiv sind, und $\frac{p}{\varDelta}=\frac{ap}{a\varDelta}$, so werden A und B beide positiv sein, wenn $\varDelta$ und a entgegengesetztes Zeichen haben. Die Gleichung $\frac{X^2}{A}+\frac{Y^2}{B}=1$ stellt alsdann eine Ellipse mit den Axen $2\sqrt{A}$, $2\sqrt{B}$ vor (vgl. §. 61, I. 3). Haben a und $\varDelta$ gleiches Zeichen, so sind A und B beide negativ, und die Gleichung $\frac{X^2}{A}+\frac{Y^2}{B}=1$ ist ohne geometrische Bedeutung. Ist $ac-b^2$ negativ, so haben A und B ungleiches Zeichen und $\frac{X^2}{A}+\frac{Y^2}{B}=1$ ist die Gleichung einer Hyperbel. Die Diskussion des Falles $\varDelta=0$ übergehen wir, da die Untersuchung von $pX^2+rY^2=0$ schon oben geführt worden ist (§. 61, I. 2; II. 1).

Vereinigen wir die gefundenen Resultate, so haben wir den Satz:

„Die quadratische Gleichung:

$$(1)\quad z^2-\frac{a-2b\cos\varphi+c}{\sin\varphi^2}z+\frac{ac-b^2}{\sin\varphi^2}=0,$$

„oder:

$$(z-a)(z-c)-(z\cos\varphi-b)^2=0$$

„hat stets zwei reelle Wurzeln p und r; mit Hilfe der„selben kann man einen Winkel α durch eine der Glei„chungen bestimmen:

$$(2)\quad\begin{cases}\cos\alpha^2=\dfrac{r-a}{r-p},\quad \sin\alpha^2=\dfrac{a-p}{r-p},\\[2mm] \cos(\varphi-\alpha)^2=\dfrac{r-c}{r-p},\quad \sin(\varphi-\alpha)^2=\dfrac{c-p}{r-p},\\[2mm] \sin\alpha\cos\alpha=\dfrac{a\cos\varphi-b}{(r-p)\sin\varphi},\quad \sin(\varphi-\alpha)\cos(\varphi-\alpha)=\dfrac{c\cos\varphi-b}{(r-p)\sin\varphi},\\[2mm] \cos\alpha\cos(\varphi-\alpha)=\dfrac{r\cos\varphi-b}{r-p},\\[2mm] \sin\alpha\sin(\varphi-\alpha)=\dfrac{p\cos\varphi-b}{r-p},\end{cases}$$

„welche infolge der quadratischen Gleichung zusammen „bestehen.

„Macht man alsdann in der Gleichung zweiter Ord„nung:

$$(3)\quad ax^2+2bxy+cy^2+2dx+2ey+f=0$$

„die Substitution:

$$x=\frac{be-cd}{ac-b^2}+\frac{1}{\sin\varphi}\{X\sin(\varphi-\alpha)-Y\cos(\varphi-\alpha)\},$$

$$y=\frac{bd-ae}{ac-b^2}+\frac{1}{\sin\varphi}\{X\sin\alpha+Y\cos\alpha\},$$

„welches die Transformationsformeln eines schiefwink„ligen Systems (x, y) mit dem Koordinatenwinkel φ in „ein rechtwinkliges (X, Y) sind, so geht (3) in:

$$(4)\quad \frac{X^2}{A}+\frac{Y^2}{B}=1$$

„über, wo:

$$(5)\quad \begin{cases} A=-\dfrac{\varDelta}{p(ac-b^2)}, \quad B=-\dfrac{\varDelta}{r(ac-b^2)}, \\ \varDelta=acf-ae^2-cd^2-fb^2+2bde \end{cases}$$

„sind.“ Wir setzen hierbei voraus, dafs $\varDelta$ und $ac-b^2$ von Null verschieden sind*), und dafs (1) keine gleichen Wurzeln hat, d. h. dafs die beiden Gleichungen $a=c$, $a\cos\varphi=b$ nicht stattfinden (§. 65, 16). Es braucht kaum erwähnt zu werden, dafs, wenn der ursprüngliche Koordinatenwinkel φ ein rechter ist, obige Formeln sich sehr vereinfachen.

§. 67. **Der Fall** $ac-b^2=0$. Ist $ac-b^2=0$, so kann man im allgemeinen die Gleichung:

$$(1)\quad ax^2+2bxy+cy^2+2dx+2ey+f=0$$

nicht auf einen Mittelpunkt beziehen; denn durch die Auflösung der Gleichungen (§. 63, 3):

$$(2)\quad a\xi+b\eta+d=0, \quad b\xi+c\eta+e=0$$

erhält man:

$$(3)\quad \xi=\frac{be-cd}{ac-b^2}, \quad \eta=\frac{bd-ae}{ac-b^2},$$

also wegen $ac-b^2=0$, für ξ und η unendliche Werte. Ist jedoch $be-cd=0$ und $bd-ae=0$, so werden ξ und $\eta=\frac{0}{0}$, d. h. unbestimmt. In der That, die Bedingungen:

$$(4)\quad ac-b^2=0, \quad be-cd=0, \quad bd-ae=0$$

drücken aus, dafs die linken Seiten der Gleichungen:

$$a\xi+b\eta+d=0, \quad b\xi+c\eta+e=0$$

sich nur durch einen konstanten Faktor unterscheiden. Eine der

*) Ist $\varDelta=0$ und $ac-b^2$ von Null verschieden, so verschwinden A und B, d. h. es werden die Quadrate der Halbaxen des Kegelschnitts (4) unendlich klein, während ihr Verhältnis $\frac{A}{B}=\frac{r}{p}$ endlich bleibt, jenachdem also $ac-b^2>0$ oder <0 ist (§. 62, V.), läfst sich der Kegelschnitt (3) ansehen als eine Ellipse oder eine Hyperbel mit verschwindend kleinen Axen (vgl. §. 103). Im besonderen kann man demnach jede zwei sich durchschneidende gerade Linien betrachten als eine Hyperbel, deren Axen sich auf Null reduzieren, und in diesem Sinne den Schnittpunkt derselben als Mittelpunkt dieser Hyperbel ansehen.

beiden Gleichungen ist demnach überflüssig, und zur Bestimmung der beiden Gröfsen ξ und η bleibt nur die andere übrig. Es giebt demnach unzählig viele Punkte (ξ, η), welche als Mittelpunkte von (1) in diesem Falle angesehen werden können, und zwar liegen sie sämtlich in einer Geraden. Vergleicht man die Bedingungen (4) mit den Relationen:

$$(ac-b^2)(af-d^2)-(ae-bd)^2 = a\Delta,$$
$$(ac-b^2)(cf-e^2)-(be-cd)^2 = c\Delta,$$

so sieht man, dafs aus denselben notwendig $\Delta = 0$ erfolgt. Die Gleichung (1) drückt also, wenn sie nicht jeder geometrischen Bedeutung entbehrt, zwei parallele Geraden aus; und in der That kann jeder Punkt, der auf einer Geraden liegt, welche von den beiden Parallelen gleichweit absteht, als Mittelpunkt des Systems angesehen werden.

Während also im allgemeinen, wenn $ac-b^2 = 0$ ist, die Fortschaffung der Glieder erster Dimension nicht möglich ist, kann man wiederum ein rechtwinkliges Koordinatensystem (X, Y) mit demselben Anfangspunkte annehmen, so dafs in der transformierten Gleichung das mit XY behaftete Glied fehlt. Die oben gefundenen Formeln vereinfachen sich wesentlich; denn die quadratische Gleichung (§. 65, 15) wird:

$$z^2 - z\frac{a-2b\cos\varphi+c}{\sin\varphi^2} = 0, \quad \text{oder:} \quad z\left(z-\frac{a-2b\cos\varphi+c}{\sin\varphi^2}\right) = 0;$$

sie hat also die beiden Wurzeln:

$$p = 0, \quad r = \frac{a-2b\cos\varphi+c}{\sin\varphi^2},$$

und die Transformationsformeln werden:

$$x = \frac{1}{\sin\varphi}\{X\sin(\varphi-\alpha) - Y\cos(\varphi-\alpha)\},$$
$$y = \frac{1}{\sin\varphi}\{X\sin\alpha + Y\cos\alpha\},$$

wo (§. 65, Form. 17 und 18):

$$\cos\alpha^2 = \frac{a\cos\varphi^2-2b\cos\varphi+c}{a-2b\cos\varphi+c}, \quad \sin\alpha^2 = \frac{a\sin\varphi^2}{a-2b\cos\varphi+c},$$
$$\sin\alpha\cos\alpha = \frac{\sin\varphi(a\cos\varphi-b)}{a-2b\cos\varphi+c} \quad \text{u. s. w.}$$

Mit Hilfe derselben wird $ax^2+2bxy+cy^2$, wegen $p = 0$, in rY^2

verwandelt, der Ausdruck erster Ordnung $2dx+2ey+f$ geht in einen ähnlichen $2DX+2EY+F$, also die ganze Gleichung (1) in:

$$(5)\quad rY^2+2DX+2EY+F=0$$

über. Schreibt man dafür:

$$(6)\quad r\left(Y+\frac{E}{r}\right)^2+2D\left(X-\frac{E^2}{2Dr}+\frac{F}{2D}\right)=0$$

und setzt:

$$\frac{E}{r}=-\eta,\quad -\frac{E^2}{2Dr}+\frac{F}{2D}=-\xi,\quad \frac{D}{r}=-P,$$

so wird daraus:

$$(Y-\eta)^2=2P(X-\xi),$$

welche Gleichung, wenn man im Punkte (ξ, η) neue, dem (X, Y)-Systeme parallele Axen annimmt, in die gewöhnliche Form der Parabelgleichung übergeht.

Die vorhergehende Transformation wird für $D=0$ unmöglich; in diesem Falle stellt die vorgelegte Gleichung keine Kurve, sondern die in §. 62, IV. und V. erwähnten Ausnahmefälle dar. (Aufg. 42.)

§. 68. Beispiele. Als Anwendung der in den vorhergehenden Paragraphen entwickelten Theorie wollen wir die Gleichung zwischen schiefwinkligen Koordinaten:

$$(1)\quad \frac{x^2}{D_1^2}+\frac{y^2}{D^2}-1=0$$

untersuchen. Mit $ax^2+2bxy+cy^2+2dx+2ey+f=0$ verglichen, ergiebt sich:

$$a=\frac{1}{D_1^2},\quad b=0,\quad c=\frac{1}{D^2},\quad d=0,\quad e=0,\quad f=-1,$$

also ist:

$$ac-b^2=\frac{1}{D_1^2 D^2},\quad acf-ae^2-cd^2-fb^2+2bde=\varDelta=-\frac{1}{D_1^2 D^2}.$$

Die Gleichung ist schon auf den Mittelpunkt bezogen; um sie auf die rechtwinkligen Hauptaxen zu beziehen, ist die quadratische Gleichung:

$$(2)\quad z^2-\left(\frac{1}{D_1^2}+\frac{1}{D^2}\right)\frac{z}{\sin\varphi^2}+\frac{1}{D_1^2 D^2}\frac{1}{\sin\varphi^2}=0$$

aufzulösen. Sind die Wurzeln derselben p und q, so ist die Gleichung der Kurve, auf die Hauptaxen bezogen:

$$\frac{X^2}{A}+\frac{Y^2}{B}-1=0,$$

wo:

$$A=\frac{1}{p}, \quad B=\frac{1}{q}$$

ist. Schreibt man demnach $z=\frac{1}{u}$, wodurch (2) in:

$$\frac{1}{u^2}-\frac{1}{u\sin\varphi^2}\left(\frac{1}{D_1^2}+\frac{1}{D^2}\right)+\frac{1}{D_1^2D^2\sin\varphi^2}=0,$$

oder in:

$$(3) \quad u^2-(D^2+D_1^2)u+D^2D_1^2\sin\varphi^2=0$$

übergeht, so sind A und B die Wurzeln von (3); A und B sind aber die Quadrate der halben Axen einer Ellipse, deren konjugierte Durchmesser $2D_1$ und $2D$ sind und welche den Winkel φ mit einander bilden. Weil nun:

$$A+B=D^2+D_1^2, \quad AB=D^2D_1^2\sin\varphi^2,$$

so folgt daraus, dafs die Summe der Quadrate zweier konjugierten Halbmesser der Summe der Quadrate der Halbaxen, und dafs das Parallelogramm zwischen zwei konjugierten Durchmessern $(4DD_1\sin\varphi)$ dem Rechteck zwischen den Hauptaxen $(4\sqrt{AB})$ gleich ist, was mit §. 34, III. und IV. übereinstimmt.

Als zweites Beispiel, dessen Durchführung wir dem Leser überlassen, möge die Gleichung zwischen rechtwinkligen Koordinaten dienen:

$$(4) \quad \sqrt{\frac{x}{l}}+\sqrt{\frac{y}{m}}=1,$$

wo l und m positive Gröfsen bedeuten. Macht man die Gleichung rational, so erhält man:

$$(4^*) \quad \frac{4xy}{lm}=\left(1-\frac{x}{l}-\frac{y}{m}\right)^2$$

und daraus:

$$(5) \quad \frac{x^2}{l^2}-2\frac{xy}{lm}+\frac{y^2}{m^2}-2\left(\frac{x}{l}+\frac{y}{m}\right)+1=0.$$

Weil $ac-b^2=0$, so stellt (5) eine Parabel vor; man überzeugt sich leicht, da die Annahme von $y=0$ die Gleichung (5) in $\left(\frac{x}{l}-1\right)^2=0$, oder in eine quadratische Gleichung mit zwei gleichen Wurzeln verwandelt, dafs die Abscissenaxe Tangente der Kurve ist; dasselbe gilt für die Ordinatenaxe (§. 104). Die Transformationsformeln:

$$y = Y\frac{l}{n} + X\frac{m}{n} + \frac{l^4 m}{n^4},$$

$$x = -Y\frac{m}{n} + X\frac{l}{n} + \frac{m^4 l}{n^4},$$

$$n = \sqrt{l^2+m^2},$$

verwandeln die Gleichung (5) in:

$$Y^2 = \frac{4l^3m^3}{n^3}X.$$

(Aufg. 43—45.)

Neuntes Kapitel.

Fundamentalsätze aus der Theorie der Transversalen.

§. 69. Das Verhältnis $(\alpha x_1 + \beta y_1 + \gamma) : (\alpha x_2 + \beta y_2 + \gamma)$. Wir haben gesehen (§. 6), dafs, wenn (x, y), (x_1, y_1) und (x_2, y_2) drei Punkte a, b und c einer Geraden sind, die Gleichung stattfindet $\frac{x-x_1}{x-x_2} = \pm\frac{ab}{ac}$, $\frac{y-y_1}{y-y_2} = \pm\frac{ab}{ac}$, wo das obere oder untere Zeichen gilt, jenachdem a aufserhalb oder innerhalb bc liegt. Nennen wir dies Verhältnis $\frac{ab}{ac}$ mit dem angemessenen Vorzeichen versehen λ, so ist $x-x_1 = \lambda(x-x_2)$, $y-y_1 = \lambda(y-y_2)$, woraus:

$$(1) \quad x = \frac{x_1 - \lambda x_2}{1-\lambda}, \quad y = \frac{y_1 - \lambda y_2}{1-\lambda}.$$

Eliminiert man aus diesen Formeln λ, so kommt man auf die Gleichung der Geraden, die durch b und c geht (§. 18, 3). — Es sei a oder (x, y) der Durchschnitt von bc und der Geraden:

$$(2) \quad \alpha x + \beta y + \gamma = 0.$$

Setzt man die Werte aus (1) in (2) ein, so erhält man:

$$\alpha(x_1 - \lambda x_2) + \beta(y_1 - \lambda y_2) + \gamma(1-\lambda) = 0,$$

woraus:

$$(3) \quad \lambda = \frac{\alpha x_1 + \beta y_1 + \gamma}{\alpha x_2 + \beta y_2 + \gamma},$$

welchen Ausdruck man in (1) zu substituieren hat.

Ist:

$$(3^*) \quad \alpha x_1 + \beta y_1 + \gamma = \alpha x_2 + \beta y_2 + \gamma,$$

so wird $\lambda = 1$, und zufolge (1) $x = y = \infty$; d. h. (3*) ist die Bedingung, damit die durch (x_1, y_1) und (x_2, y_2) gehende Gerade der Linie (2) parallel sei. Erinnert man sich der Bedeutung von λ, so folgt aus (3) der Satz:

Ist $p = 0$ die Gleichung einer Geraden; sind ferner p_1 und p_2 die Werte, welche die linke Seite derselben annimmt, wenn (x_1, y_1) und (x_2, y_2) oder die Koordinaten zweier beliebigen Punkte b und c statt der laufenden Koordinaten substituiert werden, und ist a der Durchschnitt von bc und der Geraden $p = 0$, so hat man:

$$\frac{p_1}{p_2} = \pm \frac{ab}{ac},$$

wo das obere oder untere Zeichen gilt, jenachdem a aufserhalb oder innerhalb bc liegt*).

§. 70. Anwendung. Hieraus folgt unmittelbar das in der Anmerkung zu §. 23 Gesagte; um auch die übrigen Bemerkungen aus jenem Paragraphen mit Hilfe dieses Satzes abzuleiten, fügen wir noch folgende einfache Betrachtungen hinzu. Sind b_1 und c_1 die Fufspunkte der von b und c auf die Gerade $\alpha x + \beta y + \gamma = 0$ (oder $p = 0$) gefällten Lote, so ist in jedem Falle $\frac{ab}{ac} = \frac{bb_1}{cc_1}$,

*) Wenn man bei Bezeichnung einer geradlinigen Strecke AB festsetzt, dafs durch den ersten Buchstaben jedesmal der Anfangspunkt und durch den zweiten Buchstaben aufser dem Endpunkt zugleich der Sinn der Richtung, in welchem die Strecke zu nehmen ist, ausgedrückt werden soll, so dafs also $AB = -BA$ oder $AB + BA = 0$ ist, so kann man in dem obigen Paragraphen das doppelte Vorzeichen zur Bezeichnung des Verhältnisses $\lambda = \frac{p_1}{p_2} = \pm \frac{ab}{ac}$ erübrigen, weil, jenachdem der Punkt a aufserhalb oder innerhalb bc liegt, die Linien ab und ac gleiche oder entgegengesetzte Richtung haben, also ihr Verhältnis positiv oder negativ wird. Ebenso ist das Produkt $ab.ac$ als positiv oder negativ anzusehen, jenachdem a aufserhalb oder innerhalb bc liegt.

also nach dem vorhergehenden Satze $\frac{bb_1}{cc_1} = \pm \frac{p_1}{p_2}$. Wir wollen der Einfachheit halber b und c auf einer Seite der Geraden $p = 0$ annehmen, dann ist also $\frac{bb_1}{p_1} = \frac{cc_1}{p_2}$. Für einen dritten Punkt (x_3, y_3) oder d auf derselben Seite, der aber mit bc nicht in einer Geraden zu liegen braucht, hat man wieder $\frac{bb_1}{dd_1} = \frac{p_1}{p_3}$, also $\frac{bb_1}{p_1} = \frac{cc_1}{p_2} = \frac{dd_1}{p_3}$. Nennt man den Wert dieser gleichen Brüche ϱ, so ist also die Länge P_1 des von irgend einem Punkte (x_1, y_1) auf die Gerade $\alpha x + \beta y + \gamma = 0$ gefällten Lotes $= \varrho(\alpha x_1 + \beta y_1 + \gamma)$, wo der Faktor ϱ für alle Punkte auf derselben Seite der Geraden konstant bleibt und — wie wir ohne weiteren Beweis hinzufügen — für alle Punkte der anderen Seite in $-\varrho$ übergeht.

Ist z. B. P_0 das vom Anfangspunkte auf die Gerade gefällte Lot, so hat man $P_0 = \varrho\gamma$, also:

$$P_1 = \pm \frac{P_0}{\gamma}(\alpha x_1 + \beta y_1 + \gamma),$$

wo das obere oder untere Vorzeichen zu nehmen ist, jenachdem (x_1, y_1) mit dem Anfangspunkte auf derselben Seite der Geraden liegt oder nicht. Eine Vergleichung unserer jetzt erhaltenen Ausdrücke mit den früheren Formeln (z. B. §. 60, Form. 19) giebt für ϱ den Ausdruck:

$$\varrho = \pm \frac{\sin\varphi}{\sqrt{\alpha^2 - 2\alpha\beta\cos\varphi + \beta^2}}.$$

Die Länge der von (x_1, y_1) unter dem Winkel v nach $\alpha x + \beta y + \gamma = 0$ gezogenen Geraden ist $\frac{P_1}{\sin v}$, also gleich $\pm \frac{P_0}{\gamma \sin v}(\alpha x_1 + \beta y_1 + \gamma)$.

§. 71. Transversale durch eine geradlinige Figur. Es seien (x_1, y_1), (x_2, y_2), (x_3, y_3) die drei Ecken A, B, C eines Dreiecks (Fig. 49); die Gerade G, oder:

$$p = \alpha x + \beta y + \gamma = 0$$

schneide BC in A', AC in B', AB in C'; dann ist nach dem Satze des §. 69:

$$\pm\frac{AC'}{BC'}=\frac{p_1}{p_2},\qquad \pm\frac{BA'}{CA'}=\frac{p_2}{p_3},\qquad \pm\frac{CB'}{AB'}=\frac{p_3}{p_1}.$$

Die Multiplikation dieser Gleichungen giebt rechts $+1$, also mufs links das Vorzeichen Minus gar nicht oder zweimal vorkommen, d. h. von den drei Durchschnittspunkten A', B', C' der Geraden G mit den Seiten des Dreiecks ABC können nur entweder zwei oder keiner auf den Seiten des Dreiecks selbst vorkommen, und aufserdem ist:

$$(1)\qquad \frac{AC'.BA'.CB'}{BC'.CA'.AB'}=1.$$

Dies giebt folgenden Lehrsatz:

Die sechs Entfernungen zwischen den Ecken des Dreiecks A, B, C und den Durchschnitten A', B', C' einer Geraden G mit den Seiten desselben lassen sich in zwei Gruppen teilen (AC', BA', CB' und AB', BC', CA'), so dafs die Entfernungen, welche eine Gruppe bilden, keinen gemeinschaftlichen Endpunkt haben; das Produkt aus den Stücken der einen Gruppe ist gleich dem Produkte aus den Stücken der anderen.

Dieser Satz gestattet folgende Umkehrung:

Nimmt man auf den Seiten eines Dreiecks BC, CA, AB oder auf ihren Verlängerungen drei Punkte A', B', C' an — mit der Bedingung jedoch, dafs auf den Seiten selbst zwei dieser Punkte liegen, oder keiner — und findet die Gleichung (1) statt, so liegen A', B', C' auf einer Geraden.

Den Beweis überlassen wir dem Leser.

Der direkte Satz gestattet eine Ausdehnung auf jedes Vieleck; wir wollen dieselbe an einem Viereck $ABCD$ (Fig. 50) nachweisen. Die Gerade G schneide die Seite AB in A', BC in B', CD in C', DA in D', so ist, mit Beibehaltung der angenommenen Bezeichnung:

$$\pm\frac{AA'}{BA'}=\frac{p_1}{p_2},\qquad \pm\frac{BB'}{CB'}=\frac{p_2}{p_3},$$
$$\pm\frac{CC'}{DC'}=\frac{p_3}{p_4},\qquad \pm\frac{DD'}{AD'}=\frac{p_4}{p_1}.$$

Da das Produkt der rechten Seiten dieser Gleichungen $+1$ giebt, so schliefsen wir wie oben, dafs von den vier Durchschnittspunkten nur eine gerade Anzahl auf den Seiten selbst liegen kann, und dafs aufserdem:

$$AA'.BB'.CC'.DD' = AD'.BA'.CB'.DC'.$$

§. 72. **Gleichung einer Geraden, welche durch den Durchschnitt zweier anderen geht.** Sind p und q der Kürze halber die Ausdrücke $ax+by+c$, $a'x+b'y+c'$, ferner α und β zwei von x und y unabhängige konstante Gröfsen, so stellen die Gleichungen:

$$(1)\quad p=0,\qquad (2)\quad q=0,\qquad (3)\quad \alpha p+\beta q=0$$

drei durch einen Punkt gehende Geraden dar.

In der That ist (3) wie (1) und (2) von der ersten Ordnung, und da der Durchschnittspunkt von (1) und (2) die Ausdrücke p und q gleich 0 macht, so genügt er auch der dritten Gleichung (§. 12).

Umgekehrt läfst sich die Gleichung jeder Geraden, welche durch den Durchschnitt von (1) und (2) geht, unter der Form (3) darstellen. Denn es sei (x_1, y_1) ein zweiter Punkt derselben, so kann man α und β so bestimmen, dafs seine Koordinaten der Gleichung (3) genügen. Es ist dazu erforderlich, dafs:

$$\alpha(ax_1+by_1+c)+\beta(a'x_1+b'y_1+c')=0, \quad \text{oder:} \quad \alpha p_1+\beta q_1=0$$

sei; woraus $\frac{\alpha}{\beta}=-\frac{q_1}{p_1}$. Substituiert man diesen Wert in (3) oder in $\frac{\alpha}{\beta}p+q=0$, so erhält man:

$$(4)\quad \frac{p}{p_1}-\frac{q}{q_1}=0.$$

Die Form dieser Gleichung macht es ersichtlich, dafs sie eine Gerade darstellt, welche durch (x_1, y_1) und den Durchschnitt von (1) und (2) geht. Jede andere Gleichung derselben Geraden könnte sich von (4) nur durch einen konstanten Faktor unterscheiden (§. 17, Anm.).

Anm. Die Gleichung $p+\lambda q=0$ stellt eben so allgemein wie (3) die Gleichung einer durch den Durchschnitt von (1) und (2) gehenden Geraden dar. Soll sie auch $q=0$ darstellen, so mufs man λ unendlich nehmen, wodurch in der That $\frac{p}{\lambda}+q=0$ in $q=0$ übergeht.

§. 73. **Transversalen durch einen Punkt und die Ecken eines Dreiecks.** Es seien wiederum x_1, y_1; x_2, y_2; x_3, y_3 die Koordinaten der Ecken A, B, C eines Dreiecks (Fig. 51). Man ziehe durch einen beliebigen Punkt O die Geraden AO, BO, CO, welche die Gegenseiten in A', B', C' treffen. Die Gleichungen von BO und CO seien bezüglich $p=0$, $q=0$, also die von AO (§. 72) $\frac{p}{p_1}-\frac{q}{q_1}=0$.

Wir haben ferner nach §. 69:

$$(1)\quad \pm\frac{BA'}{CA'}=\left(\frac{p_2}{p_1}-\frac{q_2}{q_1}\right):\left(\frac{p_3}{p_1}-\frac{q_3}{q_1}\right).$$

Weil aber B in $p=0$ liegt, so ist $p_2=0$; und ebenso findet sich $q_3=0$. Dadurch geht (1) über in:

$$\pm\frac{BA'}{CA'}=-\frac{q_2}{q_1}:\frac{p_3}{p_1}=-\frac{q_2}{q_1}\frac{p_1}{p_3},$$

oder:

$$(2)\quad \left(\pm\frac{BA'}{CA'}\right)\frac{q_1}{q_2}\frac{p_3}{p_1}=-1.$$

Es ist aber:

$$\frac{q_1}{q_2}=\pm\frac{AC'}{BC'},\quad \frac{p_3}{p_1}=\pm\frac{CB'}{AB'},$$

also:

$$\left(\pm\frac{BA'}{CA'}\right)\left(\pm\frac{AC'}{BC'}\right)\left(\pm\frac{CB'}{AB'}\right)=-1.$$

Da rechts -1 steht, so kann auf der linken Seite dieser Gleichung das negative Vorzeichen nur dreimal oder einmal vorkommen, d. h. von den Punkten A', B', C' liegen drei oder einer auf den Dreiecksseiten selbst, und aufserdem ist:

$$(3)\quad AC'.BA'.CB'=AB'.BC'.CA';$$

oder in Worten:

Wenn man die Ecken eines Dreiecks mit einem beliebigen Punkte verbindet, so bestimmen diese Geraden auf den Seiten des Dreiecks sechs Segmente, so dafs das Produkt dreier unter ihnen, welche keinen gemeinschaftlichen Endpunkt haben, dem Produkte der drei übrigen gleich ist.

Die Umkehrung dieses Satzes lautet:

Nimmt man auf den Seiten eines Dreiecks BC, CA, AB oder auf ihren Verlängerungen drei Punkte A', B', C' an — mit der Bedingung jedoch, dafs auf den Seiten selbst eine ungerade Anzahl liegen soll — und findet die Gleichung (3) statt, so treffen sich AA', BB', CC' in einem Punkte.

Wir übergehen den Beweis dieser Umkehrung. — Um die weiteren Anwendungen des in §. 72 ausgesprochenen Prinzips nicht unterbrechen zu müssen, schalten wir die wesentlichsten Sätze über harmonische Punkte hier ein.

§. 74. Harmonische Punkte. Aus den Elementen ist bekannt, dafs, wenn drei Punkte a, b, c in gerader Linie (etwa auf der Abscissenaxe) gegeben sind, man keinen vierten Punkt d finden kann, der mit b gleichzeitig innerhalb oder aufserhalb ac läge, und für den die Proportion:

$$(1) \quad \frac{da}{dc} = \frac{ba}{bc}$$

stattfände. Dies kommt, wenn wir x, x_1, x_2, x_3 die Abscissen von a, b, c, d nennen, analytisch genommen, darauf hinaus, dafs, wenn x_1 und x_3, x und x_2 verschiedene Gröfsen sind, die Gleichung $\frac{x_3-x}{x_3-x_2} = \frac{x_1-x}{x_1-x_2}$, welche mit (1) gleichbedeutend ist (§. 6), unmöglich stattfinden kann; sie reduziert sich nämlich nach Fortschaffung der Nenner auf $(x_3-x_1)(x_2-x) = 0$. Setzt man aber fest, dafs d aufserhalb ac liegen soll, wenn b innerhalb ist, und umgekehrt, so läfst sich die Gleichung (1) immer und nur auf eine einzige Weise erfüllen; diese neue Festsetzung verlangt nämlich, dafs die Brüche $\frac{x_3-x}{x_3-x_2}$ und $\frac{x_1-x}{x_1-x_2}$ gleichen Zahlenwert, aber entgegengesetztes Zeichen haben sollen, oder dafs:

$$(2) \quad \frac{x_3-x}{x_3-x_2} + \frac{x_1-x}{x_1-x_2} = 0,$$

woraus folgt:

$$(3) \quad x_3 = \frac{2xx_2 - x_1(x+x_2)}{x+x_2-2x_1}.$$

In bezug auf die Strecke bd liegen von den beiden Punkten a und c ebenfalls der eine innerhalb, der andere aufserhalb, und da man die Proportion (1) auch $\frac{ad}{ab} = \frac{cd}{cb}$ schreiben kann, so sehen wir, dafs die Punkte a und c ihrer Lage nach zu der Strecke bd sich ebenso verhalten, wie die Punkte b und d zu der Strecke ac.

Zwei Punktepaare einer Geraden (wie a und c, b und d) heifsen vier harmonische Punkte, wenn die Entfernungen des einen Paares von dem einen Punkte des anderen, den entsprechenden Entfernungen von dem anderen Punkte proportional sind; die Punkte eines jeden Paares heifsen konjugierte*). Vermittelst (3) kann man, wenn drei der vier harmonischen Punkte bekannt sind, den letzten ohne Zweideutigkeit bestimmen. Ist jedoch:

$$x + x_2 - 2x_1 = 0,$$

d. h. ist b die Mitte von ac (§. 6), so wird x_3 unendlich; man sagt daher, dafs der Mitte von ac der unendlich entfernte Punkt der Geraden konjugiert sei.

Aus den Gleichungen (2) und (3) lassen sich durch passende Wahl des Anfangspunktes der Abscissen neue Eigenschaften von vier harmonischen Punkten ableiten, von denen wir wenigstens zwei mitteilen wollen. Läfst man den Anfangspunkt mit a zusammenfallen, so wird $x = 0$; dadurch verwandelt sich (2) in:

$$\frac{x_1}{x_2 - x_1} + \frac{x_3}{x_2 - x_3} = 0, \quad \text{oder:} \quad x_1 x_2 + x_3 x_2 - 2x_1 x_3 = 0,$$

woraus durch Division mit $2x_1 x_2 x_3$:

$$(4) \quad \frac{1}{x_2} = \frac{1}{2}\left(\frac{1}{x_1} + \frac{1}{x_3}\right).$$

Läfst man den Anfangspunkt mit b zusammenfallen, oder macht in (2) $x_1 = 0$, so erhält man:

$$\frac{1}{x_3} = \frac{1}{2}\left(\frac{1}{x} + \frac{1}{x_2}\right)$$

u. s. w., nimmt man also einen von vier harmonischen Punkten

---

*) Setzt man fest, dafs die geradlinigen Strecken da, dc, ba, bc zugleich deren Richtung ausdrücken (§. 69, Anm.), so hat man zur Definition der beiden harmonischen Punktepaare a, c und b, d die Gleichung:

$$\frac{da}{dc} = -\frac{ba}{bc} \quad \text{oder:} \quad \frac{da}{dc} + \frac{ba}{bc} = 0.$$

zum Anfangspunkte und bildet die reziproken Werte der Abscisse seines konjugierten Punktes, so wie der Abscissen des anderen Paares, so ist der erste das arithmetische Mittel aus den beiden anderen.

In Fig. 52 ist demnach:

$$\frac{1}{ac} = \frac{1}{2}\left(\frac{1}{ab} + \frac{1}{ad}\right), \quad \frac{1}{bd} = \frac{1}{2}\left(\frac{1}{bc} - \frac{1}{ba}\right),$$

und ähnlich:

$$\frac{1}{db} = \frac{1}{2}\left(\frac{1}{da} + \frac{1}{dc}\right), \quad \frac{1}{ca} = \frac{1}{2}\left(\frac{1}{cb} - \frac{1}{cd}\right).$$

Ist die Mitte o der Strecke ac Anfangspunkt der Abscissen, also $x_2 = -x$, so verwandelt sich (3) in $x_3 = \frac{x^2}{x_1}$ oder $x_1 x_3 = x^2$. Da demnach x_1 und x_3 gleiches Zeichen haben müssen, so folgt hieraus, dafs von der Mitte o zweier konjugierten Punkte (a und c) aus die beiden anderen (b und d) nach derselben Seite zu liegen müssen, und zwar so, dafs:

$$(5) \quad \overline{oa}^2 = \overline{oc}^2 = ob.od.$$

Die Gleichungen (4) und (5) können ebenfalls als Definitionen von harmonischen Punkten benutzt werden (§. 26).

§. 75. **Gleichungen harmonischer Strahlen.** Man nennt **harmonisches Strahlenbüschel** vier Gerade, die von einem Punkte O (Fig. 53) nach vier harmonischen Punkten A, B, C, D gezogen sind; die Geraden OA und OC, OB und OD, welche durch die konjugierten Punkte gehen, heifsen **konjugierte Strahlen.** Liegt O unendlich entfernt, so sind die vier Geraden parallel.

Aufgabe. Wenn die Gleichungen der drei Geraden OA, OB, OC gegeben sind, die Gleichung des zu OB konjugierten vierten harmonischen Strahles zu finden.

Auflösung. Es seien x_1, y_1 und x_3, y_3 bezüglich die Koordinaten von A und C, ferner:

(1) Gleichung von OA: $p = 0$, Gleichung von OC: $q = 0$,
Gleichung von OB: $\alpha p + \beta q = 0$,

und die gesuchte Gleichung des vierten harmonischen Strahles OD:

$$(2) \quad \lambda p + \mu q = 0,$$

wo das Verhältnis $\frac{\lambda}{\mu}$ zu bestimmen ist. Wir haben zufolge §. 69:

$$(3)\quad \pm\frac{AB}{CB}=\frac{\alpha p_1+\beta q_1}{\alpha p_3+\beta q_3}=\frac{\beta q_1}{\alpha p_3},$$

weil $p_1=0$ und $q_3=0$, und ebenso:

$$(4)\quad \pm\frac{AD}{CD}=\frac{\mu q_1}{\lambda p_3}.$$

Da von den Punkten B und D der eine innerhalb, der andere aufserhalb der Strecke AC liegt, so sind in (3) und (4) verschiedene Vorzeichen zu nehmen; und aufserdem ist $\frac{AB}{CB}=\frac{AD}{CD}$, also mufs $\pm\frac{\beta q_1}{\alpha p_3}=\mp\frac{\mu q_1}{\lambda p_3}$, d. h.:

$$(5)\quad \frac{\beta}{\alpha}=-\frac{\mu}{\lambda}$$

sein. Substituiert man diesen Wert in (2) oder $p+\frac{\mu}{\lambda}q=0$, so erhält man:

$$(6)\quad \alpha p-\beta q=0,$$

welches demnach die Gleichung der zu OB konjugierten Geraden OD ist.

§. 76. **Transversalen durch ein harmonisches Strahlenbüschel.** Umgekehrt sind die Schnittpunkte A, B, C, D jeder Transversalen mit vier Geraden, deren Gleichungen der Reihe nach sind:

$$(1)\quad p=0,\quad \alpha p+\beta q=0,\quad q=0,\quad \alpha p-\beta q=0,$$

vier harmonische Punkte. Denn nennen wir wieder (x_1, y_1) die Koordinaten von A; x_3, y_3 die von C, so findet man, wie vorhin, $\pm\frac{AB}{CB}=\frac{\beta q_1}{\alpha p_3}$ und $\pm\frac{AD}{CD}=-\frac{\beta q_1}{\alpha p_3}$. Daraus schliefst man zuerst, dafs die Lage von B und D in bezug auf AC eine verschiedene ist, und dafs $\frac{AB}{CB}=\frac{AD}{CD}$, wir haben also den Satz:

I. **Ein harmonisches Strahlenbüschel wird von jeder Transversalen in vier harmonischen Punkten geschnitten.**

Ist die Transversale einer der vier Geraden (1), z. B. der Geraden $\alpha p-\beta q=0$, parallel, so haben die drei anderen Schnittpunkte A, B, C (Fig. 54) eine spezielle Lage. Nach §. 69, Form. 3* müssen alsdann die Werte, welche $\alpha p-\beta q$ annimmt, wenn man

x_1, y_1 und x_2, y_2 statt x, y einsetzt, gleich sein; dies giebt $\alpha p_2 = -\beta q_1$ oder $\frac{\beta q_1}{\alpha p_2} = -1$. Vergleicht man dies mit Gleichung (3) des vorhergehenden Paragraphen, so sieht man, dafs B innerhalb AC liegen und $AB = BC$ sein mufs, d. h. B ist die Mitte von AC; also:

II. **Schneidet man ein harmonisches Strahlenbüschel durch eine Parallele zu einem der vier Strahlen, so wird der Durchschnitt mit dem konjugierten Strahl die Mitte der beiden anderen Durchschnitte sein*).**

Weil die Mitte zweier konjugierten Punkte und der unendlich entfernte Punkt einer Geraden als das zweite Paar konjugierter harmonischer Punkte angesehen werden können (§. 74), so ist dieser Satz nur ein spezieller Fall des vorhergehenden. Der umgekehrte Satz, dafs nämlich drei Strahlen, die man von O nach drei Punkten in gerader Linie A, B und C gezogen hat, wo $AB = BC$, mit der Geraden durch O, die AC parallel ist, ein harmonisches Strahlenbüschel bilden, läfst sich aus dem vorhergehenden sowohl direkt als indirekt leicht nachweisen.

Die Beweise in diesem und dem vorhergehenden Paragraphen sind auf ein harmonisches Strahlenbüschel, das aus vier Parallelen besteht, nicht anwendbar; man überzeugt sich jedoch leicht durch elementar-geometrische Betrachtungen, dafs für dieselben Satz I. gültig bleibt.

§. 77. **Lehrsatz. Konstruktion des vierten harmonischen Strahles.** Es seien:

$$(1)\ p = 0, \qquad (2)\ q = 0, \qquad (3)\ \alpha p + \beta q = 0,$$

die Gleichungen dreier Geraden P, Q, Q' (Fig. 55), welche sich in a treffen. Denkt man sich durch einen Punkt b in Q' zwei

---

*) Man kann bei einem harmonischen Strahlenbüschel das eine Paar konjugierter Strahlen als eine Hyperbel mit unendlich kleinen Axen ansehen (§. 66) und jede Durchschnittsgerade demnach als eine Sehne: alsdann ergiebt sich aus Satz II., dafs die Mittelpunkte aller einer gegebenen Richtung parallelen Sehnen, auch wenn die Hyperbel sich auf ein System gerader Linien reduziert, auf einer geraden Linie liegen, und zwar auf der zur gegebenen Richtung konjugierten harmonischen, d. h. **in einem harmonischen Strahlenbüschel läfst sich das eine System konjugierter Strahlen als eine Hyperbel mit unendlich kleinen Axen, das andere als ein System konjugierter Durchmesser auffassen.**

andere Geraden, R und S, gezogen, deren Gleichungen:

$$(4)\quad r=0, \qquad (5)\quad s=0$$

sein mögen, so wird sich Q' auch durch eine Gleichung von der Form:

$$(6)\quad \alpha'r+\beta's=0$$

darstellen lassen. Die Ausdrücke links in (3) und (6) können sich nur durch einen konstanten Faktor unterscheiden, da sie dieselbe Gerade darstellen; wir wollen annehmen, dafs α' und β' mit demselben schon dividiert seien, dann sind die linken Seiten identisch gleich, d. h. $\alpha p+\beta q=\alpha'r+\beta's$. Es folgt hieraus $\alpha p-\alpha'r=\beta's-\beta q$; da aber $\alpha p-\alpha'r=0$ die Gleichung einer durch den Durchschnitt von P und R oder durch d, $\beta's-\beta q=0$ die Gleichung einer durch den Durchschnitt von S und Q oder durch f gehenden Geraden ist, so stellt:

$$(7)\quad \alpha p-\alpha'r=0$$

die Gerade df dar. Ebenso hat man $\beta q-\alpha'r=\beta's-\alpha p$, und folgert, wie vorhin, dafs:

$$(8)\quad \beta q-\alpha'r=0$$

die Gleichung einer Geraden ist, welche sowohl durch den Durchschnitt e von Q und R, als durch den Durchschnitt c von S und P geht, d. h. dafs (8) die Gleichung von ce ist. Zieht man (7) und (8) von einander ab, so mufs die Gerade, deren Gleichung $(7)-(8)=0$ ist, durch den Durchschnitt o von df (7) und ce (8) gehen; das Resultat der Subtraktion ist:

$$(9)\quad \alpha p-\beta q=0,$$

eine Gleichung, welche auch durch a, den Durchschnitt von P und Q, befriedigt wird, d. h. (9) ist die Gleichung von oa. Wie wir aus §§. 75 und 76 wissen, ist (9) oder P' der vierte harmonische Strahl zu P, Q, Q', und letzterem konjugiert.

Da in (9) keine der Gröfsen enthalten ist, die sich auf den Punkt b und die Geraden R und S beziehen — nämlich α', β', so wie die Ausdrücke erster Ordnung r und s, — so folgt daraus, dafs wenn man dieselbe Konstruktion für andere Punkte b', b'' .. der Geraden Q' wiederholt, die Kreuzungspunkte o', o'' .. der Verbindungslinien $e'c'$ und $d'f'$, $e''c''$ und $d''f''$, .. immer in derselben Geraden (9) liegen. Wir haben also den Satz:

Nimmt man in Q', einer geraden Linie, welche mit P und Q durch denselben Punkt a geht, einen beliebigen Punkt b an und zieht durch ihn irgend zwei Geraden R, S, welche P und Q in vier Punkten schneiden, so lassen sich letztere durch zwei neue Geraden verbinden, ec, df, deren Durchschnitt o mit a verbunden, eine konstante, d. h. nur von P, Q und Q' abhängige Gerade ist. Dieselbe bildet mit ihnen ein harmonisches Strahlenbüschel und ist der Geraden Q' konjugiert.

Dieser Satz giebt die einfachste Methode an, um zu drei harmonischen Strahlen den vierten zu finden. Wir wollen in dem folgenden Paragraphen eine andere Aussage desselben geben.

§. 78. **Vollständiges Vierseit. Konstruktion des vierten harmonischen Punktes.** Vier unendliche Geraden P, Q, R, S (Fig. 56) bilden ein vollständiges Vierseit; ihre sechs Durchschnittspunkte bilden drei Paare gegenüberstehender Ecken a, b; e, c; f, d, welche durch drei Diagonalen verbunden werden; dieselben schneiden sich genugsam verlängert in drei Punkten o, o_1, o_2. Nach §. 77 sind ab, ad, ao, ae ein harmonisches Strahlenbüschel, worin ab und ao, so wie ad und ae konjugiert sind. Sie schneiden demnach jede Transversale in vier harmonischen Punkten, solche sind z. B. o_1, d, o, f, und o_2, c, o, e. Zieht man also fo_2, so sind fo_2, fc, fo, fe wiederum harmonische Strahlen, und o_2, b, o_1, a ein drittes System harmonischer Punkte. Wir haben also den Satz:

In jedem vollständigen Vierseit bilden die Endpunkte einer Diagonale und ihre Durchschnittspunkte mit den beiden anderen vier harmonische Punkte, und zwar sind die Endpunkte der Diagonale das eine Paar konjugierter Punkte.

Mit Hilfe dieses Satzes kann man, wenn von vier harmonischen Punkten drei, z. B. a, o_1, b, gegeben sind, den vierten o_2 finden, der zu o_1 konjugiert ist. Man ziehe zu dem Ende durch o_1 eine beliebige Gerade o_1df, nehme in derselben zwei Punkte an, d und f, verbinde diese mit a und b durch vier Geraden, welche sich noch in zwei Punkten e und c schneiden; zieht man endlich ec, so trifft dieselbe ab in dem gesuchten Punkte o_2.

Da durch a, o_1, b der Punkt o_2 vollständig bestimmt ist, so mufs man stets denselben Punkt o_2 erhalten, welche Veränderungen man auch mit den willkürlichen Elementen der Konstruktion vornehmen mag. Hieraus ergiebt sich ein Satz, welcher dem in §. 77 aufgestellten analog ist; er lautet:

Zieht man durch einen Punkt o_1, der mit zwei anderen a und b in gerader Linie liegt, eine beliebige Gerade, verbindet irgend zwei Punkte derselben d und f mit den beiden anderen a und b, so treffen sich diese vier Geraden in zwei neuen Punkten e und c, deren Verbindungslinie ec die Gerade ab in einem konstanten, d. h. nur von a, b und o_1 abhängigen Punkte o_2 trifft; derselbe bildet mit ihnen vier harmonische Punkte und ist dem Punkte o_1 konjugiert.

Wir bemerken noch, dafs in Fig. 56 e, d, b und der Durchschnitt von ao und R, so wie f, c, b und der Durchschnitt von ao und Q ebenfalls harmonische Punkte sind.

§. 79. Homologe Dreiecke. Durch dasselbe Verfahren, welches wir in §. 77 angewendet haben, können wir auch noch auf andere Sätze kommen.

Es sei wiederum Q' (Fig. 57) eine Gerade, in welcher drei Punkte a, b, c beliebig angenommen worden sind; durch jeden derselben habe man zwei Geraden P, Q; R, S; T, U gezogen, welche bezüglich durch die Gleichungen $p=0$, $q=0$; $r=0$, $s=0$; $t=0$, $u=0$ dargestellt sein mögen. Dann ist die Gleichung von Q' unter einer der drei Formen darstellbar $\alpha p+\beta q=0$, $\alpha' r+\beta' s=0$, $\alpha'' t+\beta'' u=0$. Wir wollen voraussetzen, was erlaubt ist, die linken Seiten dieser Gleichungen seien durch Division mit passenden konstanten Faktoren identisch gleich gemacht worden, so dafs:

$$\alpha p+\beta q=\alpha' r+\beta' s=\alpha'' t+\beta'' u,$$

woraus:

$$(1)\quad \begin{cases} \alpha p-\alpha' r=\beta' s-\beta q, \\ \alpha p-\alpha'' t=\beta'' u-\beta q, \\ \alpha' r-\alpha'' t=\beta'' u-\beta' s. \end{cases}$$

Wie in §. 77 schliefsen wir hieraus, dafs $\alpha p-\alpha' r=0$ die Gleichung einer Geraden ist, welche sowohl durch den Durchschnitt ν von P und R, als auch durch ν', den Durchschnitt von Q und S, geht. Ferner geht die Gerade $\alpha p-\alpha'' t=0$ durch μ, den Durchschnitt von P und T, und durch μ', den Durchschnitt von U und Q, und schliefslich $\alpha' r-\alpha'' t=0$ durch die beiden Punkte λ und λ', d. h.:

(2) $\alpha p - \alpha' r = 0$. (3) $\alpha p - \alpha'' t = 0$. (4) $\alpha' r - \alpha'' t = 0$

sind die Gleichungen der Geraden $\nu\nu'$, $\mu\mu'$, $\lambda\lambda'$; und da offenbar (4) = (3) — (2), so schneiden sich die drei durch sie dargestellten Linien in einem Punkte; d. h.:

Haben zwei Dreiecke $\lambda\mu\nu$ und $\lambda'\mu'\nu'$ eine solche Lage, dafs die Seitenpaare $\mu\nu$, $\mu'\nu'$; $\nu\lambda$, $\nu'\lambda'$; $\lambda\mu$, $\lambda'\mu'$ sich in drei in gerader Linie liegenden Punkten a, b, c treffen, so gehen die Verbindungslinien der entsprechenden Ecken durch einen Punkt.

§. 80. Umkehrung des letzten Satzes. Die Umkehrung dieses Satzes lautet:

Haben zwei Dreiecke $\lambda\mu\nu$ und $\lambda'\mu'\nu'$ eine solche Lage, dafs die Verbindungslinien der Ecken $\lambda\lambda'$, $\mu\mu'$, $\nu\nu'$ sich in einem Punkte treffen, so liegen die Schnittpunkte der drei Paare entsprechender Seiten in einer Geraden.

Wir wollen, um noch eine Anwendung des in §. 72 erklärten Prinzips zu geben, den direkten Beweis dieses Satzes als Beispiel hinzufügen.

Es seien (Fig. 57):

(1) Gleichung von $o\lambda$: $p = 0$,
(2) - - $o\mu$: $q = 0$,
(3) - - $o\nu$: $p + \alpha q = 0$,
(4) - - $\lambda\mu$: $r = 0$,
(5) - - $\lambda\nu$: $p + \beta r = 0$.

Die Gleichung von $\mu\nu$ mufs sein $p + \alpha q + \gamma(p + \beta r) = 0$, da $\mu\nu$ durch den Durchschnitt von $o\nu$ und $\lambda\nu$ geht. Diese Gleichung mufs jedoch auch befriedigt sein, wenn man gleichzeitig $q = 0$ und $r = 0$ setzt, weil $\mu\nu$ durch μ, den Durchschnitt von $o\mu$ und $\lambda\mu$, geht. Durch diese Annahme verwandelt sich die vorhergehende Gleichung in $p(1 + \gamma) = 0$, und da für μ der Ausdruck p nicht gleich Null wird, mufs $\gamma = -1$ sein, also ist:

(6) Gleichung von $\mu\nu$: $\alpha q - \beta r = 0$.

Für die Seiten des Dreiecks $\lambda'\mu'\nu'$ findet man ähnlich:

(7) Gleichung von $\lambda'\mu'$: $s = 0$,
(8) - - $\lambda'\nu'$: $p + \delta s = 0$,
(9) - - $\mu'\nu'$: $\alpha q - \delta s = 0$.

Bildet man die Gleichungen (5)—(8) = 0, (9)—(6) = 0, so erhält man beide Male:

$$(10)\quad \beta r - \delta s = 0.$$

Dies ist demnach die Gleichung einer Geraden, welche durch den Durchschnitt von $\lambda\nu$ und $\lambda'\nu'$, so wie durch den von $\mu\nu$ und $\mu'\nu'$ geht. Da die Gerade (10) aber offenbar durch den Durchschnitt von $r = 0$, $s = 0$ oder $\lambda\mu$ und $\lambda'\mu'$ geht, so liegen diese drei Durchschnittspunkte in einer Geraden.

§. 81. Die Gleichung $\alpha p + \beta q + \gamma r = 0$. Es seien $p = 0$, $q = 0$, $r = 0$ die Gleichungen der Seiten BC, CA, AB eines Dreiecks. Eine beliebige Gerade G mufs wenigstens zwei dieser Seiten treffen; sie möge BC in A' schneiden (Fig. 58). Ist die Gleichung von AA': $u = 0$, so wird die von G: $u + \alpha p = 0$ sein; die Gleichung $u = 0$ hat aber, weil sie durch den Punkt A erfüllt sein mufs, die Form $\beta q + \gamma r = 0$, also ist die Gleichung von G unter der Form $\alpha p + \beta q + \gamma r = 0$ darstellbar.

Sind demnach $p = 0$, $q = 0$, $r = 0$ die Gleichungen dreier Geraden, welche sich in drei verschiedenen Punkten schneiden, oder ein Dreieck bilden, so ist die Gleichung jeder beliebigen Geraden unter der Form:

$$(1)\quad \alpha p + \beta q + \gamma r = 0$$

darstellbar.

Dieser Satz, auf dessen Begründung wir später noch einmal kommen werden, ist als eine Erweiterung des Satzes in §. 72 anzusehen.

Es seien A', B', C' die Durchschnitte von (1) mit den Seiten des Dreiecks ABC, so stellt $\beta q + \gamma r = 0$ oder $(1) - \alpha p = 0$ eine durch den Durchschnitt A von $q = 0$ und $r = 0$, und den Durchschnitt A' von (1) und $p = 0$ gehende Gerade, oder, wie wir schon vorher gesehen haben, die Gerade AA' dar. Ebenso sind $\alpha p + \gamma r = 0$ und $\alpha p + \beta q = 0$ bezüglich die Gleichungen von BB' und CC'. In jeder Ecke des Dreiecks kommen jetzt drei Geraden zusammen, z. B. in A die Linien AB, AC, AA'; bestimmt man zu diesen den vierten harmonischen Strahl, also in unserem Beispiele den zu AA' konjugierten, Aa, so wird dessen Gleichung:

$$(2)\quad \beta q - \gamma r = 0,$$

und ähnlich für Bb und Cc:

$$(3)\quad \alpha p - \gamma r = 0, \qquad (4)\quad \alpha p - \beta q = 0.$$

Weil aber (4) = (3) — (2), so schneiden sich diese Geraden in einem Punkte o.

Erwägt man noch, dafs der Durchschnitt a und die Punkte B, C, A' vier harmonische Punkte sind und a dem Punkte A' konjugiert ist, dafs ferner auf den beiden anderen Dreiecksseiten das Analoge stattfindet, so hat man folgenden Satz:

Nimmt man auf den drei Seiten eines Dreiecks ABC oder ihren Verlängerungen drei Punkte A', B', C' in gerader Linie, bestimmt zu je zwei Ecken des Dreiecks (B, C) und dem auf derselben Geraden liegenden Punkte (A') den vierten harmonischen (a) und verbindet denselben mit der Gegenecke (A), so schneiden sich die so erhaltenen drei Geraden in einem Punkte o.

Umgekehrt:

Zieht man durch einen Punkt o und die Ecken eines Dreiecks drei Transversalen, welche die Gegenseiten in drei Punkten treffen, und bestimmt zu ihnen und den Ecken des Dreiecks, die mit ihnen bezüglich auf einer Geraden liegen, die vierten harmonischen Punkte, so liegen dieselben in einer Geraden.

In der That, sind x_1, y_1 die Koordinaten von o, so ist:

$$(5)\quad \begin{cases} \text{Gleichung von } Ao: & \dfrac{q}{q_1} - \dfrac{r}{r_1} = 0, \\ \quad\text{-}\quad\text{-}\quad Bo: & \dfrac{r}{r_1} - \dfrac{p}{p_1} = 0, \\ \quad\text{-}\quad\text{-}\quad Co: & \dfrac{p}{p_1} - \dfrac{q}{q_1} = 0, \end{cases}$$

wo wir die Bedeutung von p_1, q_1, r_1 ebenso wie in §. 69 annehmen; also ist:

$$\begin{aligned} &A' \text{ der Durchschnitt von } p = 0 \text{ und } \frac{q}{q_1} + \frac{r}{r_1} = 0, \\ &B' \quad\text{-}\quad\text{-}\quad\text{-}\quad q = 0 \text{ und } \frac{r}{r_1} + \frac{p}{p_1} = 0, \\ &C' \quad\text{-}\quad\text{-}\quad\text{-}\quad r = 0 \text{ und } \frac{p}{p_1} + \frac{q}{q_1} = 0. \end{aligned}$$

Alle drei Punkte genügen demnach der Gleichung:

$$(6)\quad \frac{p}{p_1} + \frac{q}{q_1} + \frac{r}{r_1} = 0,$$

d. h. sie liegen in einer Geraden.

Man nennt zuweilen die Gerade (6) die Polare des Punktes (x_1, y_1) und diesen Punkt den Pol jener Geraden in bezug auf das Dreieck ABC.

(Aufg. 46.)

§. 82. **Die Diagonalen eines vollständigen Vierseits.** Um noch eine Anwendung des letzten Prinzips zu geben, sei:

$$(7) \quad \alpha' p + \beta' q + \gamma' r = 0,$$

eine zweite Gerade, welche die Seiten des Dreiecks ABC in A'', B'', C'' treffe. (In Fig. 58, auf welche wir uns noch beziehen, haben wir diese Gerade jedoch nicht gezeichnet.) Wir wollen die vierten harmonischen Punkte zu A'', A', a u. s. w. bestimmen, und annehmen, dafs A', a konjugiert seien. Behalten wir die Bezeichnungen des vorigen Paragraphen bei und setzen die Numerierung der Gleichungen daher auch fort, so ist die Gleichung von:

$$\left.\begin{aligned} Aa&: \quad (2) \quad \beta q - \gamma r = 0 \\ AA'&: \quad (8) \quad \beta q + \gamma r = 0 \end{aligned}\right\} \quad \text{(siehe §. 81)},$$
$$AA'': \quad (9) \quad \beta' q + \gamma' r = 0.$$

Setzt man $\beta q - \gamma r = t$, $\beta q + \gamma r = u$, so wird:

$$q = \frac{t+u}{2\beta}, \quad r = \frac{u-t}{2\gamma},$$

und die vorangehenden Gleichungen verwandeln sich in:

$$t = 0, \quad u = 0, \quad t\left(\frac{\beta'}{\beta} - \frac{\gamma'}{\gamma}\right) + u\left(\frac{\beta'}{\beta} + \frac{\gamma'}{\gamma}\right) = 0.$$

Der durch A gehende, zu AA'' konjugierte Strahl ist demnach:

$$t\left(\frac{\beta'}{\beta} - \frac{\gamma'}{\gamma}\right) - u\left(\frac{\beta'}{\beta} + \frac{\gamma'}{\gamma}\right) = 0,$$

oder:

$$(\beta q - \gamma r)\left(\frac{\beta'}{\beta} - \frac{\gamma'}{\gamma}\right) - (\beta q + \gamma r)\left(\frac{\beta'}{\beta} + \frac{\gamma'}{\gamma}\right) = 0.$$

Löst man die Klammern auf, so erhält man $\beta^2 \gamma' q + \gamma^2 \beta' r = 0$, oder:

$$(10) \quad \frac{\beta^2 q}{\beta'} + \frac{\gamma^2 r}{\gamma'} = 0.$$

Nennen wir daher den vierten harmonischen Punkt zu a, A', A'', der zu A'' konjugiert ist, a', so ist:

a' der Durchschnitt von $p = 0$ und $\dfrac{\beta^2 q}{\beta'} + \dfrac{\gamma^2 r}{\gamma'} = 0,$

und in ähnlicher Weise ist:

b' der Durchschnitt von $q=0$ und $\frac{\gamma^2 r}{\gamma'}+\frac{\alpha^2 p}{\alpha'}=0$,

c' - - - $r=0$ und $\frac{\alpha^2 p}{\alpha'}+\frac{\beta^2 q}{\beta'}=0$.

Die drei Punkte a', b', c' liegen demnach in der Geraden:

$$(11)\quad \frac{\alpha^2 p}{\alpha'}+\frac{\beta^2 q}{\beta'}+\frac{\gamma^2 r}{\gamma'}=0.$$

Die Aussage dieses Satzes läfst sich bei einer anderen Auffassung der Figur sehr vereinfachen. Wir haben dieselbe mit Auslassung von Aa, Bb, Cc in Fig. 59 wiederholt. Weil C', A, c, B und B', A, b, C harmonische Punkte sind, so werden die von A' aus nach ihnen gezogenen Strahlen harmonische sein. Drei Paare dieser Strahlen fallen aber auf einander (z. B. $A'B'$ und $A'C'$), also werden auch $A'c$ und $A'b$ zusammenfallen; d. h. A', c, b liegen in gerader Linie. Ebenso ist es mit B', a, c und C', b, a. Zieht man diese Geraden, so erhält man ein vollständiges Vierseit, in welchem $A'a$, $B'b$, $C'c$ die drei Diagonalen sind. Die obigen Rechnungen beweisen demnach den Satz:

Schneidet man die drei Diagonalen eines vollständigen Vierseits durch eine Gerade und bestimmt zu jedem Schnittpunkte und den Endpunkten der Diagonale — diese letzteren als konjugierte betrachtet — den vierten harmonischen Punkt, so liegen die drei so erhaltenen Punkte in einer Geraden.

Anm. Es sind die Gleichungen von:

$$A'A:\ \beta q+\gamma r=0,$$
$$A'B:\ p=0,$$
$$A'B':\ \alpha p+\beta q+\gamma r=0,$$

also die Gleichung des dem Strahl $A'B'$ konjugierten Strahles $A'cb$:

$$-\alpha p+\beta q+\gamma r=0,$$

ebenso lassen sich die Gleichungen von $B'ac$, $C'ba$ bestimmen. Wählt man demnach als die Gleichungen der Diagonalen eines vollständigen Vierseits:

$$p=0,\quad q=0,\quad r=0,$$

so sind die Gleichungen der vier Seiten:

$$(12)\quad \begin{cases} \alpha p+\beta q+\gamma r=0, \\ -\alpha p+\beta q+\gamma r=0, \\ \alpha p-\beta q+\gamma r=0, \\ \alpha p+\beta q-\gamma r=0. \end{cases}$$

§. 83. **Unendlich entfernte Punkte und Geraden.** Es sei:

$$(1)\quad p=lx+my+n=0$$

die Gleichung einer Geraden; schreibt man dieselbe:

$$l+m\frac{y}{x}+\frac{n}{x}=0,$$

so wird sie befriedigt werden, wenn:

$$(2)\quad \frac{n}{x}=0, \qquad (2^*)\quad \frac{y}{x}=-\frac{l}{m}.$$

Die Gleichung (2) ist bei einem beliebigen n nur möglich, wenn x unendlich ist; die Gleichung (2*) zeigt, dafs in diesem Falle $y=-\frac{l}{m}x$ es auch wird, das Verhältnis dieser Gröfsen $\frac{y}{x}$ aber endlich bleibt. Ist $Lx+My+N=0$ die Gleichung einer der Linie (1) parallelen Geraden, so wird (§. 19, Form. 4) $\frac{l}{m}=\frac{L}{M}$; beide Geraden haben demnach den unendlich entfernten Punkt (dessen unendlich grofse Koordinaten y, x ein endliches Verhältnis $=-\frac{l}{m}=-\frac{L}{M}$ haben) mit einander gemeinschaftlich.

Es seien:

$$(3)\quad q=l'x+m'y+n'=0, \qquad (4)\quad r=l''x+m''y+n''=0$$

die Gleichungen zweier Geraden, welche mit (1) ein Dreieck bilden. Dann kann man in einem gewissen Sinne behaupten, dafs die Gleichung:

$$(5)\quad (l'm''-l''m')p+(l''m-lm'')q+(lm'-l'm)r=0,$$

durch die unendlich entfernten Punkte sämtlicher Geraden befriedigt werde. Denn schreibt man dieselbe:

$$(l'm''-l''m')\left(l+m\frac{y}{x}+\frac{n}{x}\right)+(l''m-lm'')\left(l'+m'\frac{y}{x}+\frac{n'}{x}\right)$$
$$+(lm'-l'm)\left(l''+m''\frac{y}{x}+\frac{n''}{x}\right)=0,$$

so ist erstens, was auch $\frac{y}{x}$ sein mag:

$$(l'm''-l''m')\left(l+m\frac{y}{x}\right)+(l''m-lm'')\left(l'+m'\frac{y}{x}\right)$$
$$+(lm'-l'm)\left(l''+m''\frac{y}{x}\right)=0,$$

wie man sich durch Auflösung der Klammern leicht überzeugt; und

$$(l'm''-l''m')\frac{n}{x}+(l''m-lm'')\frac{n'}{x}+(lm'-l'm)\frac{n''}{x}$$

wird $=0$ für $x=\infty$. Man kann (5) deshalb die Gleichung der unendlich entfernten Geraden der Ebene nennen. Benutzt man dieselbe statt der Gleichung (7) im vorigen Paragraphen, so verwandelt sich die Gleichung (11) desselben in:

$$(6)\qquad \frac{\alpha^2}{l'm''-l''m'}p+\frac{\beta^2}{l''m-lm''}q+\frac{\gamma^2}{lm'-l'm}r=0.$$

In dieser Geraden (6) liegen demnach die Punkte, welche jedesmal mit den Endpunkten der Diagonalen $A'a$, $B'b$, $C'c$ (Fig. 59) und den unendlich entfernten Punkten derselben ein System von vier harmonischen Punkten bilden. Da aber zu A', a und dem unendlich entfernten Punkte von $A'a$ die Mitte von $A'a$ als vierter harmonischer Punkt zugehört, so lautet dieser spezielle Fall des Lehrsatzes im vorhergehenden Paragraphen:

Die Mitten der drei Diagonalen eines vollständigen Vierseits liegen in einer Geraden.

§. 84. Anderer Beweis des letzten Satzes. Da die Grenzbetrachtungen, mit Hilfe deren man den Entwickelungen des vorigen Paragraphen die Präzision und Strenge geben kann, welche bei der gewählten Darstellung ihnen fehlen, uns zu weit führen würden, so wollen wir den direkten Beweis des zuletzt gegebenen Satzes als letzte Anwendung der in diesem Abschnitte auseinandergesetzten Prinzipien mitteilen.

Wir beziehen uns dabei auf die Rechnungen in §. 82 und auf Fig. 59. Es seien:

(1) Gleichung von BC: $p=lx+my+n=0$,
(2) - - CA: $q=l'x+m'y+n'=0$,
(3) - - AB: $r=l''x+m''y+n''=0$,

(4) Gleichung von $A'C'$: $\alpha p+\beta q+\gamma r=0$,
(5) - - $A'b$: $-\alpha p+\beta q+\gamma r=0$,
(6) - - $B'a$: $\alpha p-\beta q+\gamma r=0$,
(7) - - $C'a$: $\alpha p+\beta q-\gamma r=0$.
(8) - - $A'A$: $\beta q+\gamma r=0$,
(9) - - aA: $\beta q-\gamma r=0$.

Die Gleichung einer Parallelen mit BC durch A ist:

$$\lambda(l'x+m'y+n')+\mu(l''x+m''y+n'')=\lambda q+\mu r=0,$$

wo:

$$\frac{\lambda l'+\mu l''}{\lambda m'+\mu m''}=\frac{l}{m} \quad (\text{§. 19, Form. 4}),$$

oder:

$$\lambda(l'm-lm')+\mu(l''m-lm'')=0,$$

woraus:

$$\frac{\lambda}{\mu}=\frac{l''m-lm''}{lm'-l'm}.$$

Also wird die Gleichung der Parallelen:

$$(10)\quad (l''m-lm'')q+(lm'-l'm)r=0.$$

Sucht man zu (8), (9) und (10) den vierten harmonischen Strahl, so schneidet er $p=0$ in der Mitte von Aa.

Vergleicht man die zu Anfange des §. 82 angestellten Rechnungen mit der gegenwärtigen Entwickelung, so sieht man, die Mitte von $A'a$ ist der Durchschnitt von:

$$p=0 \quad \text{und:} \quad \frac{\beta^2}{l''m-lm''}q+\frac{\gamma^2}{lm'-l'm}r=0,$$

und ähnlich die Mitte von $B'b$ ist der Durchschnitt von:

$$q=0 \quad \text{und:} \quad \frac{\gamma^2}{lm'-l'm}r+\frac{\alpha^2}{l'm''-l''m'}p=0,$$

und die Mitte von $C'c$ ist der Durchschnitt von:

$$r=0 \quad \text{und:} \quad \frac{\alpha^2}{l'm''-l''m'}p+\frac{\beta^2}{l''m-lm''}q=0.$$

Die drei Mitten liegen demnach in der Geraden:

$$(11)\quad \frac{\alpha^2}{l'm''-l''m'}p+\frac{\beta^2}{l''m-lm''}q+\frac{\gamma^2}{lm'-l'm}r=0,$$

welche Gleichung mit (6) im vorigen Paragraphen übereinstimmt.

Zehntes Kapitel.

Allgemeine Eigenschaften der Kegelschnitte. Kombination eines Kegelschnittes und geradliniger Transversalen.

§. 85. **Ideale Sekante. Reelle und imaginäre Schnittpunkte.** Wenn die Gerade:

$$(1) \quad \alpha x + \beta y + \gamma = 0$$

die Kurve zweiter Ordnung:

$$U = ax^2 + 2bxy + cy^2 + 2dx + 2ey + f = 0,$$

welche wir in der Folge der Kürze halber stets mit U bezeichnen werden, nicht trifft, so haben die quadratischen Gleichungen, welche die Koordinaten der Durchschnittspunkte geben, imaginäre Wurzeln; d. h. diese Koordinaten stellen sich unter der Form dar:

$$(2) \quad \begin{cases} x_1 = l + l_1\sqrt{-1}, & y_1 = m + m_1\sqrt{-1}, \\ x_2 = l - l_1\sqrt{-1}, & y_2 = m - m_1\sqrt{-1}, \end{cases}$$

wo l, l_1, m, m_1 reelle Gröfsen bedeuten, welche aus den Koeffizienten in U und (1) zusammengesetzt sind. Man nennt in diesem Falle die Gerade eine **ideale Sekante**, die Punkte (x_1, y_1), (x_2, y_2) **imaginäre Durchschnittspunkte**. Die Gleichung erster Ordnung, welche sich (§. 18, Form. 3) als die Gleichung der Verbindungslinie der Punkte x_1, y_1 und x_2, y_2 ergeben hat:

$$y(x_1 - x_2) - x(y_1 - y_2) + y_1x_2 - y_2x_1 = 0$$

wird durch Einsetzen der Werte von x_1, y_1 und x_2, y_2 aus den Gleichungen (2):

$$yl_1 - xm_1 + lm_1 - l_1m = 0,$$

also reell, und kann von $\alpha x + \beta y + \gamma = 0$ sich natürlich nur durch einen konstanten Faktor unterscheiden. Aber auch die Verbindungen $x_1 + x_2$, x_1x_2, $y_1 + y_2$, y_1y_2 werden reell, nämlich:

$$(3) \quad \begin{cases} x_1 + x_2 = 2l, & x_1x_2 = l^2 + l_1^2, \\ y_1 + y_2 = 2m, & y_1y_2 = m^2 + m_1^2. \end{cases}$$

Erinnert man sich der Bedeutung von $\frac{x_1 + x_2}{2}$, $\frac{y_1 + y_2}{2}$, so mufs man sagen, **die Mitte der Durchschnittspunkte einer** idealen Sekante ist reell. Das Paradoxe, von einer wirklich vorhandenen Mitte zweier nicht existierenden Punkte zu sprechen, verschwindet, wenn man sagt: auf jeder Geraden (1) läfst sich ein reeller Punkt P oder $\left(\frac{x_1+x_2}{2}, \frac{y_1+y_2}{2}\right)$ bestimmen, dessen Koordinaten von den Konstanten in (1) und U abhängen, und welcher für den Fall, dafs (1) die Kurve in zwei reellen Punkten schneidet, die Mitte derselben ist. Ist z. B. U ein Kreis, so ergiebt sich für P der Fufspunkt des vom Centrum auf (1) gefällten Lotes, P ist also stets ein reeller Punkt; er wird die Mitte der Sehne, wenn (1) den Kreis schneidet. Für einen beliebigen Kegelschnitt wird P der Durchschnitt von (1) und des der Richtung dieser Geraden konjugierten Durchmessers (§. 61)

Ist (x, y) ein reeller Punkt Q in der Geraden (1), und sind (x_1, y_1), (x_2, y_2) die Durchschnitte derselben mit U, so kann man den vierten harmonischen Punkt R oder (x_3, y_3), der zu Q konjugiert sein soll, durch die Bemerkung finden, dafs die Projektionen dieser Punkte auf beide Axen ebenfalls harmonische Punkte sind; man hat also (§. 74, Form. 2):

$$\frac{x-x_1}{x-x_2}+\frac{x_3-x_1}{x_3-x_2}=0, \quad \frac{y-y_1}{y-y_2}+\frac{y_3-y_1}{y_3-y_2}=0,$$

woraus:

$$x_3=\frac{2x_1x_2-x(x_1+x_2)}{x_1+x_2-2x}, \quad y_3=\frac{2y_1y_2-y(y_1+y_2)}{y_1+y_2-2y}.$$

Da aber x_1+x_2, x_1x_2, y_1+y_2, y_1y_2 reelle Gröfsen sind, selbst wenn (1) eine ideale Sekante ist, so ist auch (x_3, y_3) ein stets reeller Punkt; man kann also den vierten harmonischen Punkt R zu drei anderen Q, A, B finden, wenn die beiden konjugierten A, B die imaginären Durchschnitte einer idealen Sekante mit U sind; R bleibt reell, wenn sein konjugierter Punkt Q es ist. Anders ausgedrückt: nimmt man auf einer Geraden (1) einen Punkt Q an, so läfst sich ein zweiter reeller Punkt R derselben bestimmen, dessen Koordinaten durch die von Q und die Koeffizienten in (1) und U ausgedrückt sind, so dafs, wenn (1) und U zwei Durchschnittspunkte haben, diese letzteren mit Q und R vier harmonische Punkte bilden.

Anm. Wie in den beiden vorhergehenden Fällen, so wird jede Gröfse, in welcher die Koordinaten der Durchschnitte von (1) und U rational und symmetrisch eingehen, reell bleiben, selbst wenn (1) eine ideale Sekante ist. Denn da $y_1 = -\frac{\alpha}{\beta} x_1 - \frac{\gamma}{\beta}$ und $y_2 = -\frac{\alpha}{\beta} x_2 - \frac{\gamma}{\beta}$, so mufs sich nach bekannten algebraischen Sätzen jede rationale und symmetrische Funktion der Koordinaten (x_1, y_1), (x_2, y_2) durch $x_1 + x_2$, $x_1 x_2$ rational ausdrücken lassen.

§. 86. **Winkel mit paarweise parallelen Schenkeln von einem Kegelschnitt durchschnitten.** Um die Durchschnitte der Kurve U und der x-Axe zu finden, setzen wir $y = 0$, wodurch U in $ax^2 + 2dx + f = 0$ übergeht. Sind x_1, x_2 die Wurzeln dieser quadratischen Gleichung, so ist $x_1 x_2 = \frac{f}{a}$. Ebenso findet man, wenn y_1 und y_2 die Ordinaten der Punkte bedeuten, in welchen die Kurve die y-Axe trifft, diese Gröfsen als Wurzeln der quadratischen Gleichung $cy^2 + 2ey + f = 0$, also $y_1 y_2 = \frac{f}{c}$; hieraus ergiebt sich:

$$(1) \quad \frac{x_1 x_2}{y_1 y_2} = \frac{c}{a}.$$

Denken wir uns die Kurve U auf ein neues paralleles Koordinatensystem (x', y') bezogen, so ändert sich zwar die Gleichung der Kurve, ihre ersten Glieder werden aber wiederum $ax'^2 + 2bx'y' + cy'^2$ (§. 63). Bezeichnet man also wie oben durch x'_1, x'_2, y'_1, y'_2 die Abscissen und Ordinaten der Punkte, in welchen die Kurve die neuen Axen trifft, so hat man $\frac{x'_1 x'_2}{y'_1 y'_2} = \frac{c}{a}$, woraus:

$$(2) \quad \frac{x_1 x_2}{y_1 y_2} = \frac{x'_1 x'_2}{y'_1 y'_2}.$$

Diese Formel enthält den Satz:

Schneidet der eine Schenkel eines Winkels O (Fig. 60) einen Kegelschnitt in A und B, der andere Schenkel in C und D, so ist das Verhältnis $\frac{OA.OB}{OC.OD}$ für alle Winkel mit parallelen Schenkeln konstant, d. h. es ist:

$$(3) \quad \frac{OA.OB}{OC.OD} = \frac{O'A'.O'B'}{O'C'.O'D'}.$$

Die Gleichung (2) enthält gleichzeitig eine Bedingung über

die Lage der acht Durchschnitte $A, B, .. C', D'$ in bezug auf die Scheitelpunkte O, O'. Die beiden Seiten der Gleichung müssen nämlich auch dem Zeichen nach übereinstimmen, und ein Produkt wie $x_1 x_2$ ist positiv oder negativ, jenachdem der Anfangspunkt O aufserhalb oder innerhalb der Durchschnittspunkte liegt; wir übergehen jedoch die Aufstellung dieser Bedingung und wenden uns zu einigen Anwendungen des Satzes.

Ist O' Mittelpunkt der Kurve, also $O'A' = O'B' = u$, $O'C' = O'D' = v$, so hat man:

$$(4) \quad \frac{OA.OB}{OC.OD} = \frac{u^2}{v^2},$$

d. h. **die Produkte der Entfernungen des Scheitelpunktes eines Winkels von den Durchschnittspunkten der Schenkel mit der Kurve verhalten sich wie die Quadrate der Halbmesser, die den Schenkeln parallel sind.**

Fallen A und B, so wie C und D zusammen, d. h. sind OAB und OCD Tangenten, so hat man $\frac{OA^2}{OC^2} = \frac{u^2}{v^2}$, oder $\frac{OA}{OC} = \frac{u}{v}$, also **die von einem Punkte O an eine Ellipse gelegten Tangenten verhalten sich wie die parallelen Halbmesser.**

Ist in (4) $u = v$, d. h. (§. 34, Anm.) sind die Halbmesser u und v, also auch die parallelen Schenkel OA, OC gegen die Axen gleich geneigt, so wird $OA.OB = OC.OD$ (Fig. 61); dies ist aber die Bedingung, damit A, B, C, D in einem Kreise liegen, also: **sind zwei sich schneidende Sehnen einer Ellipse gegen die Axen gleich geneigt, so liegen ihre Endpunkte in einem Kreise.** Wie wir später sehen werden (§. 100), schneiden sich ein Kreis und eine Ellipse im allgemeinen in vier Punkten; man hat daher auch den umgekehrten Satz, dafs die Sehnen, welche solche vier Punkte verbinden, gegen die Axen gleich geneigt sind.

§. 87. **Besondere Fälle.** Man kann sich die Frage vorlegen, welche Form die Gleichung:

$$(1) \quad \frac{OA.OB}{OC.OD} = \frac{u^2}{v^2}$$

annimmt, wenn O auf dem Kegelschnitt selbst liegt, wodurch $OA = 0$, $OC = 0$ wird. Zieht man (Fig. 60) die Linie AC, so ist:

$$(2) \quad \frac{OA}{OC} = \frac{\sin FCD}{\sin GAB}, \quad \text{also:} \quad (2^*) \quad \frac{OB}{OD} \frac{\sin FCD}{\sin GAB} = \frac{u^2}{v^2}.$$

Nähert sich O der Kurve, so wird AC Tangente, und man hat also dann in bezug auf Fig. 62 die Gleichung:

$$(3) \quad \frac{OB}{OD} \cdot \frac{\sin FOD}{\sin GOB} = \frac{u^2}{v^2},$$

wo u und v den Sehnen OB und OD parallel sind. Schreibt man statt dieser Gleichung:

$$(4) \quad \frac{u^2 \sin GOB}{OB} = \frac{v^2 \sin FOD}{OD},$$

so sind die Gröfsen, welche sich auf die Sehnen OB und OD beziehen, von einander getrennt. Um den in (4) enthaltenen Satz bequem aussprechen zu können, wollen wir OD der grofsen Axe $2a$ einer Ellipse, auf deren Untersuchung wir uns gegenwärtig beschränken, parallel annehmen, also $v = a$. Ist die Gleichung der Kurve wie gewöhnlich $\frac{x^2}{a^2} + \frac{y^2}{b^2} - 1 = 0$, und sind x_1, y_1 die Koordinaten von O, so hat man nach unserer Annahme $OD = 2x_1$, und die Tangente in O schneidet von der x-Axe das Stück $O'G = \frac{a^2}{x_1}$ ab. Nun ist, weil OD und $O'G$ parallel sind, W. $FOD = FGO'$, also die rechte Seite in (1):

$$= \frac{a^2 \sin FGO'}{2x_1} = \frac{GO'}{2} \cdot \sin FGO' = \frac{p}{2},$$

wo p das vom Mittelpunkte O' auf die Tangente in O gefällte Lot bedeutet. Dadurch verwandelt sich (4) in:

$$\frac{u^2 \sin GOB}{OB} = \frac{p}{2}, \quad \text{oder in:} \quad \frac{u^2}{p} = \frac{\frac{1}{2} OB}{\sin GOB}.$$

Die rechte Seite dieser Gleichung ist aber der Radius Oo eines Kreises, der die Ellipse in O berührt, also GF zur Tangente hat, und durch B geht, wie man leicht aus der Figur ersehen wird, wo die Konstruktion des Mittelpunktes o ausgeführt ist. Hieraus folgt:

Der Radius eines Kreises, welcher die Ellipse in O berührt und in B schneidet, ist gleich $\frac{u^2}{p}$, wo u den der Sehne OB parallelen Halbmesser und p das vom Mittelpunkte der Ellipse auf die Tangente in O gefällte Lot bedeutet.

§. 88. **Fortsetzung.** So wie in der Relation (§. 86, Form. 3) Segmente verschwinden können, so können dieselben auch unendlich grofs werden. Es seien AB, $A'B'$ zwei parallele Sehnen eines Kegelschnittes, die von einer dritten CD resp. in O und O' geschnitten werden; dann ist:

$$\frac{OA.OB}{OC.OD} = \frac{O'A'.O'B'}{O'C.O'D}, \text{ oder: } \frac{OA.OB}{OC} : \frac{O'A'.O'B'}{O'C} = OD:O'D.$$

Ist der Kegelschnitt eine Parabel oder Hyperbel, so kann man die Sehne CD so um C drehen, dafs D sich immer mehr von C entfernt. Für den Fall der Parabel wird endlich CD der Axe, und für den Fall der Hyperbel (Fig. 63) einer der beiden Asymptoten parallel werden, und weil $OD = O'D \pm OO'$, jenachdem O aufserhalb oder innerhalb $O'D$ liegt, so geht $\frac{OD}{O'D} = 1 \pm \frac{OO'}{O'D}$, wenn $O'D$ immer gröfser wird, endlich in **Eins** über, d. h.:

Zieht man durch einen Punkt C einer Parabel (oder Hyperbel) eine Parallele zur Axe der Parabel (oder zu einer Asymptote der Hyperbel) und schneidet dieselbe zwei parallele Sehnen AB, $A'B'$ in O und O', so ist:

$$\frac{OA.OB}{OC} = \frac{O'A'.O'B'}{O'C}, \quad \text{oder:} \quad \frac{OA.OB}{O'A'.O'B'} = \frac{OC}{O'C}.$$

Wir übergehen alle Folgerungen aus dieser Gleichung bis auf eine. Denkt man sich im Falle der Hyperbel die Transversale COO' durch parallele Verschiebung der Asymptote immer näher rückend, so entfernt sich C immer weiter von O und O', $\frac{OC}{O'C}$ wird ebenfalls endlich $= 1$, und man hat den Satz:

Schneiden zwei parallele Hyperbelsehnen, AB, $A'B'$, eine Asymptote in o und o', so ist $Ao.Bo = A'o'.B'o'$.

§. 89. **Die Gleichung $u_1 - 2\lambda v + \lambda^2 u_2 = 0$; System zweier Tangenten.** Wir kommen auf einfache Weise zu neuen Sätzen über die Durchschnitte eines Kegelschnittes und einer Transversalen, indem wir die Gleichung derselben unter einer anderen Form darstellen (§. 69). Es seien (x_1, y_1), (x_2, y_2) zwei Punkte A und C: dann sind die Koordinaten eines jeden Punktes B der Geraden AC durch die Gleichungen gegeben:

$$(1) \quad x = \frac{x_1 - \lambda x_2}{1-\lambda}, \quad y = \frac{y_1 - \lambda y_2}{1-\lambda}, \quad \lambda = \frac{AB}{CB}.$$

Setzen wir diese Werte in:

$$U = ax^2 + 2bxy + cy^2 + 2dx + 2ey + f = 0$$

ein, so erhalten wir, nachdem wir die Gleichung mit $(1-\lambda)^2$ multipliziert haben:

$$\begin{aligned} & a(x_1-\lambda x_2)^2 + 2b(x_1-\lambda x_2)(y_1-\lambda y_2) + c(y_1-\lambda y_2)^2 \\ & + 2d(x_1-\lambda x_2)(1-\lambda) + 2e(y_1-\lambda y_2)(1-\lambda) + f(1-\lambda)^2 = 0, \end{aligned}$$

oder, wenn wir nach λ ordnen:

$$\begin{aligned} & ax_1^2 + 2bx_1y_1 + cy_1^2 + 2dx_1 + 2ey_1 + f \\ & -2\lambda\{ax_1x_2 + b(x_1y_2 + x_2y_1) + cy_1y_2 + d(x_1+x_2) + e(y_1+y_2) + f\} \\ & + \lambda^2(ax_2^2 + 2bx_2y_2 + cy_2^2 + 2dx_2 + 2ey_2 + f) = 0. \end{aligned}$$

Schreiben wir der Kürze wegen:

$$\begin{aligned} u_1 &= ax_1^2 + 2bx_1y_1 + cy_1^2 + 2dx_1 + 2ey_1 + f, \\ u_2 &= ax_2^2 + 2bx_2y_2 + cy_2^2 + 2dx_2 + 2ey_2 + f, \\ v &= ax_1x_2 + b(x_1y_2 + x_2y_1) + cy_1y_2 + d(x_1+x_2) + e(y_1+y_2) + f, \\ &= x_1(ax_2 + by_2 + d) + y_1(bx_2 + cy_2 + e) + dx_2 + ey_2 + f, \\ &= x_2(ax_1 + by_1 + d) + y_2(bx_1 + cy_1 + e) + dx_1 + ey_1 + f, \end{aligned}$$

so verwandelt sich die vorhergehende Gleichung in:

$$(2) \quad u_1 - 2\lambda v + \lambda^2 u_2 = 0.$$

Man erhält hieraus zwei Werte für λ, welche in (1) eingesetzt die Koordinaten der Durchschnitte der Kurve U und der Transversalen AC ergeben. Liegt der Punkt A auf der Kurve selbst, so wird $u_1 = 0$, und (2) verwandelt sich in $-2\lambda v + \lambda^2 u_2 = 0$, oder in $\lambda(\lambda u_2 - 2v) = 0$; hieraus ergiebt sich $\lambda = 0$ und $\lambda = \frac{2v}{u_2}$. Der erste Wert bezieht sich auf den Punkt A, weil $\frac{AB}{BC} = 0$ ist, wenn A und B zusammenfallen, der zweite auf den zweiten Durchschnittspunkt. Soll derselbe mit dem ersten zusammenfallen, d. h. soll die Gerade AC Tangente werden, so mufs auch $v = 0$ sein, und umgekehrt, jeder Punkt, welcher der Gleichung $v = 0$ genügt, liegt auf der Tangente am Punkte (x_1, y_1), d. h.:

die Gleichung der Tangente am Punkte (x_1, y_1) des Kegelschnittes U ist:

$$(3) \quad x(ax_1 + by_1 + d) + y(bx_1 + cy_1 + e) + dx_1 + ey_1 + f = 0.$$

Ist (x_1, y_1) kein Punkt der Kurve selbst, so wird die durch

(x_2, y_2) gehende Transversale eine Tangente, wenn die Gleichung (2) gleiche Wurzeln hat, d. h. wenn:

$$(4)\quad u_1 u_2 - v^2 = 0$$

ist, und umgekehrt, jeder Punkt (x_2, y_2), welcher der Gleichung (4) genügt, liegt auf einer der von (x_1, y_1) an U gezogenen Tangenten, d. h. schreibt man in u_2 und v statt x_2 und y_2 bezüglich x und y, so ist die Gleichung des Systems der von (x_1, y_1) an U gezogenen Tangenten:

$$(5)\quad \begin{aligned} &(ax^2+2bxy+cy^2+2dx+2ey+f)\times \\ &(ax_1^2+2bx_1y_1+cy_1^2+2dx_1+2ey_1+f) \\ &-\{x(ax_1+by_1+d)+y(bx_1+cy_1+e)+dx_1+ey_1+f\}^2 = 0. \end{aligned}$$

Die linke Seite dieser Gleichung mufs sich in Faktoren des ersten Grades in Beziehung auf x und y zerfällen lassen (vgl. §. 101), die einzeln gleich Null gesetzt, die Gleichungen der Tangenten geben. Lassen sich vom Punkte (x_1, y_1) keine Tangenten an die Kurve ziehen, so werden jene Faktoren imaginär, und man kann in diesem Falle von zwei idealen, durch (x_1, y_1) gehenden Tangenten sprechen. (Vergl. §. 104.)

Will man die Berührungspunkte finden, so mufs die Gleichung (5) mit der Gleichung der Kurve U verbunden werden. Dadurch verwandelt sich (5) in:

$$(6)\quad x(ax_1+by_1+d)+y(bx_1+cy_1+e)+dx_1+ey_1+f = 0.$$

Man kann also zur Bestimmung der Berührungspunkte die Gleichung U statt mit (5) auch mit (6) verbinden; und weil diese Gleichung nur auf den ersten Grad steigt, so ist sie die Gleichung einer Geraden, welche durch die Berührungspunkte geht, oder sie ist die Gleichung der Berührungssehne. Ist (x_1, y_1) ein Punkt der Kurve, so fällt die Berührungssehne mit der Tangente zusammen (man vgl. Gleichung (3)). Schneidet (6) die Kurve nicht, so sind die beiden Berührungspunkte ideal, die sie verbindende Gerade bleibt jedoch reell. Wir werden weiter unten (§. 92) eine andere Bedeutung der Gleichung (6) kennen lernen.

§. 90. **System der Asymptoten. Konfokale Kegelschnitte.** Wir wollen einige Anwendungen der vorhergehenden Formeln angeben. Hat U einen Mittelpunkt, so erfüllen dessen Koordinaten die Gleichungen (§. 63, Form. 3):

$$ax_1+by_1+d = 0,\quad bx_1+cy_1+e = 0,$$

und es wird infolge derselben:

$$dx_1+ey_1+f=\frac{acf-ae^2-cd^2-fb^2+2bed}{ac-b^2}=\frac{\Delta}{ac-b^2}.$$

Setzt man diese Werte in (§. 89, Form. 5) ein und erwägt, dafs:

$$ax_1^2+2bx_1y_1+cy_1^2+2dx_1+2ey_1+f$$
$$=x_1(ax_1+by_1+d)+y_1(bx_1+cy_1+e)+dx_1+ey_1+f,$$

so verwandelt sich die Gleichung der vom Mittelpunkte an die Kurve gezogenen Tangenten in:

$$(ax^2+2bxy+cy^2+2dx+2ey+f)\cdot\frac{\Delta}{ac-b^2}-\frac{\Delta^2}{(ac-b^2)^2}=0,$$

oder wenn man mit $\frac{\Delta}{ac-b^2}$ dividiert und für $f-\frac{\Delta}{ac-b^2}$ schreibt $\frac{ae^2+cd^2-2bed}{ac-b^2}$, schliefslich in:

$$(1)\quad ax^2+2bxy+cy^2+2dx+2ey+\frac{ae^2+cd^2-2bed}{ac-b^2}=0.$$

Man überzeugt sich leicht (§. 62), dafs die linke Seite in zwei Faktoren ersten Grades zerlegbar ist, welche, wenn $ac-b^2$ negativ, also im Fall der Hyperbel, reell sind. Um kurz zu sein, die Gleichung (1) stellt, wenn $ac-b^2$ negativ ist, das System der Asymptoten dar.

Ist $\frac{x^2}{p^2}+\frac{y^2}{q^2}-1=0$ die Gleichung einer Ellipse, so ist das System der von (x_1, y_1) an dieselbe gelegten Tangenten:

$$(2)\quad\left(\frac{x^2}{p^2}+\frac{y^2}{q^2}-1\right)\left(\frac{x_1^2}{p^2}+\frac{y_1^2}{q^2}-1\right)-\left(\frac{xx_1}{p^2}+\frac{yy_1}{q^2}-1\right)^2=0,$$

oder, wenn man nach x und y ordnet und mit p^2q^2 multipliziert:

$$(3)\quad x^2(y_1^2-q^2)-2xyx_1y_1+y^2(x_1^2-p^2)+2xx_1q^2+2yy_1p^2$$
$$-(x_1^2q^2+y_1^2p^2)=0.$$

Die Halbierungslinien der von den Tangenten gebildeten Winkel haben eine Neigung gegen die x-Axe, welche durch (§. 64, Form. 6) gegeben ist, wenn man dort $\varphi=90^\circ$ setzt, woraus:

$$\operatorname{tang}2\alpha=\frac{2b}{c-a},$$

wo im gegenwärtigen Falle:

$$a=y_1^2-q^2,\quad b=-x_1y_1,\quad c=x_1^2-p^2$$

ist. Setzt man diese Werte ein, so erhält man:

$$\operatorname{tang} 2\alpha = -\frac{2x_1y_1}{x_1^2-y_1^2-(p^2-q^2)}.$$

Legt man von (x_1, y_1) an eine zweite Ellipse $\frac{x^2}{p_1^2}+\frac{y^2}{q_1^2}-1=0$ Tangenten, so wird die Neigung der Halbierungslinien des Tangentenwinkels durch dieselbe Formel gegeben werden, in welcher nur $p_1^2-q_1^2$ statt p^2-q^2 steht. Ist $p_1^2-q_1^2=p^2-q^2$, so haben beide Tangentenwinkel dieselben Halbierungslinien. Nun bedeutet $\sqrt{p^2-q^2}$ die halbe Entfernung der beiden Brennpunkte; beide Kurven haben demnach dieselben Brennpunkte oder sind konfokal; wir haben also den Satz:

Legt man von einem Punkte an zwei um dieselben Brennpunkte beschriebene Ellipsen Tangenten, so haben die Winkel beider Paare dieselben Halbierungslinien. (Vergl. §. 102, III.)

Setzt man $p^2-q^2=e^2$, so ist die Gleichung aller konfokalen Ellipsen:

$$\frac{x^2}{q^2+e^2}+\frac{y^2}{q^2}=1.$$

Hier bedeutet $2q$ die kleine Axe, $2\sqrt{q^2+e^2}$ die grofse Axe der Kurve; nimmt man q immer kleiner an, während e konstant bleibt, so nähert sich die Ellipse immer mehr der von den Brennpunkten begrenzten Strecke der grofsen Axe, und diese Strecke selbst ist als eine Ellipse mit verschwindend kleiner Axe anzusehen. Als die von (x_1, y_1) an diese Grenzkurve des Systems gezogenen Tangenten mufs man die den Punkt (x_1, y_1) mit den Brennpunkten verbindenden Geraden betrachten. In der That, setzt man in (3) $q=0$, $p=e$, so erhält man:

$$x^2y_1^2-2xyx_1y_1+y^2(x_1^2-e^2)+2yy_1e^2-y_1^2e^2=0,$$

oder:

$$(4)\quad (xy_1-y(x_1-e)-y_1e).(xy_1-y(x_1+e)+y_1e)=0.$$

Die beiden Faktoren, einzeln gleich Null gesetzt, ergeben aber die durch (x_1, y_1) und die Brennpunkte $(e, 0)$, $(-e, 0)$ gezogenen Geraden. Als einen speziellen Fall des vorigen Satzes kann man daher den folgenden betrachten, welcher sich auch direkt aus (4) erweisen läfst:

Legt man von einem Punkte i an eine Ellipse zwei Tangenten ih, ik, und verbindet denselben aufserdem mit den Brennpunkten f, f_1, so haben die beiden Winkel hik und fif_1 dieselben Halbierungslinien, oder mit anderen Worten: der Winkel zwischen hi und if ist dem Winkel zwischen ki und if_1 gleich (Fig. 64).

Um den Winkel zu bestimmen, welchen zwei vom Punkte (x_1, y_1) an eine Ellipse gezogene Tangenten bilden, brauchen wir nur Folgendes zu erwägen: Sind die Gleichungen der Tangenten:

$$(5) \quad y-lx-m=0, \quad y-l'x-m'=0,$$

so mufs das Produkt derselben bis auf einen konstanten Faktor mit der Gleichung (3) übereinstimmen; derselbe kann nur der Koeffizient von y^2 in (3) sein, nämlich $(x_1^2-p^2)$, also ist:

$$\begin{aligned}&(x_1^2-p^2)(y-lx-m)(y-l'x-m')\\ &=(y_1^2-q^2)x^2-2y_1x_1yx+(x_1^2-p^2)y^2+\cdots,\end{aligned}$$

woraus durch Vergleichung der Koeffizienten von x^2 und xy auf beiden Seiten:

$$(x_1^2-p^2)ll'=y_1^2-q^2 \quad \text{und:} \quad (x_1^2-p^2)(l+l')=2y_1x_1.$$

Nun ist der Winkel w zwischen den beiden Geraden (5) durch die Formel gegeben (§. 22, 1):

$$\operatorname{tang} w=\frac{l-l'}{1+ll'}=\pm\frac{\{(l+l')^2-4ll'\}^{\frac{1}{2}}}{1+ll'};$$

also in unserem Falle:

$$\begin{aligned}\operatorname{tang} w&=\pm\frac{\left\{\frac{4y_1^2x_1^2}{(x_1^2-p^2)^2}-\frac{4(y_1^2-q^2)}{x_1^2-p^2}\right\}^{\frac{1}{2}}}{1+\frac{y_1^2-q^2}{x_1^2-p^2}}\\ &=\pm\frac{2\{x_1^2q^2+y_1^2p^2-p^2q^2\}^{\frac{1}{2}}}{x_1^2+y_1^2-(p^2+q^2)}.\end{aligned}$$

Ist $x_1^2+y_1^2=p^2+q^2$, d. h. liegt (x_1, y_1) auf dem Kreise, der mit dem Radius $\sqrt{p^2+q^2}$ um den Mittelpunkt der Ellipse gezogen ist, so wird $\operatorname{tang} w$ unendlich, also stehen dann die beiden an die Kurve gezogenen Tangenten auf einander senkrecht.

(Aufg. 47.)

§. 91. Der Carnotsche Satz. Bezeichnen wir die Koordinaten von A mit (x_1, y_1), die von B mit (x_2, y_2) und sind γ, γ'

die Durchschnitte der Geraden AB mit dem Kegelschnitt:

$$U = ax^2 + 2bxy + cy^2 + 2dx + 2ey + f = 0;$$

nennen wir ferner, wie in §. 89, u_1 den Ausdruck $ax_1^2 + 2bx_1y_1 + \cdots + f$, u_2 den ähnlichen Ausdruck $ax_2^2 + 2bx_2y_2 + \cdots + f$ u. s. w., so sind $\frac{A\gamma}{B\gamma}$, $\frac{A\gamma'}{B\gamma'}$ die Wurzeln der quadratischen Gleichung (§. 89, 2):

$$(1)\quad u_1 - 2v\lambda + u_2\lambda^2 = 0,$$

wo v dieselbe Bedeutung hat wie am angeführten Orte. Es ist also:

$$(2)\quad \frac{A\gamma}{B\gamma} \cdot \frac{A\gamma'}{B\gamma'} = \frac{u_1}{u_2}.$$

Ist C ein dritter Punkt (x_3, y_3), und trifft BC die Kurve in α, α' und AC in β, β', so hat man ähnlich wie in (2):

$$(2^*)\quad \begin{cases} \dfrac{B\alpha}{C\alpha} \cdot \dfrac{B\alpha'}{C\alpha'} = \dfrac{u_2}{u_3}, \\[2ex] \dfrac{C\beta}{A\beta} \cdot \dfrac{C\beta'}{A\beta'} = \dfrac{u_3}{u_1}, \end{cases}$$

wo u_3 in derselben Weise aus x_3, y_3, wie u_1 aus x_1, y_1, zusammengesetzt ist; multipliziert man diese drei Gleichungen, so erhält man:

$$(3)\quad \frac{A\gamma}{B\gamma} \cdot \frac{A\gamma'}{B\gamma'} \cdot \frac{B\alpha}{C\alpha} \cdot \frac{B\alpha'}{C\alpha'} \cdot \frac{C\beta}{A\beta} \cdot \frac{C\beta'}{A\beta'} = 1.$$

Dieser Satz enthält eine Relation zwischen den Segmenten, welche die Durchschnittspunkte eines Kegelschnittes mit den Seiten eines Dreiecks auf letzteren bestimmen. Wenn man nachgewiesen hat (siehe weiter unten §. 98), dafs schon fünf Punkte einen Kegelschnitt bestimmen, so läfst sich leicht zeigen, dafs umgekehrt sechs Punkte α, α', β, β', γ, γ', welche der Gleichung (3) genügen, auf einem Kegelschnitt liegen.

Wenn man in (3) den Punkt C des Dreiecks ABC sich ins Unendliche entfernen läfst, so nähert sich das Verhältnis $C\beta . C\beta'$ zu $C\alpha . C\alpha'$ der Einheit, und man erhält, wenn AC und BC endlich parallel geworden sind:

$$\frac{A\gamma . A\gamma'}{A\beta . A\beta'} = \frac{B\gamma . B\gamma'}{B\alpha . B\alpha'}.$$

Dies ist ein besonderer Fall des Satzes §. 86. Andere spezielle Fälle, die sich aus (3) ableiten lassen, wenn von den Durchschnittspunkten α, α', u. s. w. einige zusammenfallen oder ins Unendliche rücken, übergehen wir.

Die Gleichung (3) läfst sich noch auf jedes geschlossene Vieleck verallgemeinern. Es seien z. B. A, B, C, D, E fünf Punkte, welche durch die Geraden AB, BC, CD, DE, EA verbunden sind, also die Ecken eines Fünfecks im allgemeineren Sinne. Sind $(x_1, y_1), (x_2, y_2), \ldots (x_5, y_5)$ die Koordinaten dieser Punkte, $u_1, u_2, \ldots u_5$ die diesen Punkten bezüglich zugehörigen, dem früheren entsprechend gebildeten Ausdrücke, $\alpha, \alpha'; \beta, \beta'; \ldots \varepsilon, \varepsilon'$ die Durchschnittspunkte der Kurve mit $AB, BC, \ldots EA$, so hat man:

$$\frac{A\alpha.A\alpha'}{B\alpha.B\alpha'}=\frac{u_1}{u_2},\quad \frac{B\beta.B\beta'}{C\beta.C\beta'}=\frac{u_2}{u_3},\quad \frac{C\gamma.C\gamma'}{D\gamma.D\gamma'}=\frac{u_3}{u_4},$$

$$\frac{D\delta.D\delta'}{E\delta.E\delta'}=\frac{u_4}{u_5},\quad \frac{E\varepsilon.E\varepsilon'}{A\varepsilon.A\varepsilon'}=\frac{u_5}{u_1},$$

woraus durch Multiplikation:

$$\text{(4)}\qquad \frac{A\alpha.A\alpha'.B\beta.B\beta'.C\gamma.C\gamma'.D\delta.D\delta'.E\varepsilon.E\varepsilon'}{B\alpha.B\alpha'.C\beta.C\beta'.D\gamma.D\gamma'.E\delta.E\delta'.A\varepsilon.A\varepsilon'}=1.$$

Die in (3) und (4) enthaltenen Sätze rühren von Carnot her.

§. 92. Polare eines Punktes. Behalten wir die Bezeichnungen der vorhergehenden Paragraphen bei, sind also A und B die Punkte $(x_1, y_1), (x_2, y_2)$, γ und γ' die Durchschnitte von AB mit der Kurve (Fig. 65), also $\frac{A\gamma}{B\gamma}, \frac{A\gamma'}{B\gamma'}$ die Wurzeln der Gleichung:

$$u_1-2v\lambda+u_2\lambda^2=0,$$

so werden die Punkte $A, B; \gamma, \gamma'$ zwei Paar konjugierter harmonischer Punkte sein, wenn $\frac{A\gamma}{B\gamma}+\frac{A\gamma'}{B\gamma'}=0$ (§. 74, Note). Nun ist aber die Summe der Wurzeln der vorliegenden quadratischen Gleichung gleich $2\frac{v}{u_2}$, also wird $\frac{A\gamma}{B\gamma}+\frac{A\gamma'}{B\gamma'}=0$ sein, wenn $v=0$ ist; mit anderen Worten: die Punkte $(x_1, y_1), (x_2, y_2)$ und die Durchschnittspunkte der durch sie gelegten Geraden mit der Kurve $U=0$ sind vier harmonische Punkte, wenn:

$$x_2(ax_1+by_1+d)+y_2(bx_1+cy_1+e)+dx_1+ey_1+f=0$$

ist, und umgekehrt, d. h. legt man durch (x_1, y_1) oder A eine Schar Transversalen und bestimmt auf jeder derselben zu den beiden Durchschnittspunkten mit der Kurve und

A den vierten, dem Punkte A konjugierten harmonischen Punkt (x, y), so genügen alle diese Punkte der Gleichung:

$$(1)\quad x(ax_1+by_1+d)+y(bx_1+cy_1+e)+dx_1+ey_1+f=0,$$

oder liegen auf einer Geraden L, und umgekehrt, jeder Punkt dieser Geraden ist vierter harmonischer zu A und den beiden Punkten der Kurve, die mit ihm und A in einer Geraden liegen.

Man nennt diese Gerade die Polare des Punktes (x_1, y_1) oder A in bezug auf den Kegelschnitt und A den Pol der Geraden (1) *). Da die Gleichung der Berührungssehne und der Tangente (§. 89) mit (1) genau übereinstimmt, so folgt daraus, dafs für einen äufseren Punkt, von dem aus Tangenten an die Kurve möglich sind, die Polare zugleich Berührungssehne ist, und dafs für einen Punkt der Kurve selbst die Tangente als Polare zu betrachten ist. Die Punkte der Kurve haben übrigens allein die Eigenschaft, dafs sie auf ihren Polaren liegen; soll dies nämlich der Fall sein, so müssen die Koordinaten x_1 und y_1 statt x und y in die Gleichung (1) gesetzt, dieselbe erfüllen, dadurch ergiebt sich:

$$ax_1^2+2bx_1y_1+cy_1^2+2dx_1+2ey_1+f=0,$$

d. h. der Punkt (x_1, y_1) liegt auf der Kurve U selbst.

Als spezielle Fälle sind folgende zu bemerken. Denkt man sich durch den Anfangspunkt eine Gerade gezogen:

$$(2)\quad my-lx=0,$$

auf welcher der Punkt (x_1, y_1) liegt, so ist natürlich $my_1-lx_1=0$, oder $\frac{y_1}{x_1}=\frac{l}{m}$. Dividiert man die Gleichung der Polaren (1) durch

*) Wenn der Kegelschnitt in ein System zweier geraden Linien degeneriert (§. 66), so kann man mit Rücksicht auf §. 76, Satz I., nach welchem ein harmonisches Strahlenbüschel durch jede Transversale in vier harmonischen Punkten durchschnitten wird, wenn man sich vorstellt, dafs die Transversale sich um einen beliebigen festen Punkt eines dieser Strahlen dreht, den konjugierten harmonischen Strahl ansehen als Ort der konjugierten harmonischen Punkte in Beziehung auf die Schnittpunkte mit dem zweiten Strahlenpaar, also als die Polare des festen Punktes in Beziehung auf den durch dieses Strahlenpaar dargestellten Kegelschnitt. Es gehen demnach die Polaren aller Punkte in Beziehung auf ein System zweier geraden Linien als Kegelschnitt durch den Schnittpunkt derselben, und man kann diesen Punkt als Pol irgend einer dritten geraden Linie auffassen.

x_1 und schreibt statt $\frac{y_1}{x_1}$ seinen Wert, so erhält man:

$$(3)\quad x\left(a+b\cdot\frac{l}{m}+\frac{d}{x_1}\right)+y\left(b+c\cdot\frac{l}{m}+\frac{e}{x_1}\right) \\ +d+e\cdot\frac{l}{m}+\frac{f}{x_1}=0.$$

Je weiter sich der Punkt (x_1, y_1) auf der Geraden (2) entfernt, desto kleinere Winkel werden die durch ihn gezogenen Strahlen mit dieser Geraden bilden, bis sie endlich als der Linie (2) parallel anzusehen sind. Da nun als vierter harmonischer Punkt zu den zwei Durchschnitten und dem unendlich entfernten Punkte die Mitte der beiden Durchschnitte anzusehen ist, so hat man hieraus den Satz:

Der Ort der Mitten paralleler Sehnen eines Kegelschnittes ist eine Gerade.

Man erhält die Gleichung derselben aus (3), wenn man x_1 unendlich annimmt; sind demnach die Sehnen der Geraden:

$$my-lx=0$$

parallel, so liegen ihre Mitten in der Geraden:

$$x\left(a+b\cdot\frac{l}{m}\right)+y\left(b+c\cdot\frac{l}{m}\right)+d+e\cdot\frac{l}{m}=0,$$

oder:

$$(4)\quad m(ax+by+d)+l(bx+cy+e)=0.$$

Bekanntlich heifst diese Gerade ein Durchmesser der Kurve; aus der Form der Gleichung (4) ist ersichtlich, dafs alle Durchmesser durch den Durchschnitt von:

$$(5)\quad \begin{cases} ax+by+d=0, \\ bx+cy+e=0 \end{cases}$$

gehen. Der Punkt, in welchem die Durchmesser sich schneiden, ist der Mittelpunkt der Kurve (§. 63). Wenn $\frac{a}{b}=\frac{b}{c}$ oder $ac-b^2=0$ (also im allgemeinen im Falle der Parabel), so sind die Geraden (5) parallel; man findet alsdann, wie schon früher gezeigt, dafs alle übrigen Durchmesser den Linien (5) ebenfalls parallel sind.

Anm. 1. Wollte man einen direkten Beweis dafür, dafs die Mitten paralleler Sehnen in einer Geraden liegen, so würde derselbe so geführt werden können: Jede Gerade, welche (2) oder $y = \frac{l}{m} x$ parallel ist, hat eine Gleichung von der Form $y = \frac{l}{m} x + q$. Die Abscissen x_1, x_2 ihrer Durchschnitte mit dem Kegelschnitt:

$$ax^2 + 2bxy + cy^2 + 2dx + 2ey + f = 0$$

ergeben sich als Wurzeln der quadratischen Gleichung:

$$ax^2 + 2bx\left(\frac{l}{m} x + q\right) + c\left(\frac{l}{m} x + q\right)^2$$
$$+ 2dx + 2e\left(\frac{l}{m} x + q\right) + f = 0,$$

oder:

$$x^2\left(a + 2b\frac{l}{m} + c\frac{l^2}{m^2}\right) + 2x\left(bq + cq\frac{l}{m} + d + e\frac{l}{m}\right)$$
$$+ cq^2 + 2eq + f = 0,$$

also nach einigen Reduktionen:

$$x_1 + x_2 = -2\frac{q(bm + cl) + md + el}{am^2 + 2blm + cl^2} \cdot m.$$

Sind x und y die Koordinaten der Mitte der beiden Durchschnittspunkte, so müssen sie die Gleichung der Geraden befriedigen, auf welcher die Durchschnittspunkte liegen, also:

$$y = \frac{l}{m} x + q;$$

und aufserdem mufs sein:

$$x = -\frac{q(bm + cl) + md + el}{am^2 + 2blm + cl^2} \cdot m.$$

Eliminiert man aus diesen Gleichungen q, so erhält man:

$$(am^2 + 2blm + cl^2)x + m\left(y - \frac{l}{m} x\right)(bm + cl) + m(md + el) = 0,$$

eine Gleichung, die nach einer einfachen Reduktion auf (4) zurückkommt.

Anm. 2. In bezug auf die Ellipse oder Hyperbel:

$$\frac{x^2}{p^2} + \frac{y^2}{p^2 - e^2} - 1 = 0$$

wird die Gleichung der Polaren des Punktes (x', y'):

$$\frac{xx'}{p^2} + \frac{yy'}{p^2 - e^2} - 1 = 0;$$

dieselbe bestimmt auf den Axen die Stücke $\frac{p^2}{x'}$, $\frac{p^2-e^2}{y'}$; für den Mittelpunkt $x'=0$, $y'=0$ werden dieselben unendlich grofs; also ist die Polare des Mittelpunktes unendlich entfernt. Für einen Brennpunkt ist $y'=0$, $x'=e$, also $x=\frac{p^2}{e}$ die Gleichung der Polaren, welche nichts anderes ist, als die zu jenem Brennpunkte gehörende Direktrix (§. 49).

§. 93. **Pol einer Geraden.** Umgekehrt läfst sich zu jeder Geraden:

$$(1)\quad lx+my+n=0$$

ein Punkt A finden, welcher der Pol derselben in bezug auf den Kegelschnitt ist. Vergleicht man die Gleichung (1) mit der Gleichung (1) des §. 92, so sieht man, dafs es darauf ankommt, zwei Gröfsen x_1, y_1 so zu bestimmen, dafs die Gröfsen l, m, n den Ausdrücken:

$$ax_1+by_1+d,\quad bx_1+cy_1+e,\quad dx_1+ey_1+f,$$

nicht gleich, aber proportional werden, d. h. es mufs:

$$\frac{l}{ax_1+by_1+d}=\frac{m}{bx_1+cy_1+e}=\frac{n}{dx_1+ey_1+f}$$

sein. Um aus dieser Doppelgleichung x_1, y_1 zu finden, sei λ der Wert der drei gleichen Brüche, also $l=\lambda(ax_1+by_1+d)$ u. s. w. oder:

$$(2)\quad \begin{cases} l=a.\lambda x_1+b.\lambda y_1+d.\lambda, \\ m=b.\lambda x_1+c.\lambda y_1+e.\lambda, \\ n=d.\lambda x_1+e.\lambda y_1+f.\lambda, \end{cases}$$

woraus:

$$(3)\quad \begin{cases} \lambda x_1=\frac{1}{\Delta}[l(cf-e^2)+m(ed-fb)+n(be-cd)], \\ \lambda y_1=\frac{1}{\Delta}[l(ed-fb)+m(af-d^2)+n(bd-ae)], \\ \lambda=\frac{1}{\Delta}[l(be-cd)+m(bd-ae)+n(ac-b^2)], \end{cases}$$

wo:

$$\Delta=acf-ae^2-cd^2-fb^2+2bde,$$

und:

$$(4)\quad \begin{cases} x_1 = \dfrac{l(cf-e^2)+m(ed-fb)+n(be-cd)}{l(be-cd)+m(bd-ae)+n(ac-b^2)}, \\[2ex] y_1 = \dfrac{l(ed-fb)+m(af-d^2)+n(bd-ae)}{l(be-cd)+m(bd-ae)+n(ac-b^2)}. \end{cases}$$

Ist Δ von Null verschieden, — ein Fall, den wir hier, um nicht zu weitläufig zu werden, ausschliefslich betrachten wollen, — also $U=0$ nicht in Faktoren des ersten Grades zerlegbar, sondern die Gleichung einer (reellen oder imaginären) Kurve des zweiten Grades, so sind die in (3) gefundenen Werte von λx_1, λy_1 und λ endlich. Die Werte von x_1, y_1 selbst werden aber unendlich, wenn:

$$l(be-cd)+m(bd-ae)+n(ac-b^2)=0$$

ist. Da aber für den Fall, dafs $ac-b^2 \lesseqgtr 0$, $\dfrac{be-cd}{ac-b^2}=\xi$, $\dfrac{bd-ae}{ac-b^2}=\eta$ die Koordinaten des Mittelpunktes der Kurve sind, so drückt die vorhergehende Gleichung oder $l\xi+m\eta+n=0$ aus, dafs die Gerade $lx+my+n=0$ durch den Mittelpunkt der Kurve geht. Jede Gerade hat also in bezug auf eine Kurve zweiter Ordnung einen Pol, der ins Unendliche fällt, wenn die Gerade durch den Mittelpunkt geht. Für den Fall der Parabel, oder $ac-b^2=0$, ergiebt sich ein unendlich entfernter Pol, wenn die Gerade der Axe parallel ist.

Die oben ausgeführten Rechnungen ergeben auch die Bedingungsgleichung, welche erfüllt sein mufs, damit $lx+my+n=0$ eine Tangente der Kurve $U=0$ sei. Offenbar müssen dann die durch die Gleichungen (4) dargestellten Koordinaten des Pols dieser Geraden der Gleichung:

$$ax_1^2+2bx_1y_1+cy_1^2+2dx_1+2ey_1+f=0,$$

oder:

$$x_1(ax_1+by_1+d)+y_1(bx_1+cy_1+e)+dx_1+ey_1+f=0$$

genügen. Diese Gleichung verwandelt sich nach (2) in:

$$x_1\frac{l}{\lambda}+y_1\frac{m}{\lambda}+\frac{n}{\lambda}=0, \quad \text{oder:} \quad lx_1+my_1+n=0,$$

d. h. der Pol der Geraden mufs in dieser selbst liegen. Substituiert man in diese Gleichung die Werte aus (4) und schafft den Nenner fort, so ergiebt sich:

$$(5)\quad l^2(cf-e^2)+m^2(af-d^2)+n^2(ac-b^2)$$
$$+2mn(bd-ae)+2ln(be-cd)+2lm(ed-fb)=0.$$

Umgekehrt läfst sich leicht nachweisen, dafs jede Gerade $lx+my+n=0$, für welche die Konstanten l, m, n der vorhergehenden Gleichung genügen, eine Tangente des Kegelschnittes ist, weil ihr durch (4) bestimmter Pol in der Geraden selbst liegt.

§. 94. **Polaren verschiedener Punkte einer Geraden.** Der Umstand, dafs in der Gleichung der Polaren des Punktes A oder (x', y'):

$$(1)\quad x(ax'+by'+d)+y(bx'+cy'+e)+dx'+ey'+f=0,$$

oder, wenn man die Glieder nach x' und y' ordnet:

$$x'(ax+by+d)+y'(bx+cy+e)+dx+ey+f=0,$$

die laufenden Koordinaten x, y und die des Punktes x', y' vertauscht werden können, ohne dafs die Gleichung selbst sich ändert, führt zu einer Reihe sehr merkwürdiger Sätze.

Es sei (x'', y'') ein zweiter Punkt B, dessen Polare also:

$$(2)\quad x(ax''+by''+d)+y(bx''+cy''+e)+dx''+ey''+f=0;$$

liegt B auf der Polaren von A, so mufs zufolge (1) sein:

$$x''(ax'+by'+d)+y''(bx'+cy'+e)+dx'+ey'+f=0,$$

welche Gleichung auch:

$$x'(ax''+by''+d)+y'(bx''+cy''+e)+dx''+ey''+f=0$$

geschrieben werden kann; dies ist aber gleichzeitig die Bedingung dafür, dafs (x', y') auf der Polaren von (x'', y'') liegt, d. h.:

I. **Liegt ein Punkt B auf der Polaren eines anderen Punktes A, so liegt auch A auf der Polaren von B.**

Denkt man sich eine beliebige Gerade G und ihren Pol A, so liegt also irgend ein Punkt B dieser Geraden auf der Polaren von A, und die Polare von B mufs durch A gehen; also:

II. **Die Polaren aller Punkte einer Geraden G schneiden sich in einem einzigen Punkte A, dem Pole dieser Geraden.** (Vergl. §§. 39 und 53.)

Sind (x', y'), (x'', y'') zwei Punkte B, B', so sind die Koordinaten irgend eines dritten Punktes B'', der mit ihnen in einer Geraden liegt, $\frac{x'-\lambda x''}{1-\lambda}$. $\frac{y'-\lambda y''}{1-\lambda}$, wo $\lambda=\frac{B''B}{B''B'}$. Die Polare von B'' ist:

$$x\left(a\cdot\frac{x'-\lambda x''}{1-\lambda}+b\cdot\frac{y'-\lambda y''}{1-\lambda}+d\right)$$
$$+y\left(b\cdot\frac{x'-\lambda x''}{1-\lambda}+c\cdot\frac{y'-\lambda y''}{1-\lambda}+e\right)$$
$$+d\cdot\frac{x'-\lambda x''}{1-\lambda}+e\cdot\frac{y'-\lambda y''}{1-\lambda}+f=0,$$

oder, wenn der Nenner $1-\lambda$ fortgeschafft und geordnet wird:

$$(3)\quad x(ax'+by'+d)+y(bx'+cy'+e)+dx'+ey'+f$$
$$-\lambda\{x(ax''+by''+d)+y(bx''+cy''+e)+dx''+ey''+f\}=0.$$

Nennen wir die Gleichungen der Polaren von (x', y') und (x'', y''), nämlich die Gleichungen (1) und (2), der Kürze halber $p'=0$ und $p''=0$, so ist demnach die Polare von $\left(\frac{x'-\lambda x''}{1-\lambda}, \frac{y'-\lambda y''}{1-\lambda}\right)$ gleich $p'-\lambda p''=0$; sie geht also durch den Durchschnitt der beiden ersten. Für irgend einen vierten Punkt B''' mit den Koordinaten $\left(\frac{x'-\mu x''}{1-\mu}, \frac{y'-\mu y''}{1-\mu}\right)$ ist die Polare $p'-\mu p''=0$. Nach §. 75 ist nunmehr $\lambda:\mu=\frac{\beta''\beta}{\beta''\beta'}:\frac{\beta'''\beta}{\beta'''\beta'}$, wenn β, β', β'', β''' die Durchschnitte irgend einer Geraden mit den Geraden $p'=0$, $p''=0$, $p'-\lambda p''=0$, $p'-\mu p''=0$ bedeuten; wir können also den Satz II. vervollständigen und sagen:

III. Sind B, B', B'', B''' Punkte einer Geraden G, so gehen ihre Polaren durch einen und denselben Punkt A (den Pol dieser Geraden), und treffen jede Transversale in Punkten β, β', β'', β''', so dafs:

$$\frac{B''B}{B''B'}:\frac{B'''B}{B'''B'}=\frac{\beta''\beta}{\beta''\beta'}:\frac{\beta'''\beta}{\beta'''\beta'}.$$

Sind demnach B, B', B'', B''' vier harmonische Punkte, so bilden ihre Polaren ein harmonisches Strahlenbüschel.

§. 95. **Pole verschiedener durch einen Punkt gehenden Geraden.** Wenn man in den Ausdrücken für die Koordinaten des zu der geraden Linie:

$$p=lx+my+n=0$$

in Beziehung auf den Kegelschnitt U gehörigen Pols (§. 93, Form. 4) der Kürze wegen statt der Zähler und des Nenners bezüglich die Buchstaben L, M und N einführt, so dafs also:

$$(1)\quad \begin{cases} L = l(cf-e^2)+m(ed-fb)+n(be-cd), \\ M = m(af-d^2)+n(bd-ae)+l(ed-fb), \\ N = n(ac-b^2)+l(be-cd)+m(bd-ae), \end{cases}$$

so werden die Koordinaten des Pols der Linie $p=0$:

$$(2)\quad x_1 = \frac{L}{N}, \quad y_1 = \frac{M}{N};$$

ebenso gehört zu einer zweiten geraden Linie:

$$p_1 = l_1 x + m_1 y + n_1 = 0$$

als Pol der Punkt, dessen Koordinaten:

$$(3)\quad x_2 = \frac{L_1}{N_1}, \quad y_2 = \frac{M_1}{N_1},$$

wo L_1, M_1, N_1 bezüglich die Werte bedeuten von L, M, N, wenn man in ihren Ausdrücken (1) l, m, n der Reihe nach durch l_1, m_1, n_1 ersetzt.

Nun ist:

$$l_1 L + m_1 M + n_1 N = l L_1 + m M_1 + n N_1;$$

im besonderen also sind beide Seiten dieser Gleichung gleichzeitig Null, d. h. wenn der Pol von p auf der Geraden p_1 liegt, so liegt auch der Pol von p_1 auf der Geraden p und umgekehrt, also:

I. Geht eine gerade Linie G durch den Pol einer anderen geraden Linie G_1, so geht auch G_1 durch den Pol von G.

Es sei jetzt durch den Durchschnitt von p und p_1 beliebig die gerade Linie:

$$p_2 = p - \lambda p_1 = (l-\lambda l_1)x + (m-\lambda m_1)y + n - \lambda n_1 = 0$$

gezogen, so ergeben sich die Werte der Koordinaten des Pols (x_3, y_3) derselben in Beziehung auf den Kegelschnitt U aus den Gleichungen (2), indem man in den Ausdrücken für L, M, N (1) die Koeffizienten l, m, n bezüglich durch $l-\lambda l_1$, $m-\lambda m_1$, $n-\lambda n_1$, d. h. diese Gröfsen selbst durch $L-\lambda L_1$, $M-\lambda M_1$, $N-\lambda N_1$ ersetzt, also:

$$(4)\quad x_3 = \frac{L-\lambda L_1}{N-\lambda N_1}, \quad y_3 = \frac{M-\lambda M_1}{N-\lambda N_1};$$

wenn man in diesen Ausdrücken von x_3 und y_3 Zähler und Nenner durch N dividiert und kurz:

$$(5)\quad \lambda' = \frac{\lambda N_1}{N}, \text{ d. h. } = \frac{\lambda\{n_1(ac-b^2)+l_1(be-cd)+m_1(bd-ae)\}}{n(ac-b^2)+l(be-cd)+m(bd-ae)}$$

setzt, so werden dieselben:

$$(6)\quad x_3 = \frac{x_1 - \lambda' x_2}{1-\lambda'}, \quad y_3 = \frac{y_1 - \lambda' y_2}{1-\lambda'},$$

welche Gleichungen zeigen (§. 69), dafs (x_3, y_3), der Pol von p_2, auf derselben geraden Linie liegt mit den Punkten (x_1, y_1) und (x_2, y_2), d. h. den Polen von p und p_1, also:

II. Die Pole aller durch einen und denselben Punkt gehenden Geraden liegen auf einer geraden Linie.

Anm. Wenn der Koeffizient λ immer kleiner wird, d. h. die Gerade p_2, sich um den Durchschnitt von p und p_1 drehend, unabhängig von dem Sinne der Drehung, der Linie p immer näher kommt, so nähert sich auch der Pol (x_3, y_3), weil λ' zugleich mit λ abnimmt, immer mehr dem Punkte (x_1, y_1), und umgekehrt, wenn von drei auf einer geraden Linie liegenden Punkten zwei unendlich nahe beisammen liegen, so unterscheiden sich von ihren drei Polaren die den beiden letzteren zugehörigen unendlich wenig in ihrer Richtung.

Nimmt man eine vierte Gerade durch den Durchschnitt von p und p_1 an, nämlich:

$$p_3 = p - \mu p_1 = 0,$$

so wird der Pol derselben:

$$x_4 = \frac{x_1 - \mu' x_2}{1-\mu'}, \quad y_4 = \frac{y_1 - \mu' y_2}{1-\mu'}, \quad \text{wo} \quad \mu' = \frac{\mu N_1}{N},$$

und es ergiebt sich:

$$\frac{\mu'}{\lambda'} = \frac{\mu}{\lambda},$$

also:

III. Wenn $\beta, \beta', \beta'', \beta'''$ die Durchschnittspunkte sind einer Transversalen mit vier durch einen und denselben Punkt A gehenden Geraden, so liegen die Pole dieser Geraden, nämlich B, B', B'', B''', auf einer geraden Linie (der Polaren des Punktes A), und es ist:

$$\frac{B''B}{B''B'} : \frac{B'''B}{B'''B'} = \frac{\beta''\beta}{\beta''\beta'} : \frac{\beta'''\beta}{\beta'''\beta'}.$$

Bilden demnach $A\beta, A\beta', A\beta'', A\beta'''$ ein harmonisches Strahlenbüschel, so sind ihre Pole vier harmonische Punkte.

§. 96. **Theorie der reziproken Polaren. Anwendung auf die Kegelschnitte.** Wenn man zu jedem Punkte die zugehörige Polare und zu jeder Geraden den zugehörigen Pol konstruiert, so kann man, mit Rücksicht auf die in den beiden letzten Paragraphen entwickelten gegenseitigen Beziehungen von Pol und Polare eines Kegelschnitts, zu einem beliebig gegebenen System von Punkten P und Geraden G ein zweites System von Geraden G' und Punkten P' herstellen, so dafs jeden drei oder mehreren Punkten P, welche in einer geraden Linie liegen, in gleicher Anzahl Geraden G' entsprechen, welche durch einen und denselben Punkt gehen (§. 94, II.), und dafs umgekehrt jeden drei oder mehreren Geraden G, welche sich in demselben Punkte durchschneiden, in gleicher Anzahl Punkte P' entsprechen, welche derselben geraden Linie angehören (§. 95, II.).

Man nennt von zwei solchen zusammengehörigen Systemen das eine das **reziproke polare System** des anderen und die Theorie, vermöge deren man gewisse, und zwar vorzugsweise Situationseigenschaften, des einen Systems in bestimmten Modifikationen auf das andere übertragen kann, die **Theorie der reziproken Polaren.**

Das erste System sei eine beliebige geradlinige Figur F, so ist die reziproke polare Figur F' eine geradlinige Figur von gleichviel Ecken und Seiten, weil jeder Ecke oder Seite der einen eine Seite oder Ecke der anderen entspricht. Als einfaches Beispiel zweier solchen reziproken polaren Figuren können etwa ein einem Kegelschnitt umschriebenes Vieleck V und dasjenige eingeschriebene Vieleck V' dienen, dessen auf einander folgende Ecken die Berührungspunkte der auf einander folgenden Seiten des ersteren sind; denn nach §. 92 ist jede Berührungssehne (Seite von V') die Polare des Durchschnittspunktes der zugehörigen Tangenten (Ecke von V) und der Berührungspunkt (Ecke von V') jeder Tangente (Seite von V) als deren Pol anzusehen.

Werden die geradlinigen Bestandteile des Umfanges L der ersten Figur F immer zahlreicher und kürzer, so dafs L mehr und mehr in einen kontinuierlichen, krummlinigen Zug, auf welchen Fall wir uns hier beschränken, übergeht, so nähern sich auch notwendig die Eckpunkte der Figur F' immer mehr; denn weil jede gerade Linie a durch irgend zwei auf einander folgende geradlinige Elemente β und β_1 von L in Punkten durchschnitten wird, welche immer näher zusammenrücken, so findet (§. 95, Anm. zu II.)

dasselbe für die geraden Linien B und B_1 statt, welche von dem Pole der Geraden a aus durch die Pole von β und β_1 gezogen werden, d. h. es rücken auch die Eckpunkte von F', — aufser dieselben fallen ins Unendliche, — einander fortdauernd näher.

Geht endlich der Umfang der einen Figur vollständig in ihren Grenzfall, eine krumme Linie C, über, so wird auch der Umfang der zweiten Figur eine Kurve C', und zwar entspricht jedem Punkte der einen eine Tangente der zweiten und umgekehrt. Während man aber die eine dieser beiden Kurven definieren kann als erzeugt durch die Bewegung eines Punktes, welcher fortwährend seine Richtung verändert, so hat man die andere zu betrachten als abgegrenzt durch die Drehung einer geraden Linie (einer Tangente), welche fortdauernd ihren Drehungsmittelpunkt verändert. Diese Erzeugungsweise krummer Linien durch die Bewegung einer Tangente ist in der allgemeinen Theorie der Kurven von derselben Bedeutung als die Entstehung dieser Linien durch die Bewegung eines Punktes.

Aus der gegenseitigen Beziehung zweier reziproken polaren Kurven geht hervor, dafs die Anzahl der Durchschnittspunkte, welche eine beliebige Transversale G mit der einen ergiebt, im allgemeinen gleich ist der Anzahl der Tangenten, welche man von einem Punkte P (dem Pol von G) an die zweite legen kann, und umgekehrt. Wenn also die eine Kurve ein Kegelschnitt ist, d. h. wenn sich an dieselbe (§. 89) von jedem Punkte aus zwei reelle oder ideale Tangenten legen lassen, so ergiebt die reziproke polare Kurve mit jeder Transversale zwei reelle oder imaginäre Durchschnittspunkte, d. h. diese Kurve ist vom zweiten Grade, also ebenfalls ein Kegelschnitt.

Es sei K der Kegelschnitt, in Beziehung auf welchen zu einem zweiten Kegelschnitt C die reziproke polare Kurve C' gesucht wird, so ergiebt sich, wenn wir den Fall, wo der Hilfskegelschnitt K eine Parabel ist, der Kürze wegen ausschliefsen, weil nach §. 93 zu jeder durch den Mittelpunkt von K gelegten Geraden der Pol im Unendlichen liegt, dafs, jenachdem sich von diesem Mittelpunkte aus zwei reelle, zwei ideale (d. h. keine) oder zwei zusammenfallende (d. h. eine einzige) Tangenten an C legen lassen, von dem Kegelschnitt C' in zwei verschiedenen Richtungen, in keiner oder in einer einzigen Richtung ein Punkt im Unendlichen liegt; also:

Jenachdem der Mittelpunkt des Hilfskegelschnitts K aufserhalb, innerhalb, oder auf dem Kegelschnitt C

liegt, ist der Polarkegelschnitt C' eine Hyperbel, eine Ellipse oder eine Parabel.

Anm. Zu beachten ist noch, dafs die Berührungspunkte der gemeinschaftlichen Tangenten der Kegelschnitte C und K auf K zugleich Punkte von C' sind, woraus sich ergiebt, dafs C' den Kegelschnitt K in vier, oder in zwei Punkten, oder gar nicht durchschneidet, jenachdem die Kegelschnitte C und K vier, oder zwei, oder gar keine gemeinschaftlichen Tangenten haben; fallen von den gemeinschaftlichen Tangenten zwei zusammen, so fallen von den Schnittpunkten von K und C' zwei als unendlich nahe liegend (§. 95, Anm. zu II.) zusammen, d. h. auch die beiden Kegelschnitte K und C' haben eine Tangente gemeinschaftlich.

§. 97. Beispiel zweier Kreise. Die analytische Lösung der allgemeinen Aufgabe, zu einem gegebenen Kegelschnitt C in Beziehung auf einen zweiten gegebenen Hilfskegelschnitt K den Polarkegelschnitt C' zu finden, wenn man den ersteren als Grenzkurve seiner Tangenten, den letzteren also als Ort seiner Punkte betrachtet, bietet mit Rücksicht auf die bereits dargestellten Gleichungen (§. 93, Form. 4 und 5), welche dabei in Anwendung kommen, abgesehen von der weitläufigen Rechnung, keine besondere Schwierigkeit dar. Wenn man eine beliebige gerade Linie:

$$(1)\quad lx+my+n=0$$

als Tangente an dem Kegelschnitt C herumführt, so beschreibt gleichzeitig ihr Pol in Beziehung auf K den gesuchten Polarkegelschnitt C': man erhält demnach die Gleichung desselben, wenn man aus der Bedingungsgleichung, dafs die Linie (1) Tangente von C ist (§. 93, Form. 5), und den Gleichungen ihres Pols in Beziehung auf K (§. 93, Form. 4) die Koeffizienten l, m, n, durch welche die Lage von (1) spezialisiert wird, eliminiert. In der Ausführung wollen wir uns hier auf den Fall beschränken, wo C und K Kreise sind, die Gleichungen derselben seien für rechtwinklige Koordinaten:

$$C = x^2+y^2-a^2 = 0,$$
$$K = (x-\alpha)^2+(y-\beta)^2-r^2 = 0,$$

so werden die Gleichungen (5) und (4) aus §. 93 mit den durch unseren besonderen Fall bedingten Modifikationen:

$$(2)\quad a^2(l^2+m^2) = n^2,$$

und:

$$(3)\quad \begin{cases} x_1 = \dfrac{(\alpha^2-r^2)l+\alpha\beta m+\alpha n}{\alpha l+\beta m+n} = \alpha - \dfrac{r^2 l}{\alpha l+\beta m+n}, \\ y_1 = \dfrac{\alpha\beta l+(\beta^2-r^2)m+\beta n}{\alpha l+\beta m+n} = \beta - \dfrac{r^2 m}{\alpha l+\beta m+n}; \end{cases}$$

die letzten beiden Gleichungen lassen sich, wenn man:

$$(4)\quad x_1-\alpha=x_2,\quad y_1-\beta=y_2 \quad \text{und:} \quad \frac{r^2}{\alpha l+\beta m+n}=\delta$$

einführt, ersetzen durch:

$$x_2+\delta l=0 \quad \text{und} \quad y_2+\delta m=0,$$

woraus sich mit Berücksichtigung des Wertes von δ ergiebt:

$$l:m:n=x_2:y_2:-(\alpha x_2+\beta y_2+r^2);$$

diese Werte in die Gleichung (2) eingesetzt, ergiebt sich als die Gleichung des Polarkegelschnitts:

$$C'=a^2(x_2^2+y_2^2)-(\alpha x_2+\beta y_2+r^2)^2=0.$$

In dieser Gleichung kann man x_2 und y_2 ansehen als neue, den anfänglichen Koordinaten x und y parallel gelegte Koordinaten, deren Anfangspunkt der Mittelpunkt k des Hilfskreises K ist, wie aus den Gleichungen (4) hervorgeht: alsdann ist $x_2^2+y_2^2$ das Quadrat des Abstandes d eines beliebigen Punktes P_2 der Polarkurve von k (Fig. 66) und $(\alpha x_2+\beta y_2+r^2)^2$ nach §. 23, Form. 7, abgesehen von dem Faktor $\dfrac{1}{\alpha^2+\beta^2}=\dfrac{1}{c^2}$, wo c die Centrale der beiden Kreise K und C bedeutet, das Quadrat des Lotes p vom Punkte P_2 auf die gerade Linie:

$$(5)\quad \alpha x_2+\beta y_2+r^2=0.$$

Es ist also der Polarkegelschnitt C' definiert durch die Gleichung:

$$(6)\quad \frac{d^2}{p^2}=\frac{c^2}{a^2}, \quad \text{oder:} \quad \frac{d}{p}=\pm\frac{c}{a},$$

d. h. dieser Kegelschnitt ist (§. 49) Ellipse, Hyperbel oder Parabel, jenachdem $\dfrac{c}{a}$ größer, kleiner oder gleich Eins ist, also die Centrale der gegebenen Kreise C und K größer, kleiner oder ebenso groß ist als der Radius des Kreises C, oder was dasselbe ist, jenachdem der Mittelpunkt des Hilfskreises außerhalb, innerhalb oder auf der Peripherie des Kreises C

liegt, was mit dem Schlufsresultat des vorigen Paragraphen übereinkommt.

In allen Fällen ist k, der Mittelpunkt des Hilfskreises K, ein Brennpunkt des Polarkegelschnitts C', weil durch die Gleichung (6) ausgedrückt wird, dafs die Abstände eines beliebigen Punktes P_2 dieses Kegelschnittes von dem Punkte k und der geraden Linie (5) ein konstantes Verhältnis haben (§. 49); ferner geht aus der Gleichung der Geraden (5), d. h. der zu k gehörigen Leitlinie, hervor, dafs dieselbe die Polare ist des Mittelpunktes von C in Beziehung auf den Hilfskreis K (vgl. §. 104). Die Konstruktion des Kegelschnitts C' macht darum keine Schwierigkeit. Wenn die beiden Kreise C und K gemeinschaftliche Tangenten zulassen, so sind ebenso viele Punkte von C' von vornherein angebbar (§. 96, Anm.).

Wir werden im folgenden Kapitel noch wiederholentlich Gelegenheit zur Anwendung der Theorie der reziproken Polaren finden.

Elftes Kapitel.

Kombination zweier und mehrerer Kegelschnitte.

§. 98. Bestimmung des Kegelschnittes durch fünf Punkte. Die allgemeine Gleichung eines Kegelschnitts:

$$U = ax^2 + 2bxy + cy^2 + 2dx + 2ey + f = 0$$

enthält sechs Konstanten, welche sich durch Division mit einer derselben, z. B. mit f, und Einführung neuer Konstanten an Stelle der Quotienten $\frac{a}{f}, \frac{b}{f}, \ldots$ auf fünf zurückführen lassen: hieraus folgt, dafs ein Kegelschnitt im allgemeinen durch fünf von einander unabhängige Bedingungen, z. B. durch fünf beliebige Punkte, welche er enthalten soll, bestimmt ist.

Um die Gleichung des durch fünf gegebene Punkte gehenden Kegelschnitts zu finden, hat man etwa die Koordinaten dieser Punkte der Reihe nach an die Stelle von x und y in die Gleichung $U = 0$ einzusetzen, und aus den sich dadurch ergebenden fünf Gleichungen die Verhältnisse der zu bestimmenden

Konstanten $a:b:c:d:e:f$ abzuleiten. Diese Gleichungen führen als Gleichungen ersten Grades im allgemeinen zu bestimmten endlichen, reellen Werten dieser Verhältnisse, und demgemäfs ist auch der sich ergebende Kegelschnitt, wenn man als solchen auch das System zweier geraden Linien ansieht, abgesehen von einzelnen Ausnahmefällen, von denen alsbald die Rede sein wird, vollständig bestimmt.

Eine zweite, zu einem übersichtlicheren Resultat führende Methode, die Gleichung des gesuchten Kegelschnittes herzuleiten, besteht darin, dafs man erst vier von den gegebenen fünf Punkten als Eckpunkte eines Vierecks durch gerade Linien verbindet: diese Punkte seien A, B, C, D und vier ihrer Verbindungslinien AB, BC, CD, DA der Reihe nach ausgedrückt durch die Gleichungen:

$$(1)\quad \begin{cases} p = lx + my + n = 0, \\ q = l_1x + m_1y + n_1 = 0, \\ r = l_2x + m_2y + n_2 = 0, \\ s = l_3x + m_3y + n_3 = 0; \end{cases}$$

so ist:

$$(2)\quad pr + \lambda qs = 0$$

die Gleichung eines Kegelschnitts, welcher durch die vier Punkte A, B, C, D hindurchgeht: denn diese Gleichung ist erstens vom zweiten Grade in Beziehung auf x und y, d. h. einem Kegelschnitt angehörend, zweitens wird sie durch die Wertepaare $p = q = 0$, $q = r = 0$, $r = s = 0$, $s = p = 0$ erfüllt, also geht der durch die Gleichung (2) dargestellte Kegelschnitt durch die Durchschnittspunkte A, B, C, D der Linienpaare (1). Nunmehr läfst sich die noch willkürliche Konstante λ dadurch leicht bestimmen, dafs man in die linearen Ausdrücke p, q, r, s die Koordinatenwerte des fünften Punktes E des gesuchten Kegelschnitts einsetzt. Diese Bestimmung von λ ist nicht ausführbar, einmal wenn die vier Gleichungen (1), abgesehen von konstanten Faktoren, identisch werden, d. h. die vier Punkte A, B, C, D in einer geraden Linie liegen; zweitens wenn von den Punkten A, B, C, D irgend drei, z. B. A, B, C, zugleich mit E auf einer geraden Linie liegen, weil dann durch Einsetzen der Koordinaten von E die Ausdrücke von p und q, welche den Verbindungslinien AB und BC zugehören, verschwinden; in beiden Fällen erhält der Wert von λ aus Gleichung (2) die unbestimmte Form $\frac{0}{0}$, so dafs also der Kegelschnitt durch fünf gegebene Punkte unbestimmt bleibt, wenn mehr als drei derselben auf einer geraden Linie liegen.

Ist der zu suchende Kegelschnitt seiner Form oder Lage nach irgend welchen Beschränkungen unterworfen, d. h. sind eine oder mehrere Gleichungen zwischen seinen Konstanten von vornherein zu erfüllen, so verringert sich die Anzahl der zu seiner Bestimmung erforderlichen Punkte um einen oder mehrere; z. B. erfordert eine Parabel (d. h. wenn $ac-b^2=0$ ist (§. 67)) zu ihrer Bestimmung nur vier Punkte, ein Kreis (d. h. wenn $a=c$ und $b=a\cos\varphi$ ist (§. 65, Form. 16)) nur drei Punkte, ein Kegelschnitt, von welchem die Axenrichtung und der Mittelpunkt bekannt sind, d. h. in dessen Gleichung unter der Annahme konjugierter Durchmesser als Koordinatenaxen die Koeffizienten der Glieder mit xy, x und y verschwinden (§. 61), nur zwei Punkte.

Anstatt gegebener Punkte, durch welche ein Kegelschnitt bestimmt werden kann, können auch gerade Linien eintreten, welche als Tangenten des Kegelschnitts zu seiner Bestimmung dienen, und aus der Theorie der reziproken Polaren ergiebt sich, dafs, sowie fünf Punkte hinreichend sind zur Bestimmung eines durch sie zu legenden Kegelschnitts, auch fünf gerade Linien im allgemeinen nur einem einzigen Kegelschnitt als Tangenten zugehören (vgl. §. 105).

§. 99. **Kegelschnitte durch vier Punkte, Ort der Mittelpunkte derselben, Verallgemeinerung.** Weil durch fünf Punkte, von denen nicht mehr als drei auf einer geraden Linie liegen, nur ein einziger Kegelschnitt möglich ist, so ergiebt sich die Gleichung:

$$(1)\quad pr+\lambda qs=0,$$

in welcher p, q, r, s durch die Gleichungen (1) des vorigen Paragraphen definiert werden und λ ein beliebiger konstanter Faktor ist, als die allgemeinste Gleichung der durch die vier Punkte A oder $p=q=0$, B oder $q=r=0$, C oder $r=s=0$, D oder $s=p=0$ gehenden Kegelschnitte. Es kann darum unter der Annahme veränderlicher Werte von λ die Gleichung (1) angesehen werden als die Gleichung aller durch die vier Punkte A, B, C, D zu legenden Kegelschnitte, in der Weise, dafs jedem besonderen Werte von λ ein besonderer Kegelschnitt des Systems entspricht.

Die allen Kegelschnitten des Systems gemeinschaftlichen Punkte sind hierbei aufgefafst als die Durchschnittspunkte der beiden Linienpaare $p=0$, $r=0$ und $q=0$, $s=0$; man kann diese

Linienpaare ersetzen durch irgend zwei die Punkte A, B, C, D enthaltenden Kegelschnitte:

$$(2)\quad \begin{cases} U = ax^2+2bxy+cy^2+2dx+2ey+f = 0, \\ U' = a'x^2+2b'xy+c'y^2+2d'x+2e'y+f' = 0, \end{cases}$$

und erhält dann das System der durch dieselben vier Punkte gelegten Kegelschnitte dargestellt durch die Gleichung:

$$(3)\quad U+\lambda U' = 0,$$

wo λ wieder einen Faktor bedeutet, welcher für jeden einzelnen Kegelschnitt des Systems einen besonderen Wert annimmt; denn auch diese Gleichung ist im allgemeinen vom zweiten Grade und wird aufserdem durch jedes Wertsystem von x und y, welches den Gleichungen (2) genügt, befriedigt, d. h. die Gleichung (3) stellt einen Kegelschnitt dar, welcher durch die den Kegelschnitten U und U' gemeinsamen Punkte, also A, B, C, D geht (vgl. §. 102).

Um eine Anwendung dieser für viele Untersuchungen höchst zweckmäfsigen Darstellungsweise (2) des dieselben vier Punkte enthaltenden Systems von Kegelschnitten zu geben, handle es sich um die Lösung der Aufgabe:

den geometrischen Ort der Mittelpunkte aller Kegelschnitte zu finden, welche sich durch vier gegebene Punkte legen lassen.

Alsdann hat man λ, den variabeln Parameter, durch dessen Wert der jedesmalige, die Durchschnittspunkte von U und U' enthaltende Kegelschnitt spezialisiert wird, aus den Gleichungen des Mittelpunktes des Kegelschnitts:

$$\begin{aligned} U+\lambda U' = {} & (a+\lambda a')x^2+2(b+\lambda b')xy+(c+\lambda c')y^2 \\ & +2(d+\lambda d')x+2(e+\lambda e')y+f+\lambda f' = 0 \end{aligned}$$

zu eliminieren, d. h. wenn man die Koordinaten dieses Mittelpunkts durch ξ, η bezeichnet, aus den Gleichungen (§. 63, Form. 3):

$$\begin{aligned} (a+\lambda a')\xi+(b+\lambda b')\eta+d+\lambda d' &= 0, \\ (b+\lambda b')\xi+(c+\lambda c')\eta+e+\lambda e' &= 0, \end{aligned}$$

oder:

$$\begin{aligned} a\xi+b\eta+d+\lambda(a'\xi+b'\eta+d') &= 0, \\ b\xi+c\eta+e+\lambda(b'\xi+c'\eta+e') &= 0, \end{aligned}$$

woraus sich ergiebt:

$$(4)\quad (a\xi+b\eta+d)(b'\xi+c'\eta+e')-(a'\xi+b'\eta+d')(b\xi+c\eta+e) = 0.$$

Diese Gleichung ist vom zweiten Grade in Beziehung auf den

veränderlichen Mittelpunkt (ξ, η), d. h. sie ergiebt als Ort dieses Punktes einen Kegelschnitt. Ersetzt man in (4) ξ und η bezüglich durch x und y und führt der Kürze wegen:

$$(5)\quad \begin{cases} ax+by+d=z, & a'x+b'y+d'=z', \\ bx+cy+e=t, & b'x+c'y+e'=t' \end{cases}$$

ein, so erhält diese Gleichung folgende Form:

$$(6)\quad zt'-tz'=0,$$

d. h. dieselbe drückt einen Kegelschnitt aus, welcher durch die Schnittpunkte der beiden Linienpaare z, t' und t, z' hindurchgeht, d. h. durch die vier Punkte:

$$z=t=0,\quad t=t'=0,\quad t'=z'=0,\quad z'=z=0,$$

von denen der erste und dritte die Mittelpunkte der beiden Kegelschnitte (2) sind (§. 63, Form. 3), der zweite und vierte aber die Durchschnittspunkte der der Richtung der Koordinatenaxen konjugierten Durchmesser dieser beiden Kegelschnitte (§. 61, Anm. 1). Diese Punkte lassen sich auch, weil die Richtung der Koordinatenaxen eine ganz beliebige ist, auffassen als die Durchschnittspunkte der zu irgend welcher Richtung gehörigen konjugierten Durchmesser von U und U', so dafs, wenn man beliebige vier parallele Tangenten an die beiden Kegelschnitte U und U' legt, die Berührungssehnen in einem Punkte des Kegelschnitts (6) zusammentreffen.

Stellt man zur Lösung unserer Aufgabe das System der durch die vier Punkte A, B, C, D gehenden Kegelschnitte durch die Gleichung (1) dar, so ergeben sich als Punkte des gesuchten Ortes zunächst die Punkte $p=r=0$ und $q=s=0$, weil der Schnittpunkt jedes dieser beiden Systeme von Geraden als der Mittelpunkt des durch dasselbe dargestellten Kegelschnitts angesehen werden kann; ferner sind die einer bestimmten Richtung G konjugierten Durchmesser jetzt die vierten harmonischen Strahlen zu den durch die Punkte $p=r=0$ und $q=s=0$ der gegebenen Richtung G parallel gezogenen Geraden in Beziehung auf die Linienpaare p, r und q, s selbst (§. 76); darum führt mit Rücksicht auf die beliebige Richtung G der eben gefundene Ort zu folgender Erzeugungsweise der Kegelschnitte:

Wenn man durch die Scheitelpunkte zweier gegebenen Winkel, deren Schenkel sich in den Punkten A, B, C, D durchschneiden, parallele Linien zieht, so schneiden sich die zu jeder derselben in Beziehung auf die

Schenkel des zugehörigen Winkels konjugierten harmonischen Strahlen in einem Punkte, welcher bei veränderter Richtung der Parallelen einen Kegelschnitt beschreibt, und zwar den Ort der Mittelpunkte aller durch die Punkte A, B, C, D gehenden Kegelschnitte.

Man kann den Mittelpunkt eines Kegelschnitts als Pol einer unendlich entfernten geraden Linie L ansehen (§. 92), und in diesem Sinne den eben entwickelten Ort und die sich daran anschliefsende Erzeugungsweise eines Kegelschnitts als spezielle Ergebnisse einer allgemeineren Untersuchung betrachten, bei welcher die Polare L eine beliebige Lage hat. Um die Lösung auch dieser Aufgabe allgemein zu entwickeln, möge folgender Satz vorausgeschickt werden:

Die Polaren irgend eines Punktes in Beziehung auf alle durch dieselben vier Punkte gehenden Kegelschnitte durchschneiden sich in demselben Punkte.

Das System dieser Kegelschnitte sei, wie vorher, dargestellt durch die Gleichung (3), so ist die Polare eines beliebigen Punktes (ξ, η) in Beziehung auf einen dieser Kegelschnitte (§. 94, Form. 3):

$$(7)\quad P+\lambda P' = 0,$$

wo:

$$(8)\quad \begin{cases} P = (a\xi+b\eta+d)\,x+(b\xi+c\eta+e)\,y+d\xi+e\eta+f = 0, \\ P' = (a'\xi+b'\eta+d')x+(b'\xi+c'\eta+e')y+d'\xi+e'\eta+f' = 0 \end{cases}$$

die Polaren des Punktes (ξ, η) in Beziehung auf die beiden Kegelschnitte U und U' sind: die Gleichung (7) wird unabhängig von dem Werte der Konstanten λ erfüllt, wenn $P=0$ und $P'=0$ sind, d. h. durch den Durchschnittspunkt der beiden Polaren (8), also gehen durch diesen Punkt die Polaren des Punktes (ξ, η) in Beziehung auf alle durch verschiedene Werte von λ dargestellten Kegelschnitte des Systems (3).

Man kann nunmehr die Gleichungen (8) auch folgendermafsen umformen:

$$P = (ax+by+d)\,\xi+(bx+cy+e)\,\eta+dx+ey+f = 0,$$
$$P' = (a'x+b'y+d')\xi+(b'x+c'y+e')\eta+d'x+e'y+f' = 0,$$

oder, mit Rücksicht auf die Gleichungen (5), und wenn man noch die Bezeichnungen:

$$dx+ey+f = w,\quad d'x+e'y+f' = w'$$

einführt:

$$P = z\xi + t\eta + w = 0,$$
$$P' = z'\xi + t'\eta + w' = 0,$$

woraus durch Auflösung nach ξ und η:

$$\xi : \eta : 1 = (wt' - w't) : (zw' - z'w) : (tz' - t'z),$$

d. h. wenn jetzt (ξ, η) sich auf der geraden Linie:

$$\alpha x + \beta y + \gamma = 0$$

bewegt, so beschreibt der Schnittpunkt der zugehörigen Polaren den Kegelschnitt:

$$\alpha(wt' - w't) + \beta(zw' - z'w) + \gamma(tz' - t'z) = 0,$$

also:

der Ort der Pole einer geraden Linie in Beziehung auf alle Kegelschnitte, welche durch dieselben vier Punkte gehen, ist ein Kegelschnitt.

Weil sich die vier Punkte zu zwei durch drei verschiedene Linienpaare verbinden lassen, und der Pol einer beliebigen geraden Linie in Beziehung auf ein System zweier geraden Linien deren Durchschnittspunkt ist (§. 92), so geht der Polort durch die drei Schnittpunkte der verschiedenen Linienpaare.

Wenn man ferner die gegebenen vier Punkte darstellt als Schnittpunkte zweier Linienpaare und demnach das System der durch sie gelegten Kegelschnitte durch die Gleichung (1), so erhält man mit Rücksicht auf die in der Note zu §. 92 gegebene Definition der Polaren eines Punktes in Beziehung auf ein System zweier geraden Linien, nach welcher diese Polare der konjugierte harmonische Strahl ist zu der Verbindungslinie des Punktes mit dem Schnittpunkte der beiden Linien in Beziehung auf diese Linien selber, folgende Erzeugungsweise eines Kegelschnitts:

Wenn man die Scheitelpunkte zweier der Lage nach gegebenen Winkel mit einem Punkte P der Ebene derselben verbindet und zu den Verbindungslinien in Beziehung auf die Schenkel der zugehörigen Winkel die konjugierten harmonischen Strahlen zieht, so durchschneiden sich diese in einem Punkte Q: wenn dann P sich auf einer geraden Linie bewegt, so beschreibt Q einen Kegelschnitt, welcher demjenigen Dreieck umschrieben ist, welches die Diagonalen des durch die

Schenkel der gegebenen Winkel gebildeten vollständigen Vierseits zu Seiten hat.

Anm. Die Gleichung (3) und die aus derselben hervorgehenden Sätze werden in §. 102 eine allgemeinere Deutung erfahren. (Aufg. 48 und 49.)

§. 100. **Durchschneidung zweier Kegelschnitte in vier reellen oder imaginären Punkten. Scheinbare Ausnahmefälle.** Sind:

$$(1)\quad \begin{cases} U = ax^2 + 2bxy + cy^2 + 2dx + 2ey + f = 0, \\ U' = a'x^2 + 2b'xy + c'y^2 + 2d'x + 2e'y + f' = 0 \end{cases}$$

die Gleichungen zweier Kegelschnitte, so werden durch diejenigen Wertsysteme von x und y, welche beiden Gleichungen zugleich genügen, die Durchschnittspunkte der beiden Kegelschnitte dargestellt.

Um diese Wertsysteme zu erhalten, hat man eine der beiden Unbekannten, z. B. y, aus den beiden Gleichungen zu eliminieren: dazu multipliziert man etwa die erste derselben mit c', die zweite mit c und subtrahiert alsdann, so ergiebt sich:

$$\begin{aligned}(ac'-a'c)x^2+2(bc'-b'c)xy+2(dc'-d'c)x \\ +2(ec'-e'c)y+fc'-f'c = 0,\end{aligned}$$

woraus:

$$(2)\quad y = -\tfrac{1}{2}\cdot\frac{(ac'-a'c)x^2+2(dc'-d'c)x+fc'-f'c}{(bc'-b'c)x+ec'-e'c};$$

wenn man diesen Wert in die Gleichung (1) einsetzt und von den Nennern befreit, so erhält man als das gesuchte Eliminationsresultat:

$$(3)\quad \begin{cases} 4(ax^2+2dx+f)\{(bc'-b'c)x+ec'-e'c\}^2 \\ -4(bx+e)\{(bc'-b'c)x+ec'-e'c\}.\{(ac'-a'c)x^2 \\ \qquad\qquad +2(dc'-d'c)x+fc'-f'c\} \\ +c\{(ac'-a'c)x^2+2(dc'-d'c)x+fc'-f'c\}^2 = 0. \end{cases}$$

Diese Gleichung ist im allgemeinen vom vierten Grade in Beziehung auf x und liefert als solche entweder vier reelle, oder vier imaginäre, oder zwei reelle und zwei imaginäre Werte von x, welche durch ξ bezeichnet werden mögen. Zu jedem Werte ξ läfst sich alsdann vermittelst der Gleichung (2) im allgemeinen ein einziger zugehöriger Wert η von y finden.

Nur wenn die Glieder mit dem einfachen y in jeder der Gleichungen (1) ganz fehlen oder zugleich mit y^2 bei der Elimination herausgehen, ist diese Reduktion nicht ausführbar: alsdann aber führt die Elimination von y nur auf eine quadratische Gleichung von x, ergeben sich also auch nur zwei Werte ξ, und weil jetzt jedem derselben zwei Werte η entsprechen, auch in diesen Ausnahmefällen immer vier zusammengehörige Werte von x und y.

Wenn man nun auch für den Fall, wo von den zusammengehörigen Werten ξ, η einer oder beide imaginär sind, dieselben als Koordinaten eines, alsdann imaginären Durchschnittspunktes bezeichnet, und falls sich gleiche Wurzelpaare ergeben, von zusammenfallenden Durchschnittspunkten spricht, so kann man allgemein behaupten:

Jede zwei Kegelschnitte durchschneiden sich in vier Punkten, von denen stets eine gerade Anzahl reell ist.

Eine scheinbare Ausnahme erleidet dieser Satz, wenn die Konstanten der Gleichungen (1) so beschaffen sind, dafs in der Gleichung (3) die Glieder der höchsten Dimension verschwinden, was eintritt, wenn die Koeffizienten $bc'-b'c$ und $ac'-a'c$ verschwinden, d. h. wenn:

$$(4) \quad \frac{a}{a'} = \frac{b}{b'} = \frac{c}{c'} = \mu,$$

also wenn sich in den Gleichungen der gegebenen Kegelschnitte (1) die Glieder der höchsten Dimension nur durch einen und denselben Faktor μ unterscheiden. Alsdann ergiebt sich:

$$(5) \quad U-\mu U' = 2dx+2ey+f-\mu(2d'x+2e'y+f') = 0,$$

d. h. eine lineäre Gleichung zwischen x und y, welche mit irgend einer der beiden Gleichungen (1) verbunden, nur zwei Wertsysteme ξ, η, also auch für die Kegelschnitte U und U' nur zwei Durchschnittspunkte liefert.

Um diesen Widerspruch zu lösen, erinnere man sich der Bemerkung zu §. 44, nach welcher die Gleichungen (4), vermittelst deren die Gleichung (3) sich auf die nur quadratische Gleichung:

$$\begin{aligned} &4(ax^2+2dx+f)(ec'-e'c)^2 \\ &-4(bx+e)(ec'-e'c)\{2(dc'-d'c)x+fc'-f'c\} \\ &+c\{2(dc'-d'c)x+fc'-f'c\}^2 = 0 \end{aligned}$$

reduziert, zugleich dahin interpretiert werden können, dafs durch sie zwei Wurzeln der Gleichung (3) unendlich grofs werden. Dasselbe gilt für die aus den Gleichungen (1) durch Elimination von x hervorgehende Gleichung, so dafs also von den Wertsystemen

ξ, η zwei sich als unendlich grofs ergeben, welche bei dem Eliminationsverfahren vermittelst (5) verloren gehen. Man kann jede zwei Kreise als Kegelschnitte ansehen, für welche die Bedingung (2) erfüllt wird; denn die Beziehungen zwischen den Koeffizienten ihrer Gleichungen (§. 65, 16) $a=c$, $b=a\cos\varphi$; $a'=c'$, $b'=a'\cos\varphi$ kommen mit den Gleichungen (4) überein, also:

Jede zwei Kegelschnitte, in deren Gleichungen die Koeffizienten der höchsten Dimension sich nur durch einen konstanten Faktor unterscheiden, im besonderen jede zwei Kreise, durchschneiden sich aufser in zwei reellen oder imaginären Punkten im Endlichen, im allgemeinen noch in zwei reellen oder imaginären Punkten im Unendlichen.

Für den Fall, wo $ac-b^2$ negativ ist, also die beiden Kegelschnitte, abgesehen von weiteren speziellen Annahmen, Hyperbeln sind, kann man diese Durchschnittspunkte im Unendlichen leicht darstellen. Es lassen sich nämlich alsdann die Glieder der zweiten Dimension durch die Produkte zweier Ausdrücke des ersten Grades mit reellen Koeffizienten ersetzen (§. 63, Anm.). Bezeichnet man diese kurz durch p und q, so werden die Gleichungen der beiden Hyperbeln:

$$(5)\quad \begin{cases} U=\mu.pq+2dx+2ey+f=0, \\ U'=pq+2d'x+2e'y+f'=0; \end{cases}$$

die beiden Geraden $p=0$ und $q=0$ sind den Asymptoten dieser Hyperbeln parallel, d. h. die Hyperbeln haben parallele Asymptoten, und weil die Asymptoten als parallele Linien einen Punkt im Unendlichen gemein haben, der zugleich auf den zugehörigen Hyperbeln liegt, so sind die beiden im Unendlichen liegenden gemeinschaftlichen Punkte der Kegelschnitte (5) reell, nämlich die Berührungspunkte derselben mit ihren Asymptoten.

(Aufg. 50.)

§. 101. **Konjugierte imaginäre Schnittpunkte, innere und äufsere Punkte eines Kegelschnitts.** Die imaginären Durchschnittspunkte zweier Kegelschnitte gruppieren sich, weil nach dem vorigen Paragraphen ihre Koordinaten als Wurzeln algebraischer Gleichungen auftreten, stets paarweise, so dafs einem Punkte $\xi=p+qi$, $\eta=p'+q'i$ stets ein zweiter $\xi_1=p-qi$, $\eta_1=p'-q'i$ entspricht: die Verbindungslinie von je zwei solchen Punkten ist reell, nämlich wenn man die Werte von ξ, η und ξ_1, η_1 in die Gleichung dieser Linie $\frac{x-\xi}{\xi'-\xi}=\frac{y-\eta}{\eta'-\eta}$ einsetzt und reduziert, so wird dieselbe (vgl. §. 85):

$$qy-q'x+pq'-p'q=0;$$

man nennt solche zusammengehörigen imaginären Durchschnittspunkte **konjugierte**: dasselbe gilt von den imaginären Schnittpunkten einer geraden Linie mit einem Kegelschnitt.

Wir wollen zu deren Darstellung von der in §. 89 eingeführten Methode Gebrauch machen, nach welcher die Schnittpunkte γ, γ' der Verbindungslinie:

$$(1)\quad x=\frac{x_1-\lambda x_2}{1-\lambda},\quad y=\frac{y_1-\lambda y_2}{1-\lambda}$$

der beiden beliebigen Punkte A oder (x_1, y_1) und B oder (x_2, y_2) mit dem Kegelschnitt:

$$(2)\quad U=ax^2+2bxy+cy^2+2dx+2ey+f=0$$

gegeben wurden durch die Gleichung:

$$(3)\quad u_1-2\lambda v+\lambda^2 u_2=0,$$

wo u_1, v, u_2 dieselbe Bedeutung wie in §. 89 haben und die beiden Wurzeln λ die Verhältnisse $\frac{A\gamma}{B\gamma}$ und $\frac{A\gamma'}{B\gamma'}$ darstellen. Die Schnittpunkte sind reell, zusammenfallend oder imaginär, jenachdem:

$$(4)\quad v^2-u_1u_2 >, = \text{ oder } < 0$$

ist; es ist jedoch wesentlich zu bemerken, dafs jeder reelle Durchschnittspunkt einer Transversalen mit einem Kegelschnitt und ein beliebiger reeller Durchschnittspunkt desselben mit einer anderen Transversalen durch eine reelle gerade Linie verbunden werden können, während ein imaginärer Durchschnittspunkt einer Geraden mit einem Kegelschnitt, und demnach auch zweier Kegelschnitte, den ihm konjugierten in derselben Weise bedingt, wie eine imaginäre Wurzel einer Gleichung die konjugierte, so dafs allein zwischen konjugierten imaginären Schnittpunkten, nicht aber zwischen einem reellen und einem imaginären, oder zwischen zwei nicht konjugierten imaginären Schnittpunkten eine reelle Verbindungslinie möglich ist.

Ein Beispiel einer reellen Verbindungslinie konjugierter imaginärer Schnittpunkte ist uns bereits bei der gemeinschaftlichen Sehne zweier Kreise begegnet, welche auch, wenn die beiden Kreise sich nicht reell durchschneiden, gewisse Eigenschaften der reellen gemeinschaftlichen Sehne der Kreise beibehält und bei Betrachtung der allgemeinen Beziehungen des Systems zweier Kreise unentbehrlich ist (§. 30), und wir werden später nochmals auf die reellen Verbindungslinien konjugierter imaginärer Schnittpunkte zweier Kegelschnitte zurückkommen. Wenn wir uns zunächst noch auf die Kombination eines Kegelschnitts mit einer Transversalen beschränken, so haben wir die Punkte der Ebene in **innere und äufsere Punkte zu unterscheiden, jenachdem jede durch sie gelegte Transversale den Kegelschnitt in zwei reellen Punkten durchschneidet, oder die Schnittpunkte auch imaginär sein können.**

Es handle sich um die Bestimmung der Lage des Punktes A oder (x_1, y_1): nimmt man den Punkt B oder (x_2, y_2) als veränderlich an, so liegt A innerhalb oder aufserhalb des Kegelschnitts, jenachdem für jede Verbindungslinie AB die Bedingung $v^2 - u_1 u_2 > 0$ stattfindet, oder $v^2 - u_1 u_2$ auch gleich und selbst < 0 werden kann (4). Der Ausdruck $v^2 - u_1 u_2$ nimmt, wenn man für v, u_1 und u_2 ihre Werte (§. 89) einsetzt und nach den Potenzen der Koordinaten des veränderlichen Punktes B, welche jetzt durch x und y bezeichnet werden mögen, ordnet, folgende Form an:

$$(5) \quad \alpha x^2 + 2\beta xy + \gamma y^2 + 2\delta x + 2\varepsilon y + \vartheta,$$

wo:

$$\begin{aligned} \alpha &= A_3 y_1^2 - 2B_1 y_1 + A_2, & \beta &= B_1 x_1 + B_2 y_1 - B_3 - A_3 x_1 y_1, \\ \gamma &= A_1 - 2B_2 x_1 + A_3 x_1^2, & \delta &= B_3 y_1 + B_1 x_1 y_1 - B_2 y_1^2 - A_2 x_1, \\ \vartheta &= A_2 x_1^2 - 2B_3 x_1 y_1 + A_1 y_1^2, & \varepsilon &= B_2 x_1 y_1 + B_3 x_1 - B_1 x_1^2 - A_1 y_1, \end{aligned}$$

und:

$$\begin{aligned} A_1 &= cf - e^2, & B_1 &= bd - ae, \\ A_2 &= fa - d^2, & B_2 &= eb - cd, \\ A_3 &= ac - b^2, & B_3 &= de - fb. \end{aligned}$$

Die Koeffizienten α, β, γ, .. genügen der Gleichung:

$$\alpha\gamma\vartheta - \alpha\varepsilon^2 - \gamma\delta^2 - \vartheta\beta^2 + 2\beta\delta\varepsilon = 0,$$

d. h. erfüllen die Bedingung dafür, dafs der Ausdruck (5) in zwei lineäre Faktoren zerlegbar ist (§. 62, Anm.): wenn nun diese Faktoren reell sind, so giebt es reelle Werte von x und y, für welche der Ausdruck $v^2 - u_1 u_2$ verschwindet und selbst das entgegengesetzte Zeichen erhält, d. h. alsdann liegt der Punkt (x_1, y_1) aufserhalb des Kegelschnitts; wenn dagegen die Faktoren imaginär sind, so behält der Ausdruck $v^2 - u_1 u_2$ sein Zeichen unverändert bei, derselbe bleibt also, weil u_1 für $x = x_1$, $y = y_1$ verschwindet, und demnach $v^2 - u_1 u_2$ sich auf v^2, einen positiven Ausdruck, reduziert, fortdauernd positiv, welches auch die Werte von x und y, d. h. die Lage des Punktes B sein mag. In diesem Falle liegt also der Punkt A innerhalb des Kegelschnitts (2). Die Faktoren von (5) sind nunmehr reell oder imaginär (§. 62), jenachdem der Ausdruck $\alpha\gamma - \beta^2$ negativ oder positiv ist; es ergiebt sich:

$$\alpha\gamma - \beta^2 = \varDelta . u_1,$$

wo $\varDelta$ und u_1 die frühere Bedeutung haben, nämlich:

$$\varDelta = acf - ae^2 - cd^2 - fb^2 + 2bde,$$
$$u_1 = ax_1^2 + 2bx_1 y_1 + cy_1^2 + 2dx_1 + 2ey_1 + f;$$

jenachdem also $\varDelta . u_1$ negativ oder positiv ist, liegt der Punkt A aufserhalb oder innerhalb des Kegelschnitts (2). Das Vorzeichen von $\varDelta$ ist unabhängig von der Lage des Punktes (x_1, y_1), so dafs allein durch das Vorzeichen von u_1, d. h. des Resultates der Substitution der Koordinaten (x_1, y_1) des Punktes A an die Stelle der laufenden Koordinaten (x, y) des Kegelschnitts, bestimmt wird, ob dieser Punkt innerhalb oder aufserhalb des Kegelschnitts liegt.

Die Annahme $\varDelta = 0$ ist hierbei durchweg ausgeschlossen: ist $\varDelta = 0$, also der gegebene Kegelschnitt, abgesehen von einigen Ausnahmen, ein System zweier geraden Linien, so ist von inneren und äufseren Punkten desselben nicht mehr die Rede.

§. 102. **Das System $U + \mu U' = 0$. Involution.** Alle durch dieselben vier Punkte gehenden Kegelschnitte sind (§. 99) in gleicher Allgemeinheit darstellbar durch jede der beiden Gleichungen:

$$(1) \quad U + \mu . U' = 0$$

und:

$$(2) \quad pq + \mu\, rs = 0,$$

wo U und U' als quadratische, p, q, r, s als lineäre Ausdrücke mit reellen Koeffizienten in x und y gleich Null gesetzt, die ersteren Kegelschnitte, die letzteren gerade Linien darstellen, welche durch ihre Durchschneidung die vier Punkte ergeben, und μ einen veränderlichen Parameter bedeutet, durch dessen besondere Werte die einzelnen Kegelschnitte des Systems hervorgehen. Umgekehrt durchschneiden sich alle Kegelschnitte, welche in der Gleichung (2) enthalten sind, in denselben vier Punkten, nämlich $p = r = 0$,

$r=q=0$, $q=s=0$, $s=p=0$; die Gleichung (1) dagegen hat eine allgemeinere Bedeutung, wenn die Durchschnittspunkte der Kegelschnitte U und U' aufhören reell zu sein, so dafs man bei Untersuchung eines durch diese Gleichung dargestellten Systems von Kegelschnitten die Fälle zu unterscheiden haben würde, ob sich die Kegelschnitte in vier reellen, in zwei reellen und zwei imaginären, oder in vier imaginären Punkten (§. 100) durchschneiden. Es giebt jedoch eine Eigenschaft, in welcher alle in der Gleichung (1) enthaltenen Kegelschnitte ohne Rücksicht auf die gegenseitige Lage oder die Durchschneidung der beiden Fundamentalkurven U und U' übereinkommen, und mit dieser wollen wir uns gegenwärtig beschäftigen.

Es seien U und U', wie früher (§. 99), die beiden Kegelschnitte:

$$(3)\quad U=ax^2+2bxy+cy^2+2dx+2ey+f=0,$$
$$(4)\quad U'=a'x^2+2b'xy+c'y^2+2d'x+2e'y+f'=0$$

und ein dritter Kegelschnitt:

$$(5)\quad U+\mu U'=(a+\mu a')x^2+2(b+\mu b')xy+(c+\mu c')y^2 +2(d+\mu d')x+2(e+\mu e')y+f+\mu f'=0$$

gegeben: wenn man eine beliebige Transversale:

$$(6)\quad x=\frac{x_1-\lambda x_2}{1-\lambda},\quad y=\frac{y_1-\lambda y_2}{1-\lambda}$$

hindurchlegt, welche die drei Kegelschnitte der Reihe nach in den Punktepaaren A und A', B und B', C und C' durchschneiden mag, so ergeben sich, wenn C und C' die Punkte (x_1, y_1) und (x_2, y_2) sind, die Verhältnisse der Abschnitte dieser Transversalen $\frac{CA}{C'A}$, $\frac{CA'}{C'A'}$ und $\frac{CB}{C'B}$, $\frac{CB'}{C'B'}$ (§. 89) bezüglich als die Wurzeln der quadratischen Gleichungen:

$$(7)\quad \begin{cases} u_1-2v\lambda+u_2\lambda^2=0 \quad \text{und} \\ u'_1-2v'\lambda+u'_2\lambda^2=0, \end{cases}$$

wo u_1, v und u_2 dieselbe Bedeutung wie in §. 89 haben, und u'_1, v', u'_2 bezüglich aus ihnen herzuleiten sind durch Vertauschung der Koeffizienten $a, b, c, \ldots$ des Kegelschnitts (3) mit den entsprechenden Koeffizienten $a', b', c', \ldots$ des Kegelschnitts (4). Man hat darum die Gleichungen:

$$\frac{CA}{C'A}\cdot\frac{CA'}{C'A'}=\frac{u_1}{u_2} \quad \text{und:} \quad \frac{CB}{C'B}\cdot\frac{CB'}{C'B'}=\frac{u'_1}{u'_2};$$

weil nun die Punkte C und C' der Annahme nach auf dem Kegelschnitt (5) liegen, so genügen ihre Koordinaten den Gleichungen:

$$u_1 + \mu u'_1 = 0 \quad \text{und:} \quad u_2 + \mu u'_2 = 0,$$

woraus sich durch Elimination von μ ergiebt $\frac{u_1}{u_2} = \frac{u'_1}{u'_2}$, oder:

$$(8) \qquad \frac{CA.CA'}{C'A.C'A'} = \frac{CB.CB'}{C'B.C'B'}.$$

Nimmt man die Punkte (x_1, y_1) und (x_2, y_2), anstatt auf dem Kegelschnitt (5), bezüglich auf den Kegelschnitten (3) und (4) an, so erhält man auf ganz analoge Weise zwischen den Abschnitten der Transversalen die Beziehungsgleichungen:

$$(9) \qquad \frac{AB.AB'}{A'B.A'B'} = \frac{AC.AC'}{A'C.A'C'}$$

und:

$$(10) \qquad \frac{BC.BC'}{B'C.B'C'} = \frac{BA.BA'}{B'A.B'A'},$$

welche Gleichungen man jedoch auch unmittelbar aus (8) durch Darstellung der einzelnen in ihnen vorkommenden Strecken, mit Berücksichtigung ihrer Richtung (§. 69, Note), herleiten kann, so dafs durch jede der drei Gleichungen (8) bis (10) die Richtigkeit der beiden anderen bedingt wird.

Man sagt nunmehr von drei Punktepaaren einer geraden Linie, zwischen deren gegenseitigen Abständen, mit Beachtung der Richtung derselben, die Gleichungen (8) bis (10) stattfinden, sie stehen in I n v o l u t i o n. Es ergiebt sich aus dieser Definition sofort, dafs wenn zwei Paar Punkte mit einem dritten, vierten, . . Punktepaar in Involution stehen, auch jede drei Paar derselben in Involution stehen; denn aus den Gleichungen:

$$\frac{AB.AB'}{A'B.A'B'} = \frac{AC.AC'}{A'C.A'C'} \quad \text{und:} \quad \frac{AB.AB'}{A'B.A'B'} = \frac{AD.AD'}{A'D.A'D'}$$

folgt ohne weiteres die Involution der Punktepaare A und A', C und C', D und D' u. s. w. Die Punkte eines jeden solchen Paares, wie A und A', B und B', . . nennt man k o n j u g i e r t e und ein ganzes System solcher Punktepaare ein P u n k t s y s t e m i n I n v o l u t i o n.

Demnach hat man folgenden allgemeinen Satz:

I. A l l e d u r c h d i e G l e i c h u n g $U + \mu U' = 0$ f ü r v e r s c h i e d e n e W e r t e v o n μ d a r g e s t e l l t e n K e g e l s c h n i t t e w e r-

den durch jede Transversale in einem Involutionssystem von Punkten durchschnitten.

Umgekehrt seien die beiden beliebig gegebenen Kegelschnitte U und U' von der Transversalen (6) in den Punktepaaren A und A', B und B' durchschnitten und auf (6) die Punkte C oder (x_1, y_1) und C' oder (x_2, y_2) durch die Gleichung (8) definiert, so ist bei veränderter Lage der Transversalen der Ort der Punkte C ein Kegelschnitt, dessen Gleichung sich unter der Form (1) darstellt; denn unter Zugrundelegung der Gleichungen (7) läfst sich die Bedingungsgleichung ersetzen durch die Gleichung:

$$\frac{u_1}{u_2} = \frac{u'_1}{u'_2}, \quad \text{woraus:} \quad \frac{u_1}{u'_1} = \frac{u_2}{u'_2} = \mu;$$

folglich genügen die Koordinaten (x_1, y_1) und (x_2, y_2) der beiden Punkte C und C' bezüglich den Gleichungen $u_1 - \mu u'_1 = 0$ und $u_2 - \mu u'_2 = 0$, d. h. dieselben liegen auf dem Kegelschnitt:

$$U - \mu U' = 0;$$

also:

II. **Wenn man durch irgend zwei Kegelschnitte $U = 0$ und $U' = 0$ eine Transversale legt und auf derselben zu einem beliebig angenommenen festen Punkte C einen zweiten Punkt C' bestimmt, so dafs die Produkte der Abstände beider Punkte von den Durchschnittspunkten A und A', B und B' der Transversalen mit beiden Kegelschnitten dasselbe Verhältnis haben, so dafs also:**

$$\frac{CA.CA'}{C'A.C'A'} = \frac{CB.CB'}{C'B.C'B'}$$

ist, so beschreibt bei einer Drehung der Transversalen um den Punkt C der Punkt C' einen Kegelschnitt, auf welchem C ebenfalls liegt, und dessen Gleichung die besondere Form hat:

$$U - \mu U' = 0,$$

der also, wenn U und U' sich in vier reellen Punkten durchschneiden, durch dieselben vier Punkte hindurchgeht.

Anmerk. Der Kürze wegen soll ein durch die Gleichung $U + \mu U' = 0$ dargestelltes System von Kegelschnitten ein **Involutionssystem** oder **Kegelschnittbüschel** heifsen.

In der reziproken polaren Figur geben (§. 94) die Involutionsgleichungen (8) bis (10) von sechs Punkten einer geraden Linie ungeändert auf die diesen Punkten entsprechenden sechs Strahlen eines Strahlenbüschels über (§. 94, III.); es ergiebt sich demnach durch die Theorie der reziproken Polaren aus dem Satze (I.) folgende Eigenschaft der demselben Vierseit eingeschriebenen Kegelschnitte:

III. Die von einem beliebigen Punkte der Ebene an irgend drei, einem und demselben Vierseit eingeschriebene Kegelschnitte gelegten Tangenten bilden ein Linienbüschel in Involution, d. h. ihre Durchschnittspunkte mit einer beliebigen Transversalen stehen in Involution.

Anmerk. Dieser Satz gestattet ebenso wie Satz (I.) eine Umkehrung; nur ergiebt sich dabei die Eigenschaft, dafs die von jedem Punkte der Ebene an die Kegelschnitte gelegten Tangenten ein Strahlenbüschel in Involution bilden, als die allgemeine im Vergleich zu der daraus abgeleiteten, dafs die Kegelschnitte einem und demselben Vierseit eingeschrieben sind, weil von den Seiten desselben zwei oder auch alle vier imaginär werden können. (Konfokale Kegelschnitte (§. 90) sind als demselben (imaginären) Vierseit eingeschrieben zu betrachten.)

Die Eigenschaft der Involution von sechs Punkten einer geraden Linie enthält die der harmonischen Beziehung von vier Punkten derselben als einen besonderen Fall; wenn nämlich zwei Paar konjugierter Punkte zusammenfallen, z. B. A mit A' und B mit B', so giebt die Gleichung (8) zwischen diesen Punkten, welche alsdann Doppelpunkte des Involutionssystems heifsen, und irgend zwei konjugierten Punkten des Systems die Beziehung:

$$\frac{\overline{CA}^2}{\overline{C'A}^2} = \frac{\overline{CB}^2}{\overline{C'B}^2}, \quad \text{woraus:} \quad \frac{CA}{C'A} = \pm \frac{CB}{C'B};$$

das obere Vorzeichen ist zu verwerfen, weil C und C' verschiedene Punkte sind (§. 74), und das untere Vorzeichen ergiebt die Punkte C und C' als konjugiert harmonisch zu den Punkten A und B, d. h.: die Doppelpunkte eines Involutionssystems sind konjugiert harmonisch zu jeden zwei konjugierten Punkten des Involutionssystems, und mit Anwendung auf unsern Satz (I.):

IV. Wenn man an zwei Kegelschnitte eines Büschels

eine gemeinschaftliche Tangente legt, so wird dieselbe durch die Berührungspunkte und die Durchschnittspunkte mit jedem dritten Kegelschnitt des Büschels harmonisch geteilt.

Die eben dargestellte Beziehung der Doppelpunkte eines Involutionssystems zu den konjugierten Punkten desselben läfst sich vorteilhaft zur Konstruktion konjugierter Punkte benutzen, wenn die Lage der Doppelpunkte bekannt ist, andererseits zu einer einfachen Übersicht der Verteilung der Punkte eines Involutionssystems; doch ist wohl zu bemerken, dafs die Doppelpunkte nicht immer reell sind. Denn wenn beliebige sechs Punkte eines solchen Systems gegeben sind, z. B. C und C', D und D', E und E', so dafs also:

$$(11) \quad \frac{CD.CD'}{CE.CE'} = \frac{C'D.C'D'}{C'E.C'E'} = k$$

ist, so erhält man die Doppelpunkte des Systems A und B durch die Beziehung:

$$\frac{\overline{CA}^2}{\overline{CB}^2} = \frac{\overline{C'A}^2}{\overline{C'B}^2} = k.$$

Wenn nunmehr k negativ ist, d. h. in den Quotienten der beiden Produkte in (11) entweder der Zähler oder der Nenner negativ wird, so werden die Doppelpunkte des Involutionssystems imaginär.

Es sei A ein Doppelpunkt der Involution für die Punktepaare C und C', D und D', so hat man zur Definition von A die Gleichung:

$$\frac{\overline{CA}^2}{\overline{C'A}^2} = \frac{CD.CD'}{C'D.C'D'},$$

und es wird eins von den beiden Produkten $CD.CD'$ und $C'D.C'D'$ negativ, wenn die Strecken CC' und DD' teilweise auf einander liegen; diese Produkte aber erhalten dasselbe Zeichen, wenn diese Strecken ganz aufser oder ganz auf einander liegen, d. h. die Doppelpunkte eines Involutionssystems sind reell, wenn die Abstände der konjugierten Punktepaare ganz aufser oder ganz auf einander liegen, die Doppelpunkte sind imaginär, wenn diese Abstände teilweise auf einander liegen.

Wenn zwei Kegelschnitte eines Büschels in Systeme gerader Linien degenerieren, d. h. (weil gerade Linien stets wirkliche Durchschnittspunkte liefern) wenn unter den sich in vier Punkten durchschneidenden Kegelschnitten zwei Linienpaare in Betracht gezogen werden, welche durch die vier gemeinschaftlichen Punkte des Systems hindurchgehen und demnach die Gegenseitenpaare eines dem System von Kegelschnitten gemeinschaftlichen eingeschriebenen Vierecks sind, so ergiebt sich als eine Folgerung aus dem allgemeinen Satze (I.):

V. Die Durchschnittspunkte jeder durch ein einem Kegelschnitt eingeschriebenes Viereck gelegten Transversalen mit den Gegenseitenpaaren desselben und dem Kegelschnitt stehen in Involution.

Man kann die Gegenseitenpaare und zwei Diagonalen eines Vierecks selbst als ein System von drei durch dieselben vier Punkte gehenden Kegelschnitten ansehen und demnach den Satz (V.) in folgender Form aussprechen:

VI. Die Gegenseitenpaare eines Vierecks und die beiden die Gegenecken verbindenden Diagonalen werden durch jede Transversale in sechs in Involution stehenden Punkten durchschnitten.

Geht die Transversale durch die Durchschnittspunkte der beiden Gegenseitenpaare des Vierecks, d. h. fällt dieselbe mit der dritten Diagonale zusammen, so reduzieren sich deren sechs Durchschnittspunkte auf vier harmonische, d. h.:

VII. Jede Diagonale eines vollständigen Vierseits wird durch die beiden anderen Diagonalen und die Gegenecken des Vierseits harmonisch geteilt (§. 78).

Wenn von den Eckpunkten des eingeschriebenen Vierecks zwei unendlich nahe rücken, so geht die sie verbindende Gerade in ihren Grenzfall, die Tangente, über; geschieht dasselbe mit den beiden anderen Eckpunkten, so reduziert sich das eingeschriebene Viereck auf ein System zweier Tangenten und die Berührungssehne, welche letztere jedoch als eine Doppellinie anzusehen ist, weil sie durch zwei zusammenfallende Gegenseiten des Vierecks gebildet wird. Aus Satz (I.) ergiebt sich demnach:

VIII. Auf jeder durch einen Kegelschnitt, ein Tangentenpaar und die Berührungssehne gelegten Transversalen ergeben sich fünf Durchschnittspunkte, deren letzterer ein Doppelpunkt der Involution in Beziehung auf die beiden anderen konjugierten Punktepaare ist.

IX. Auf jeder durch den Schnittpunkt zweier Tangenten eines Kegelschnitts gelegten Transversalen werden durch diesen Punkt und die Durchschnittspunkte mit der Berührungssehne und dem Kegelschnitt vier harmonische Punkte bestimmt (§. 92).

Anm. Durch die Theorie der reziproken Polaren ergeben sich aus den Sätzen (IV.) bis (IX.) ebensoviel Sätze über Kegelschnitte, welche demselben Vierseit eingeschrieben sind und über diese Vierseite selbst, welche wir der Kürze wegen übergehen.

Wir wenden uns nunmehr schliefslich zu den Konstruktionen von Involutionssystemen von Punkten und bemerken dabei, dafs auch diese sich durch die Theorie der reziproken Polaren verdoppeln lassen. Mit Hilfe des Satzes (VI.) läfst sich jeder sechste Punkt eines Involutionssystems durch eine einfache Konstruktion, zu welcher nur das Lineal erforderlich ist, finden:

Gegeben seien (Fig. 67) auf der geraden Linie (G) die beiden Punktepaare A, A' und B, B' als konjugierte Punkte und der Punkt C; um das Involutionssystem durch den Punkt C' zu vervollständigen, lege man durch A, A' und B drei beliebige gerade Linien, bezüglich a, a' und b, verbinde den Punkt (a, b) mit C durch die Linie c und den Punkt (a', c) mit B' durch die Linie b', so schneidet die Verbindungslinie c' der beiden Punkte (a, b') und (a', b) die gerade Linie G in dem verlangten Punkte C'; denn die Linien a, a' und b, b' sind die Gegenseitenpaare eines Vierecks und die Linien c und c' die Diagonalen durch die Gegenecken desselben.

Um zweitens (Fig. 68) auf einer gegebenen geraden Linie G zu zwei gegebenen Punktepaaren A und A', B und B' einen der beiden Doppelpunkte D oder D' des Involutionssystems zu finden, beachte man Folgendes: vermöge der Gleichung

$$\frac{\overline{AD}^2}{\overline{A'D}^2} = \frac{AB.AB'}{A'B.A'B'}$$

hat man die Strecke AA' im Verhältnis von $\alpha = \sqrt{AB.AB'}$ zu $\alpha' = \sqrt{A'B.A'B'}$ zu teilen; dazu konstruiere man über der Strecke BB' den Halbkreis, und jenachdem die Punkte A und A' aufserhalb oder innerhalb desselben liegen (der Fall, wo ein Punkt innerhalb, der andere aufserhalb liegt, ist nach den Bemerkungen zu (11) ausgeschlossen), von A und A' die Tangenten an den Halbkreis, oder in A und A' die senkrechten Halbsehnen, α und α', endlich ziehe man durch die Punkte A und A' zwei Parallelen von der Länge bezüglich α und α', so liefert die Verbindungslinie der freien Endpunkte dieser Parallelen durch ihre Durchschneidung mit der Geraden G einen Doppelpunkt des Systems, und zwar D oder D', jenachdem man die Parallelen von A und A' aus in derselben oder in entgegengesetzter Richtung zieht. Die Lösung dieser Aufgabe führt also, wenn sie überhaupt ausführbar ist, stets zu zwei Doppelpunkten D.

§. 103. **Gemeinschaftliche Sehnen, reelle, ideale, imaginäre; reeller Durchschnittspunkt der letzteren.** In der Gleichung:

$$(1)\quad U+\mu U'=0$$

läfst sich der Koeffizient μ stets so bestimmen, dafs die linke Seite ein Produkt zweier reellen oder imaginären Faktoren wird; denn nach den Entwickelungen des §. 62, Anm. findet dieses Statt, wenn die Bedingungsgleichung:

$$\begin{aligned}(a+\mu a')(c+\mu c')(f+\mu f') &-(a+\mu a')(e+\mu e')^2\\ -(c+\mu c')(d+\mu d')^2&-(f+\mu f')(b+\mu b')^2\\ +2(b+\mu b')(d+\mu d')&(e+\mu e')=0\end{aligned}$$

erfüllt wird: durch Auflösen der Klammern und Ordnen nach Potenzen von μ ergiebt sich eine kubische Gleichung in Beziehung auf μ von folgender Form:

$$(2)\quad \Delta+\alpha\mu+\beta\mu^2+\Delta'\mu^3=0,$$

wo Δ und Δ' in der früheren Weise aus den Konstanten der beiden Kegelschnitte zusammengesetzt sind, nämlich:

$$\begin{aligned}\Delta &= acf-ae^2-cd^2-fb^2+2bde,\\ \Delta' &= a'c'f'-a'e'^2-c'd'^2-f'b'^2+2b'd'e',\end{aligned}$$

die Koeffizienten von μ und μ^2 aber, weil für unseren Zweck ohne Interesse, durch α und β bezeichnet sind. Jede kubische Gleichung hat mindestens Eine reelle Wurzel: darum giebt es auch mindestens Einen reellen Wert von μ, welcher der Gleichung (2) genügt, d. h. für welchen die linke Seite von (1) sich in zwei reelle oder imaginäre Faktoren zerlegen läfst, die Gleichung (1) also ein System zweier reellen oder imaginären geraden Linien darstellt.

Ist einer der beiden Kegelschnitte U und U', welche dem

Büschel (1) zugrunde liegen, selbst ein System zweier geraden Linien, so läſst sich einer der Werte von μ, für welche (1) ein System zweier geraden Linien wird, sofort angeben. Es verschwindet nämlich alsdann (§. 62) bezüglich Δ oder Δ', so daſs die Gleichung den Wurzelwert $\mu = 0$ oder $\mu = \infty$ erhält: die Liniensysteme $U = 0$ oder $U' = 0$ sind demnach selbst die Grenzfälle des Involutionssystems (1) und zwar unabhängig davon, ob U oder U' sich in reelle oder imaginäre Faktoren des ersten Grades zerlegen läſst.

Es gehört also zu einem Büschel von Kegelschnitten mindestens Ein System von reellen oder imaginären geraden Linien. Sind diese gerade Linien, welche durch:

$$(3)\quad p = 0 \quad \text{und} \quad p_1 = 0$$

bezeichnet werden mögen, reell, und durchschneiden sich die Kegelschnitte U und U' in vier reellen Punkten, so gehen auch die Linien p und p_1, sowie alle Kegelschnitte des Büschels (1), durch diese vier Punkte, d. h. die Geraden (3) sind gemeinschaftliche Sehnen aller dieser Kegelschnitte; haben dagegen die Kegelschnitte U und U' keinen Punkt gemeinschaftlich, so durchschneiden auch die Linien (3) die Kegelschnitte des Systems (1) gar nicht, behalten jedoch dieselbe Beziehung zu diesem System wie bei der ersten Annahme (§. 102), und man nennt sie darum ebenfalls gemeinschaftliche, doch zur Unterscheidung von den früheren, ideale Sehnen des Systems. Ebenso haben die Kegelschnitte eines Büschels, wenn sie alle nicht mehr als zwei reelle Punkte gemeinschaftlich haben, eine reelle und eine ideale gemeinschaftliche Sehne, und wenn endlich das System (1) als Grenzfall ein System zweier imaginären geraden Linien enthält, so nennt man diese Linien auch alsdann noch gemeinschaftliche, und zwar imaginäre Sehnen des Systems, obschon man bei solchen Geraden nur noch einen einzigen reellen Punkt, ihren sogenannten Durchschnittspunkt, anzugeben vermag.

Solche konjugierte imaginäre Geraden nämlich werden dargestellt durch eine Gleichung zweiten Grades mit reellen Koeffizienten von der Form:

$$(4)\quad ax^2 + 2bxy + cy^2 + 2dx + 2ey + f = 0,$$

unter der Voraussetzung, daſs $\Delta = 0$ und $ac - b^2 > 0$ ist (§. 62): die Gleichung $\Delta = 0$ ist aber zugleich die Bedingung dafür, daſs sich die linke Seite von (4) in zwei Faktoren ersten Grades zerlegen läfst. Bezeichnet man diese, wie oben, durch p und p_1, so mufs also das Produkt pp_1 reell sein, d. h. es müssen p und p_1 konjugierte komplexe Ausdrücke werden von der Form:

$$p = s + t\sqrt{-1}, \quad p_1 = s - t\sqrt{-1},$$

wo s und t wieder x und y nur im ersten Grade, und zwar in reeller Zusammensetzung, enthalten. Für diejenigen Werte von x und y, durch welche s und t gleichzeitig Null werden, verschwinden auch p und p_1 und demnach auch die linke Seite von (4), d. h. der Schnittpunkt der beiden Linien $s = 0$ und $t = 0$ ist zugleich als ein den beiden imaginären konjugierten geraden Linien p und p_1 gemeinschaftlicher Punkt zu betrachten, also als ein reeller, durch die Gleichung (4) dargestellter Punkt. Ein solcher Punkt, welcher, als Durchschnittspunkt reeller oder imaginärer Grenzlinien, passend als Grenzpunkt des Büschels (1) für die Annahme imaginärer Schnittpunkte der Kegelschnitte desselben anzusehen ist, hat für dieses System von Kegelschnitten dieselbe Bedeutung, wie der Durchschnittspunkt jeder zwei reellen Grenzlinien eines Büschels: er ist nämlich ein Doppelpunkt der Involution auf jeder durch ihn gelegten Transversalen. — Zur Erläuterung möge folgender spezielle Fall dienen:

Wenn in der Gleichung einer Ellipse $\frac{x^2}{a^2} + \frac{y^2}{b^2} = 1$, unter Annahme rechtwinkliger Koordinaten, die Halbaxen a und b durch $m.\alpha$ und $n.\alpha$ ersetzt werden, wo m und n Zahlen sind, so stellt für verschiedene Werte von α die Gleichung:

$$(5) \quad \frac{x^2}{m^2} + \frac{y^2}{n^2} = \alpha^2$$

ein System von konzentrischen und mit gleicher Axenrichtung versehenen Ellipsen dar, und welche ferner in der Beziehung zu einander stehen, dafs jede zwei gleich gerichtete Durchmesser dasselbe Verhältnis zu einander haben; denn setzt man in zwei Gleichungen von der Form (5) mit den verschiedenen Parametern α_1 und α_2 statt x und y bezüglich $r\cos\varphi$ und $r\sin\varphi$, so ergeben sich die Gleichungen:

$$r'^2\left(\frac{\cos\varphi^2}{m^2} + \frac{\sin\varphi^2}{n^2}\right) = \alpha_1^2 \quad \text{und:} \quad r''^2\left(\frac{\cos\varphi^2}{m^2} + \frac{\sin\varphi^2}{n^2}\right) = \alpha_2^2$$

und daraus für denselben Winkel φ, wenn man die zugehörigen

Halbmesser der beiden Ellipsen durch r_1 und r_2 bezeichnet:

$$r_1^2 : r_2^2 = \alpha_1^2 : \alpha_2^2;$$

die Ellipsen sind darum einander ähnlich, und die Gleichung (5) drückt für veränderliche Werte des Parameters α ein System konzentrischer, ähnlicher und ähnlich liegender Ellipsen aus; wenn nunmehr α verschwindet, so reduzieren sich auch die Halbaxen der zugehörigen Ellipse auf Null, obschon ihr Verhältnis noch das frühere, wie $m:n$, bleibt: die Gleichung dieser Ellipse wird:

$$\frac{x^2}{m^2}+\frac{y^2}{n^2}=0, \quad \text{oder:} \quad \left(\frac{x}{m}+\frac{y}{n}\sqrt{-1}\right)\left(\frac{x}{m}-\frac{y}{n}\sqrt{-1}\right)=0;$$

eine solche Gleichung stellt demnach eine Ellipse dar mit unendlich kleinen Axen, d. h. eine Ellipse, welche sich auf einen Punkt, und zwar den Anfangspunkt der Koordinaten reduziert, und in der That werden die letzten Gleichungen durch die einzigen Werte $x=0$, $y=0$ befriedigt. Diesem analog drückt die Gleichung:

$$\frac{x^2}{m^2}-\frac{y^2}{n^2}=\alpha^2$$

ein System konzentrischer, ähnlicher und ähnlich liegender Hyperbeln aus, welche für den Fall $\alpha=0$ sich auf:

$$\frac{x^2}{m^2}-\frac{y^2}{n^2}=0, \quad \text{d. h.:} \quad \frac{x}{m}+\frac{y}{n}=0 \quad \text{und:} \quad \frac{x}{m}-\frac{y}{n}=0,$$

also auf die allen Hyperbeln gemeinschaftlichen Asymptoten reduzieren; der Anfangspunkt der Koordinaten erscheint also jetzt als Durchschnittspunkt zweier reellen, wie vorhin zweier imaginären geraden Linien. —

Es seien nunmehr $p=0$ und $p_1=0$, ohne Rücksicht darauf, ob reell oder imaginär, die Grenzlinien des Systems (1), so läfst sich die Gleichung desselben ersetzen durch:

$$(6) \quad U+\mu p p_1 = 0,$$

wo μ eine neue beliebige Konstante bedeutet, ohne an Allgemeinheit zu verlieren; denn wenn die Grenzlinien des Systems (1) dem Werte μ_0 des Parameters entsprechen, so dafs also, abgesehen von einem Zahlenfaktor:

$$pp_1 = U+\mu_0 U'$$

ist, so läfst sich U' durch U und pp_1 ausdrücken, so dafs sich alsdann in der That für (1) eine Gleichung von der Form (6) ergiebt. Diese Gleichung (6) aber zeichnet sich dadurch sehr vorteilhaft vor der Gleichung (1) aus, dafs sie unmittelbar zu einem Doppelpunkt der Involution des ganzen Systems führt, nämlich zu dem Punkte $p = 0$, $p_1 = 0$, welcher stets reell ist.

§. 104. Doppelter reeller oder imaginärer Kontakt zweier Kegelschnitte. Von besonderem Interesse ist der Fall, wo in dem allgemeinen Kegelschnittbüschel $U + \mu pp_1 = 0$ (§. 103, 6) der Kegelschnitt U durch das Quadrat eines linearen Ausdrucks q ersetzt wird, so dafs die Gleichung des Büschels wird:

$$(1) \quad q^2 + \mu pp_1 = 0;$$

die gerade Linie $q = 0$ ist alsdann eine Doppellinie des Systems (§. 102), und im besonderen ergiebt dieselbe mit jeder durch den reellen Punkt $p = p_1 = 0$ gelegten Transversalen als Durchschnittspunkt den zweiten Doppelpunkt der Involution, so dafs also jeder solche Schnittpunkt konjugiert harmonisch ist zu dem Punkte $p = p_1 = 0$, oder kürzer bezeichnet (p, p_1), in Beziehung auf die Durchschnittspunkte der Transversalen mit jedem Kegelschnitt (1).

Dieser Satz, welcher als spezielle Folgerung des Satzes (I.) in §. 102 auftritt, mag hier nochmals einen besonderen Beweis finden: jede den Punkt (p, p_1) durchschneidende gerade Linie ist enthalten in der Gleichung:

$$(2) \quad \nu p + \nu p_1 = 0;$$

die Gleichungen (1) und (2) vereinigt ergeben die Schnittpunkte des Kegelschnitts (1) und der Transversalen (2): eliminiert man aus beiden Gleichungen p_1, so erhält man $q^2 - \mu\nu p^2 = 0$, d. h. das System der beiden geraden Linien:

$$q + \sqrt{\mu\nu}.p = 0 \quad \text{und:} \quad q - \sqrt{\mu\nu}.p = 0,$$

welche den Punkt (p, q) mit den Schnittpunkten von (1) und (2) verbinden. Diese Linien aber sind (§. 75) konjugiert harmonisch zu den geraden Linien $p = 0$ und $q = 0$, woraus sich die Richtigkeit unseres Satzes ergiebt.

Sind in der Gleichung (1) die linearen Ausdrücke p und p_1 reell, so werden p und p_1 Tangenten und q die zugehörige Berührungssehne des Kegelschnitts des Systems (1), weil die alsdann reellen Durchschnittspunkte der Doppellinie q mit den Geraden p und p_1 selbst auf dem Kegelschnitt liegen (vergl. §. 68, Form. 4*): die Kegelschnitte (1) berühren sich also alle in diesen

Punkten (p, q) und (p_1, q), d. h. sie haben einen doppelten Kontakt: der Analogie wegen sagt man auch von Kegelschnitten, welche durch die Gleichung (1) dargestellt werden, wenn p und p_1, die gemeinschaftlichen Tangenten, konjugiert imaginär sind, obschon alsdann nur ihr Schnittpunkt reell bleibt, sie haben einen doppelten imaginären Kontakt, und nennt q wie früher die gemeinschaftliche Berührungssehne.

Wenn man in diesem Falle für p und p_1 einführt $s+t\sqrt{-1}$ und $s-t\sqrt{-1}$, so ergiebt sich als die Gleichung eines Involutionssystems von Kegelschnitten, welche einen doppelten imaginären Kontakt haben:

$$(3)\quad q^2+\mu(s^2+t^2)=0,$$

wo q, s, t lineäre Ausdrücke in Beziehung auf x und y mit reellen Koeffizienten sind.

Anm. Durch eine Gleichung von der Form (3) wurde (§. 97) der in Beziehung auf den Hilfskreis $x^2+y^2-r^2=0$ zu einem Kreise $(x-\alpha)^2+(y-\beta)^2-a^2=0$ gehörige Polarkegelschnitt ausgedrückt, nämlich durch:

$$(\alpha x+\beta y+r^2)^2-a^2(x^2+y^2)=0;$$

nimmt man in dieser Gleichung a als veränderlich an, so ergiebt sich zur Vervollständigung der Resultate von §. 97:

Zu einem System konzentrischer Kreise gehören in Beziehung auf einen beliebigen Hilfskreis als Polarkurven ein System von Kegelschnitten, welche einen doppelten imaginären Kontakt haben,

und zwar ist der Mittelpunkt des Hilfskreises $x=y=0$, d. h. der gemeinschaftliche Brennpunkt aller dieser Kegelschnitte, der Grenzpunkt, und die Leitlinie, $\alpha x+\beta y+r^2=0$, die gemeinsame Berührungssehne des Systems.

Wenn man in der Gleichung (3) den Koeffizienten μ, welcher für reelle Kegelschnitte notwendig negativ sein mufs, durch $-\frac{1}{\nu^2}$ ersetzt, so ergiebt sich als die Gleichung eines Systems von Kegelschnitten, welche einen doppelten imaginären Kontakt haben:

$$(4)\quad s^2+t^2-\nu^2q^2=0,$$

wofür sich auch schreiben läfst:

$$s^2+(t+\nu q)(t-\nu q)=0, \quad \text{oder:} \quad t^2+(s+\nu q)(s-\nu q)=0.$$

Aus den beiden letzten Formen der Gleichung geht hervor, dafs s und t die Berührungssehnen sind der Kegelschnitte für die reellen Tangentenpaare $t+\nu q=0$, $t-\nu q=0$ und $s+\nu q=0$, $s-\nu q=0$, d. h. dafs die drei geraden Linien $q=0$, $s=0$, $t=0$ ein Dreieck bilden, dessen Eckpunkte die Pole sind in Beziehung auf die jedesmaligen Gegenseiten als Polaren. Man nennt ein solches Dreieck ein sich selbst konjugiertes, oder kurz Poldreieck, und hat demnach folgenden Satz:

Kegelschnitte mit einem doppelten imaginären Kontakt haben ein Poldreieck gemeinschaftlich,

und zwar ist der innerhalb aller Kegelschnitte liegende Punkt dieses Dreiecks, $s=t=0$, der Grenzpunkt des Systems; die Gleichungen verschiedener Kegelschnitte in der Form (4) unterscheiden sich nur durch die verschiedenen Werte des Parameters ν.

Wir wenden uns jetzt zur Erledigung einer in §. 89 angeregten Frage, welche Bedeutung die Gleichung:

$$(5)\quad u_1 u_2 - v^2 = 0$$

hat, wo:

$$\begin{aligned} u_1 &= ax_1^2+2bx_1y_1+cy_1^2+2dx_1+2ey_1+f, \\ u_2 &= ax^2+2bxy+cy^2+2dx+2ey+f, \\ v &= (ax_1+by_1+d)x+(bx_1+cy_1+e)y+dx_1+ey_1+f, \end{aligned}$$

wenn die beiden Faktoren, in welche sich die linke Seite von (5) stets zerlegen läfst (§. 101), konjugiert imaginär sind, d. h. wenn der Punkt (x_1, y_1) innerhalb des Kegelschnitts $u_2=0$ liegt. Bezeichnen wir die Faktoren von $u_1u_2-v^2$, dieselben mögen reell oder konjugiert imaginär sein, durch p und p_1, so dafs, abgesehen von einem konstanten Faktor:

$$(6)\quad v^2-u_1u_2 = pp_1$$

ist, so läfst sich die Gleichung des Kegelschnitts $u_2=0$ ersetzen durch:

$$(7)\quad v^2-pp_1 = 0;$$

denn wenn man für pp_1 seinen Wert aus (6) einträgt, so ergiebt sich $u_1u_2=0$, d. h. abgesehen von dem Faktor u_1, dem Resultate der Substitution der Koordinaten x_1 und y_1 an Stelle von x und y in u_2, dieselbe Gleichung als die des Kegelschnitts $u_2=0$. Aus (7) aber ergiebt sich, dafs auf jeder durch den Punkt (p, p_1) gelegten Transversalen durch diesen Punkt und die Durchschnittspunkte mit der geraden Linie $v = 0$ und dem Kegelschnitt vier harmonische Punkte bestimmt werden, dafs also $v = 0$ die Polare ist des Punktes (p, p_1) in Beziehung auf den Kegelschnitt. Sind p und p_1, die Faktoren von $u_1 u_2 - v^2$, reell, so stellen sie, gleich Null gesetzt, zwei Tangenten und $v = 0$ die zugehörige Berührungssehne des Kegelschnitts dar (vgl. §. 89); sind dagegen p und p_1 konjugiert imaginär, so drückt die Gleichung (5) den Pol (Durchschnittspunkt zweier konjugierten imaginären Tangenten) zur Polare $v = 0$ aus.

(Aufg. 51.)

§. 105. **Konstruktion eines Kegelschnitts aus gegebenen Elementen.** Zur Anwendung der bisher entwickelten Involutionstheorie mag die Konstruktion beliebig vieler neuen Punkte und Tangenten eines Kegelschnitts dienen, welcher durch eine hinreichende Anzahl von Punkten oder Tangenten (§. 98) gegeben ist. Die Theorie der reziproken Polaren leistet dabei die wesentlichsten Dienste, weil durch sie mit der Konstruktion jeder einzelnen Aufgabe unmittelbar die Lösung einer verwandten Aufgabe gegeben ist, und es sind darum die entsprechenden Aufgaben einander gegenübergestellt worden.

Ia. **Wenn fünf Punkte eines Kegelschnitts gegeben sind.**

Irgend vier der gegebenen Punkte als Eckpunkte bestimmen in beliebiger Reihenfolge ein Vierseit, und es ist auf jeder durch den fünften Punkt gehenden Transversalen der diesem Punkte konjugierte sechste Punkt eines Involutionssystems, von welchem zwei Punktepaare die Schnittpunkte mit den Gegenseitenpaaren des Vierseits sind, ein Punkt des gesuchten Kegelschnitts (§. 102, V.).

Ib. **Wenn fünf Tangenten eines Kegelschnitts gegeben sind.**

Irgend vier der gegebenen Tangenten als Seiten bestimmen in beliebiger Reihenfolge ein Viereck, und es ist für jeden auf der fünften Tangente angenommenen Punkt der dieser Geraden konjugierte sechste Strahl eines Involutionsbüschels, von welchem zwei Strahlenpaare die Verbindungslinien mit den Gegeneckenpaaren des Vierecks sind, eine Tangente des gesuchten Kegelschnitts.

IIa. **Wenn vier Punkte und eine Tangente gegeben sind.**

IIb. **Wenn vier Tangenten und ein Punkt gegeben sind.**

Die gegebenen Punkte als Eckpunkte bestimmen in beliebiger Reihenfolge ein Vierseit, dessen Gegenseitenpaare die gegebene Tangente in den Punktepaaren A und A', B und B' treffen mögen: also läfst sich der Berührungspunkt C dieser Tangente, d. h. ein fünfter Punkt des gesuchten Kegelschnitts, finden als Doppelpunkt eines Involutionssystems durch Konstruktion der Gleichung:

$$\frac{\overline{AC}^2}{\overline{A'C}^2} = \frac{AB.AB'}{A'B.A'B'};$$

man erhält dadurch zwei Punkte C (§. 102) und demnach zwei verschiedene Lösungen der Aufgabe.

IIIa. Wenn drei Punkte und zwei Tangenten gegeben sind.

Die Punkte seien (Fig. 69) p_1, p_2, p_3, der Durchschnittspunkt der Tangenten t_1 und t_2 heifse C, die Durchschnittspunkte ferner der Verbindungssehnen p_2p_3, p_3p_1, p_1p_2 mit den Tangenten t_1 und t_2 bezüglich A_1 und B_1, A_2 und B_2, A_3 und B_3: so ist die Berührungssehne S zu finden; denn diese liefert mit den gegebenen Tangenten zwei neue Punkte des gesuchten Kegelschnitts. Nach §. 102, VIII. ist der Durchschnittspunkt der Berührungssehne S mit irgend einer Transversalen ein Doppelpunkt der Involution dieser Transver-

Die gegebenen Tangenten als Seiten bestimmen in beliebiger Reihenfolge ein Viereck, dessen Gegeneckenpaare mit dem gegebenen Punkte verbunden die Strahlenpaare A und A', B und B' liefern mögen: also läfst sich die durch diesen Punkt gehende Tangente C, d. h. eine fünfte Tangente des gesuchten Kegelschnitts, finden als Doppelstrahl eines Involutionsbüschels durch Konstruktion der Gleichung:

$$\frac{\overline{AC}^2}{\overline{A'C}^2} = \frac{AB.AB'}{A'B.A'B'};$$

man erhält dadurch zwei Tangenten C und demnach zwei verschiedene Lösungen der Aufgabe.

IIIb. Wenn drei Tangenten und zwei Punkte gegeben sind.

Die Tangenten seien t_1, t_2, t_3, die Verbindungslinie der Punkte p_1 und p_2 heifse C, die Verbindungslinien ferner der Durchschnittspunkte (t_2t_3), (t_3t_1), (t_1t_2) mit den Punkten p_1 und p_2 bezüglich A_1 und B_1, A_2 und B_2, A_3 und B_3: so ist der Schnittpunkt S der Tangenten an p_1 und p_2 zu finden; denn dieser liefert mit den gegebenen Punkten verbunden zwei neue Tangenten des gesuchten Kegelschnitts. Die Verbindungslinie dieses Schnittpunktes S mit irgend einem Schnittpunkte zweier Tangenten ist ein Doppelstrahl salen zu deren Durchschnittspunkten mit den beiden Tangenten und dem Kegelschnitt: bezeichnet man also die Durchschnittspunkte der Berührungssehne mit den beiden Transversalen p_2p_3 und p_3p_1 bezüglich durch X und Y, so ergeben sich zur Bestimmung dieser Punkte die Gleichungen:

$$\frac{\overline{A_1X}^2}{\overline{B_1X}^2} = \frac{A_1p_2 . A_1p_3}{B_1p_2 . B_1p_3}$$

und:

$$\frac{\overline{A_2Y}^2}{\overline{B_2Y}^2} = \frac{A_2p_3 . A_2p_1}{B_2p_3 . B_2p_1};$$

diese Gleichungen liefern zwei Punkte X und zwei Punkte Y, d. h. es giebt vier verschiedene Lagen der Berührungssehne S und demnach vier verschiedene Kegelschnitte, welche der Aufgabe entsprechen.

des Involutionsbüschels zu den Verbindungslinien mit den Berührungspunkten der beiden Tangenten und den Tangenten an den Kegelschnitt: bezeichnet man also die Verbindungslinien des Schnittpunktes S mit den Schnittpunkten der Tangentenpaare (t_2t_3) und (t_3t_1) bezüglich durch X und Y, so ergeben sich zur Bestimmung dieser Linien die Gleichungen:

$$\frac{\overline{A_1X}^2}{\overline{B_1X}^2} = \frac{A_1t_2 . A_1t_3}{B_1t_2 . B_1t_3}$$

und:

$$\frac{\overline{A_2Y}^2}{\overline{B_2Y}^2} = \frac{A_2t_3 . A_2t_1}{B_2t_3 . B_2t_1};$$

diese Gleichungen liefern zwei Linien X und zwei Linien Y, d. h. es giebt vier verschiedene Lagen des Schnittpunktes S der Tangenten an p_1 und p_2 und demnach vier verschiedene Kegelschnitte, welche der Aufgabe entsprechen.

(Aufg. 52.)

§. 106. Der Pascalsche Satz mit seinen Folgerungen. Die drei Gleichungen:

$$(1)\quad U = ax^2 + 2bxy + cy^2 + 2dx + 2ey + f = 0,$$

$$(2)\quad U + \mu . pq = 0,$$

$$(3)\quad U + \nu . pr = 0,$$

wo p, q, r lineäre Ausdrücke in Beziehung auf x und y mit reellen Koeffizienten sind, drücken drei Kegelschnitte aus, welche eine Sehne, nämlich die Linie $p = 0$, gemeinschaftlich haben; aufserdem sind $q = 0$ und $r = 0$ die Verbindungslinien der übrigen beiden reellen oder konjugierten imaginären Durchschnittspunkte bezüglich des ersten und zweiten, und des ersten und dritten Kegelschnitts. Durch

Subtraktion der zweiten und dritten Gleichung ergiebt sich:

$$p(\mu q - \nu r) = 0,$$

also die Gleichung eines neuen Kegelschnittes, welcher durch die Schnittpunkte der Kegelschnitte (2) und (3) geht. Dieser Kegelschnitt degeneriert in das System der beiden geraden Linien $p = 0$ und $\mu q - \nu r = 0$, d. h. die letzte Gleichung gehört der Verbindungslinie der beiden übrigen Schnittpunkte der Kegelschnitte (2) und (3) an. Die drei Linien $q = 0$, $r = 0$, $\mu q - \nu r = 0$ gehen durch denselben Punkt (q, r), also:

I. Wenn drei Kegelschnitte eine gemeinschaftliche Sehne haben, so durchschneiden sich die drei übrigen, je zweien derselben gemeinschaftlichen Sehnen in einem und demselben Punkte.

Kreise sind anzusehen als Kegelschnitte, welche eine gemeinschaftliche (ideale) Sehne im Unendlichen haben (§. 100), also:

II. Die gemeinschaftlichen reellen oder imaginären Sehnen dreier Kreise gehen durch denselben Punkt (§. 30, II.).

Wenn die Kegelschnitte (2) und (3) Systeme zweier geraden Linien werden, so läfst sich Satz I. folgendermafsen darstellen:

Wenn durch einen Kegelschnitt U zwei Paar gerader Linien gelegt werden (Fig. 70), nämlich a, a_1 und b, b_1, von denen sich a und b, sowie a_1 und b_1 auf dem Kegelschnitt durchschneiden, so gehen die drei Verbindungslinien der zweiten Durchschnittspunkte der gegebenen Linienpaare mit U und unter sich, nämlich:

a_2, die Verbindungslinie der Punkte (a, U) und (a_1, U),
b_2, - - - - (b, U) - (b_1, U),
c_2, - - - - (a, b_1) - (a_1, b),

durch denselben Punkt.

Die sechs geraden Linien a, b in der Reihenfolge a, b, b_2, b_1, a_1, a_2 sind die Seiten eines dem Kegelschnitt U eingeschriebenen Sechsecks: es ist also von einem solchen nachgewiesen, dafs die Verbindungslinie der Schnittpunkte der Seitenpaare a, b_1 und b, a_1 durch den Schnittpunkt des Seitenpaars a_2, b_2 geht, also:

III. Bei jedem einem Kegelschnitt eingeschriebenen Sechseck liegen die drei Durchschnittspunkte der Gegenseitenpaare auf einer geraden Linie.

Dieser Satz rührt von Pascal her, und man nennt darum ein einem Kegelschnitt eingeschriebenes Sechseck gewöhnlich ein Pascalsches Sechseck. Der reziproke polare Satz ist als eine der ersten Anwendungen der Theorie der reziproken Polaren von Brianchon gegeben worden, nämlich:

IV. Bei jedem einem Kegelschnitt umschriebenen Sechsseit gehen die drei Verbindungslinien der Gegeneckenpaare durch einen und denselben Punkt.

Die Sätze (III.) und (IV.) sind darum von so grofser Bedeutung für die Theorie der Kegelschnitte, weil sie auf die einfachste Weise den geometrischen Zusammenhang jedes sechsten Punktes oder jeder sechsten Tangente eines Kegelschnitts, von welchem bezüglich fünf Punkte oder fünf Tangenten ihrer Lage nach bekannt sind, mit diesen gegebenen Bestimmungsstücken darthun (§. 105, I_a und I_b.). Wir beschränken uns hier auf wenige Folgerungen dieser Sätze: Wenn von den auf einander folgenden Eckpunkten des eingeschriebenen Sechsecks zwei unendlich nahe rücken, so dafs die sie verbindende Sehne eine Tangente des Kegelschnitts wird, so ergiebt sich aus (III.) der Satz:

V. In jedem einem Kegelschnitt eingeschriebenen Fünfeck durchschneidet die Verbindungslinie der Durchschnittspunkte von zwei Paar abwechselnden Seiten, z. B. der ersten und dritten und der zweiten und vierten, die letzte (fünfte) Seite in einem Punkte der an den Kegelschnitt in dem der fünften Seite gegenüberliegenden Eckpunkte (2, 3) gelegten Tangente,

und der reziproke polare Satz:

VI. In jedem einem Kegelschnitt umschriebenen Fünfseit durchschneidet die gerade Linie, welche den Schnittpunkt der Verbindungslinien von zwei Paar abwechselnden Eckpunkten, z. B. des ersten und dritten und des zweiten und vierten, mit dem letzten (fünften) Eckpunkte verbindet, die diesem Eckpunkt gegenüberliegende Seite (2, 3) in ihrem Berührungspunkte.

Die Anwendung dieser beiden Sätze auf die Vervollständigung der im vorigen Paragraphen angegebenen Konstruktionen der Punkte oder Tangenten eines Kegelschnitts aus gegebenen Stücken ist ohne weiteres klar.

Wenn zwei Seiten des eingeschriebenen Sechsecks Tangenten des Kegelschnitts werden, so ergiebt sich aus (III.) folgende Eigenschaft des eingeschriebenen Vierecks:

VII. Der Durchschnittspunkt der Tangenten an jeden zwei Gegenecken eines einem Kegelschnitt eingeschriebenen Vierecks liegt mit den beiden Schnittpunkten der Gegenseitenpaare auf einer geraden Linie,

und der reziproke polare Satz:

VIII. Die Verbindungslinie der Berührungspunkte jeder zwei Gegenseiten eines einem Kegelschnitt umschriebenen Vierseits trifft mit den Verbindungslinien der Gegeneckenpaare in demselben Punkte zusammen.

Aus den Sätzen VII. und VIII. geht ein eigentümlicher Zusammenhang zwischen den durch vier Punkte eines Kegelschnitts als Eckpunkte bestimmten eingeschriebenen drei Vierecken und den durch dieselben vier Punkte als Berührungspunkte der Seiten bestimmten umschriebenen drei Vierseiten hervor, nämlich:

IX. Die Seiten der drei eingeschriebenen Vierecke durchschneiden sich aufser in den vier Punkten des Kegelschnitts noch in drei Punkten A, B, C, und die Eckpunkte der drei umschriebenen Vierseite liegen aufser auf den vier Tangenten des Kegelschnitts noch auf drei geraden Linien a, b, c: jede dieser Geraden geht durch zwei jener Punkte, d. h. es wird durch die Punkte A, B, C als Eckpunkte und die Linien a, b, c als Seiten ein und dasselbe Dreieck bestimmt.

Man kann auf der Transversalen, welche den Durchschnittspunkt der Diagonalen eines einem Kegelschnitt eingeschriebenen Vierecks mit dem Durchschnittspunkte zweier Gegenseiten verbindet, diese beiden Durchschnittspunkte als Doppelpunkte der Involution ansehen (§. 102, V. und VI.): darum sind diese Punkte konjugiert harmonisch zu den Schnittpunkten der Transversalen mit dem Kegelschnitt und ist ferner die Verbindungslinie der Durchschnittspunkte beider Gegenseitenpaare die Polare des Durchschnittspunktes der Diagonalen: dies auf alle drei eingeschriebenen Vierecke angewandt ergiebt den Satz:

X. Jeder von den drei Punkten, in denen sich die Verbindungslinien von vier auf einem Kegelschnitt liegenden Punkten, aufser auf dem Kegelschnitt, durchschneiden, ist der Pol der Verbindungslinie der beiden anderen.

Es wird also durch diese Punkte ein sich selbst konjugiertes Dreieck bestimmt (§. 104); dasselbe ist gemeinschaftlich für alle durch dieselben vier Punkte gehenden Kegelschnitte, also:

XI. Alle sich in denselben vier Punkten durchschneidenden Kegelschnitte haben ein sich selbst konjugiertes Dreieck gemeinschaftlich, nämlich dasjenige Dreieck, welches die Schnittpunkte der paarweisen Verbindungslinien der vier Punkte zu Ecken hat (vgl. §. 104),

und der reziproke polare Satz lautet:

XII. Alle dieselben vier geraden Linien berührenden Kegelschnitte haben ein sich selbst konjugiertes Dreieck gemeinschaftlich, nämlich dasjenige Dreieck, welches die Verbindungslinien der Gegenecken der durch die vier geraden Linien bestimmten Vierseite zu Seiten hat.

Wenn endlich, wie in (IX.), die Eckpunkte eines einem Kegelschnitt eingeschriebenen Vierecks die Berührungspunkte der Seiten eines umschriebenen Vierseits sind, also Viereck und Vierseit sich als reziproke polare Figuren entsprechen, so haben dieselben das sich selbst konjugierte Dreieck gemeinschaftlich.

(Aufg. 53—55.)

Anhang.

A. Aufgaben.

1. Die durch die Koordinaten (x_1, y_1) und (x_2, y_2) ihrer Endpunkte bestimmte gerade Linie P_1P_2 ist durch den Punkt P so geteilt, dafs

$$P_1P : P_2P = \alpha_2 : \alpha_1, \quad \text{wo } \alpha_1 > \alpha_2:$$

die Koordinaten (x, y) von P zu bestimmen.

2. Zwei Seiten BC und CA des Dreiecks ABC sind durch die Punkte A_1 und B_1 in einem bestimmten Verhältnis geteilt und die Teilpunkte mit den Gegenecken verbunden: die Koordinaten des Schnittpunktes P der Verbindungslinien darzustellen, und in welchem Verhältnis AB durch PC geteilt wird. Gegeben die Koordinaten x_1y_1, x_2y_2, x_3y_3 der Ecken A, B, C und

$$BA_1 : CA_1 = \gamma : \beta; \quad CB_1 : AB_1 = \alpha : \gamma.$$

3. Wenn die von den Ecken A, B, C eines Dreiecks und einem beliebigen Punkte P auf eine in der Ebene des Dreiecks gezogene Gerade G gefällten Lote bezüglich x_1, x_2, x_3 und x sind, so gehört dem Punkte P eine bestimmte Gleichung zu

$$x = \frac{\alpha x_1 + \beta x_2 + \gamma x_3}{\alpha + \beta + \gamma},$$

in welcher die Koeffizienten α, β, γ unabhängig von der Lage der Linie G sind: welche Beziehung haben diese Koeffizienten zu einander?

4. (Vergl. Aufg. 3.) Vom Dreieck ABC seien die Seiten gegeben:

$$BC = a, \quad CA = b, \quad AB = c$$

und die Winkel

$$A = \alpha, \quad B = \beta, \quad C = \gamma:$$

zu bestimmen den Wert von x

a. für den Schwerpunkt des Dreiecks:

b. für den Mittelpunkt des inneren Berührungskreises;

c. für den Mittelpunkt des umschriebenen Kreises;

d. für den Höhenschnittpunkt.

5. (Vergl. Aufg. 3 und 4.) Welche Lage hat der Punkt $x =$

a. $\dfrac{x_1 + 2x_2 + 3x_3}{6}$;

b. $(-x_1 + x_2 + x_3)$;

c. $\dfrac{x_1 . \operatorname{tg}\frac{\alpha}{2} + x_2 . \operatorname{tg}\frac{\beta}{2} + x_3 . \operatorname{tg}\frac{\gamma}{2}}{\operatorname{tg}\frac{\alpha}{2} + \operatorname{tg}\frac{\beta}{2} + \operatorname{tg}\frac{\gamma}{2}}$;

d. Die vier Punkte:

$$\frac{\lambda x_1 + \mu x_2 + \nu x_3}{\lambda + \mu + \nu}, \quad \frac{-\lambda x_1 + \mu x_2 + \nu x_3}{-\lambda + \mu + \nu},$$

$$\frac{\lambda x_1 - \mu x_2 + \nu x_3}{\lambda - \mu + \nu}, \quad \frac{\lambda x_1 + \mu x_2 - \nu x_3}{\lambda + \mu - \nu}.$$

6. Die Verbindungslinien der Mitten der Seiten eines Dreiecks mit den Mitten der zugehörigen Höhen gehen durch denselben Punkt P, die Lage dieses Punktes wie in 3. und 4. darzustellen. (Vergl. Aufg. 44.)

7. Zu beweisen, dafs die drei Punkte A, B, C:

$$x_1 = \frac{p.\cos(\beta+\gamma)}{\cos\alpha}; \quad x_2 = \frac{p.\cos(\gamma+\alpha)}{\cos\beta}; \quad x_3 = \frac{p.\cos(\alpha+\beta)}{\cos\gamma}$$

$$y_1 = \frac{p.\sin(\beta+\gamma)}{\cos\alpha}; \quad y_2 = \frac{p.\sin(\gamma+\alpha)}{\cos\beta}; \quad y_3 = \frac{p.\sin(\alpha+\beta)}{\cos\gamma}$$

auf derselben geraden Linie liegen, und die Gleichung dieser Linie darzustellen.

8. Gegeben die Gleichungen der drei Seiten BC, CA, AB eines Dreiecks:

$$y = \alpha x + a; \quad y = \beta x + b; \quad y = \gamma x + c:$$

die Längen der drei Seiten und den Inhalt zu bestimmen.

9. Zwei Linien seien durch ihre Gleichungen gegeben:

$$y = \alpha x + a; \quad y = \beta x + b:$$

die Gleichungen der beiden Halbierungslinien ihres Winkels zu finden.

10. Zu einer Dreiecksseite ist eine Parallele gezogen, und deren Schnittpunkte mit den Seiten sind mit den Gegenecken verbunden: den Ort des Schnittpunktes dieser Verbindungslinien zu bestimmen, wenn die Parallele ihre Lage ändert.

11. Wenn man zwei Seiten eines Dreiecks über die dritte hinaus um Stücke verlängert (oder verkürzt), welche ein gegebenes Verhältnis zu einander haben, und die freien Endpunkte mit den Endpunkten der dritten Seite verbindet, den Ort des Schnittpunktes der Verbindungslinien zu bestimmen.

12. Die Gleichung und Länge des von einem gegebenen Punkte P_1 (x_1, y_1) auf die gerade Linie L:

$$x.\cos\alpha + y.\cos\beta = p,$$

wo $\alpha + \beta$ gleich dem Winkel der Koordinatenaxen ist, gefällten Lotes darzustellen.

13. Den Ort zu bestimmen eines Punktes, für welchen das Quadrat des Abstandes von einem gegebenen Punkte zum Abstand von einer gegebenen geraden Linie ein konstantes Verhältnis hat.

14. Den Ort zu finden für die Spitze eines Dreiecks, von welchem die Basis gleich c gegeben ist und

a. die Differenz der Quadrate der beiden anderen Seiten gleich d^2, oder

b. die Summe der Quadrate dieser Seiten gleich d^2, oder

c. der Winkel an der Spitze gleich γ.

15. Welcher geometrische Ort wird durch die Gleichung

$$\frac{x-y}{x+y} = \frac{x+y-a}{y-x+b}$$

dargestellt?

16. Von den drei von einem Punkte P auf die Seiten eines Dreiecks gefällten Loten soll das Quadrat des einen zum Rechteck der beiden anderen ein gegebenes Verhältnis haben: unter welchen Bedingungen ist der Ort von P ein Kreis?

17. Wenn man von einem beliebigen Punkte P_1 der Ebene eines Dreiecks auf die Seiten desselben Lote fällt, so werde das durch die Fufspunkte dieser Lote als Eckpunkte bestimmte Dreieck Δ_1 als das Fufspunktsdreieck von P_1 bezeichnet:

den Ort zu finden der Punkte P_1, deren Fufspunktsdreieck von gegebener Gröfse Δ_1 ist.

18. Wo liegen die Fufspunkte der von einem beliebigen Punkte P der Peripherie des einem Dreieck umschriebenen Kreises auf die Dreiecksseiten gefällten Lote?

19. Den Ort zu bestimmen eines Punktes, für welchen die an zwei gegebene Kreise gelegten Tangenten ein gegebenes Verhältnis haben.

20. Durch einen Punkt O auf der Peripherie eines Kreises werden zwei beliebige Sehnen gezogen und über denselben als Durchmesser Kreise konstruiert: den zweiten Schnittpunkt dieser Kreise darzustellen.

21. Wenn man über drei durch einen und denselben Punkt O eines Kreises gezogenen Sehnen als Durchmessern Kreise konstruiert, so durchschneiden sich die drei Kreise, aufser in O, in drei Punkten einer geraden Linie.

22. Die Bedingung anzugeben, dafs zwei durch ihre Gleichungen gegebenen Kreise sich rechtwinklig durchschneiden.

23. Gegeben drei Kreise in derselben Ebene: wenn man durch die Schnittpunkte je zweier von ihnen einen Kreis konstruiert, der den dritten rechtwinklig durchschneidet, so haben die drei neuen Kreise dieselbe Sehne gemeinschaftlich.

24. Wenn man um die Eckpunkte A, B, C eines Dreiecks Kreise beschreibt, welche sich zu zwei durchschneiden, und um drei Punkte A_1, B_1, C_1 der Seiten, welche auf derselben Geraden und bezüglich auf den Gegenseiten von A, B, C liegen, als Mittelpunkte Kreise, durch die Schnittpunkte BC, CA, AB der ersten Kreise, so haben die Kreise um A_1, B_1, C_1 dieselbe Sehne gemeinschaftlich.

25. Für welchen Wert von β ist der Kegelschnitt:

$$y^2 + \alpha x^2 + 2\beta x + \gamma = 0$$

auf einen Brennpunkt als Anfangspunkt der Koordinaten bezogen?

26. Wenn man durch einen gegebenen Punkt O einer Hauptaxe eines Kegelschnittes eine Sehne zieht und in deren Endpunkten die Normalen: den Ort zu bestimmen des Schnittpunktes N dieser Normalen, wenn die Sehne durch O ihre Lage ändert.

26a. (Anschliefsend.) Wenn man durch den Schnittpunkt N der Normalen in den Endpunkten einer durch einen Brennpunkt eines Kegelschnittes gehenden Sehne eine Parallele zur grofsen Axe legt, so wird durch dieselbe die Sehne halbiert.

27. Eine Ellipse durch drei Halbmesser, von denen der eine seiner Lage nach gegeben ist, in drei gleiche Teile zu teilen.

28. Dreiteilung des Winkels. (Fig. 71.) Gegeben der Winkel $AOB < \frac{\pi}{2}$: durch den Punkt A sei die gleichseitige Hyperbel gelegt, für welche OB die eine Asymptote ist. Man ziehe den zu A gehörigen Durchmesser AOA_1 und mit ihm als Radius um A als Mittelpunkt den Kreis, welcher den innerhalb des Winkels AOB liegenden Hyperbelast in C durchschneidet, verbinde O mit dem Mittelpunkt D von AC, so ist Winkel $DOB = \frac{1}{3}AOB$.

29. Zu beweisen, dafs für einen reellen Halbmesser einer Hyperbel und den konjugierten Nebenhalbmesser die Differenz der Quadrate, sowie das von ihnen bestimmte Parallelogramm konstant ist.

30. Wenn man durch einen Kegelschnitt K und eine der Leitlinien L eine Transversale legt und deren Schnittpunkte k_1 und k_2, bezüglich l mit dem zu L gehörigen Brennpunkt f verbindet, so wird durch lf der Winkel k_1fk_2 halbiert.

31. Aus den Beziehungen zwischen Leitlinie und Brennpunkt (§. 49, II.) herzuleiten, dafs bei der Ellipse die Summe, bei der Hyperbel die Differenz der Fokalstrahlen einen konstanten Wert hat.

32. Den Ort zu bestimmen des Schnittpunktes senkrechter Tangenten bei einer Parabel.

33. In welcher Beziehung steht das vom Brennpunkte einer Parabel auf eine Tangente gefällte Lot l zu dem zum Berührungspunkt gehörigen Fokalstrahl ϱ?

34. Unter Zugrundelegung rechtwinkliger Koordinaten aus der Scheitelgleichung der Parabel darzuthun, dafs der Schnittpunkt P_0 zweier Tangenten, der Mittelpunkt P_3 der Berührungssehne P_1P_2 und der Berührungspunkt P_4 der ihr parallelen Tangente auf demselben Durchmesser der Parabel, P_4 in der Mitte von P_0 und P_3, liegen.

35. Die Verbindungslinie d eines beliebigen Punktes P aufserhalb der Parabel mit deren Brennpunkt ist die mittlere Proportionale zu den Leitstrahlen ϱ_1 und ϱ_2 nach den Berührungspunkten der Tangenten von P aus.

36. (Anschliefsend.) Das Rechteck der vom Brennpunkt auf zwei beliebige Tangenten gefällten Lote ist gleich dem Rechteck der Verbindungslinie mit dem Schnittpunkt der Tangenten und der Fokaldistanz vom Scheitelpunkt.

37. Das durch eine gerade Linie von einer Parabel abgeschnittene Segment S ist, aufser vom Parameter, nur von der Differenz der von den Schnittpunkten auf die Axe gefällten Lote abhängig.

38. Gegeben das Parallelogramm $ABCD$: den Ort zu finden eines Punktes, für welchen die Quadrate der Abstände von zwei Gegenecken, z. B. A und C, sich verhalten wie die Rechtecke der Abstände von den in A und C zusammenstossenden Seitenpaaren.

39. (Anschliefsend.) Für jedes der durch eine Diagonale abgeschnittenen Dreiecke, z. B. ABC, ist derselbe Ort zugleich durch die Eigenschaft charakterisiert, dafs wenn man einen beliebigen Punkt P desselben mit den Punkten A und C (den Endpunkten einer Diagonale) verbindet bis zur Durchschneidung mit den Seiten BC und BA, bezüglich in A_1 und C_1, die Produkte der Abschnitte dieser Verbindungslinien einander gleich sind, also

$$PA.PA_1 = PC.PC_1.$$

40. Der Ort (Aufg. 38) geht durch den Höhenschnittpunkt eines jeden der vier Dreiecke BAC, DAC, ABD, CBD.

41. Wenn man einer gleichseitigen Hyperbel ein Parallelogramm $ABCD$ einzeichnet, dessen Seiten konjugierten Durchmessern parallel sind, und man verbindet einen beliebigen Punkt P derselben mit zwei Gegenecken, z. B. A und C, so werden durch die Schnittpunkte dieser Verbindungslinien mit den Gegenseiten, also durch PA auf BC und DC die Abschnitte PA_1 und PA_2, durch PC auf BA und DA die Abschnitte PC_1 und PC_2 bestimmt, welche gleiches Verhältnis zu einander haben, so dafs

$$\frac{PA_1}{PA_2} = \frac{PC_1}{PC_2}.$$

42. Zur Konstruktion der Parabel. Es seien $OA = a$ und $OB = b$, die begrenzten Schenkel eines Winkels von beliebiger Gröfse, in gleichviel (n) gleiche Stücke geteilt und jeder $k$te Teilpunkt des Schenkels OA, von O aus gerechnet, mit dem $k$ten Teilpunkt des Schenkels OB, von B aus gerechnet, verbunden, so sind die Verbindungslinien Tangenten einer Parabel.

43. Die Gleichung der Verbindungslinie der Punkte P_1 (x_1, y_1) und P_2 (x_2, y_2) der Kurve $\sqrt{\frac{x}{l}} + \sqrt{\frac{y}{m}} = 1$ darzustellen, sowie die der Tangente am Punkte P_1.

44. Den Ort zu bestimmen eines Punktes, für welchen die die Summe der Quadrate der Abstände von den Seiten eines Dreiecks den konstanten Wert d^2 hat.

45. Auf der Hypotenuse AB des rechtwinkligen Dreiecks ABC ist ein Punkt P so angenommen, dafs $AP:BP = BC:AC$; den Ort von P zu bestimmen bei veränderter Lage von AB, während $AC = b$ dieselbe Länge beibehält.

46. Die gegenseitige Lage der Ähnlichkeitspunkte dreier Kreise darzustellen.

47. Den Ort zu bestimmen für den Scheitelpunkt eines rechten Winkels, dessen Schenkel Tangenten sind zweier konfokalen Ellipsen.

48. Die Bedingung anzugeben, dafs durch vier Punkte eines Kegelschnittes sich ein Kreis legen läfst.

49. Auf jeder durch einen beliebig gegebenen Punkt und einen Kegelschnitt gelegten Transversalen ergiebt sich eine Sehne von bestimmter Länge: beschreibt man über dieser Sehne als Durchmesser einen Kreis, so geht die Verbindungslinie der beiden weiteren Schnittpunkte von Kreis und Kegelschnitt durch einen festen Punkt.

50. Den vierten Schnittpunkt zweier Kegelschnitte zu bestimmen, welche drei Punkte gemeinschaftlich haben, und von denen aufserdem je zwei Punkte gegeben sind.

51. Wenn man die von einem Punkte O an einen Kegelschnitt gelegten Tangenten als Seiten eines Parallelogramms wählt, so geht die zugehörige Diagonale durch den Mittelpunkt des Kegelschnittes, und die zweite Diagonale hat die Richtung eines konjugierten Durchmessers.

52. Einen Kegelschnitt zu konstruieren, von dem drei Punkte und ein Brennpunkt gegeben sind.

53. Ein System von Kegelschnitten darzustellen, welche demselben Parallelogramm eingeschrieben sind.

54. Den Inhalt der gröfsten einem gegebenen Parallelogramm einzuschreibenden Ellipse darzustellen.

55. Ein System von Kegelschnitten darzustellen, welche demselben Vierseit eingeschrieben sind.

B. Lösungen.

1. Für den inneren Teilungspunkt P ergiebt sich:

$$x = \frac{\alpha_1 x_1 + \alpha_2 x_2}{\alpha_1 + \alpha_2}, \quad y = \frac{\alpha_1 y_1 + \alpha_2 y_2}{\alpha_1 + \alpha_2};$$

für den äufseren Teilungspunkt:

$$x = \frac{\alpha_1 x_1 - \alpha_2 x_2}{\alpha_1 - \alpha_2}, \quad y = \frac{\alpha_1 y_1 - \alpha_2 y_2}{\alpha_1 - \alpha_2}.$$

2. Die Abscisse x des Punktes P ist:

$$x = \frac{\alpha x_1 + \beta x_2 + \gamma x_3}{\alpha + \beta + \gamma}$$

und analog y (vergl. 1.) und die Teilung von AB ist bestimmt durch die Gleichung $AC_1 : BC_1 = \beta : \alpha$.

3. Sind A, B, C die Ecken des gegebenen Dreiecks und werden die Dreiecke BCP, CAP, ABP und ABC durch $\varDelta_1$, $\varDelta_2$, $\varDelta_3$ und $\varDelta$ bezeichnet, wo $\varDelta_1 + \varDelta_2 + \varDelta_3 = \varDelta$ ist, also die ersten Dreiecke eventuell negativ zu nehmen sind, so ergiebt sich

$$\alpha : \beta : \gamma = \varDelta_1 : \varDelta_2 : \varDelta_3.$$

4. a. $\dfrac{x_1 + x_2 + x_3}{3}$. b. $\dfrac{ax_1 + bx_2 + cx_3}{a + b + c}$.

c. $\dfrac{\sin 2\alpha . x_1 + \sin 2\beta . x_2 + \sin 2\gamma . x_3}{4 \sin\alpha . \sin\beta . \sin\gamma}$. d. $\dfrac{\operatorname{tg}\alpha . x_1 + \operatorname{tg}\beta . x_2 + \operatorname{tg}\gamma . x_3}{\operatorname{tg}\alpha . \operatorname{tg}\beta . \operatorname{tg}\gamma}$.

5. a. Man kann den fraglichen Punkt etwa, wie folgt, darstellen:

$$\frac{x_1 + 5 \cdot \dfrac{2x_2 + 3x_3}{5}}{6}, \quad \frac{x_2 + 2 \cdot \dfrac{3x_3 + x_1}{4}}{3}, \quad \frac{x + \dfrac{x_1 + 2x_2}{3}}{2};$$

danach ergiebt sich P als Schnittpunkt der drei Linien AA_1, BB_1, CC_1, wo

$$BA_1 : CA_1 = 3:2; \quad CB_1 : AB_1 = 1:3; \quad AC_1 : BC_1 = 2:1;$$

während seine Lage auf diesen Linien selbst bestimmt ist durch die Proportionen:

$$AP : A_1P = 5:1; \quad BP : B_1P = 2:1; \quad CP : C_1P = 1:1.$$

5. b. Der Gegeneckpunkt von A in dem Parallelogramm, welches AB und AC zu Seiten hat; Darstellungen:

$$\frac{-x_1+2\cdot\frac{x_2+x_3}{2}}{-1+2},\quad \frac{x_2+0\cdot\frac{x_3-x_1}{0}}{1+0},\quad \frac{x_3+0\cdot\frac{-x_1+x_2}{0}}{1+0}.$$

5. c. Der Schnittpunkt der Verbindungslinien der Ecken mit den Berührungspunkten der Seiten und des inneren Berührungskreises.

5. d. Die Seiten BC, CA, AB des Dreiecks sind innerhalb und aufserhalb in gleichem Verhältnis geteilt, bezüglich durch die Punkte A_1, B_1, C_1 und A_2, B_2, C_2, so dafs:

$$BA_1:CA_1=BA_2:CA_2=\nu:\mu;$$
$$CB_1:AB_1=CB_2:AB_2=\lambda:\nu;$$
$$AC_1:BC_1=AC_2:BC_2=\mu:\lambda; \text{ —}$$

die vier Punkte sind die Schnittpunkte der Linien: AA_1, BB_1, CC_1; AA_1, BB_2, CC_2; AA_2, BB_1, CC_2; AA_2, BB_2, CC_1.

6. Man verbinde die Mittelpunkte der Seiten A_0 von BC, B_0 von CA, C_0 von AB mit einander, so ergeben sich auf den Höhen AA_1, BB_1, CC_1 bezüglich die Schnittpunkte A_2, B_2, C_2:. nunmehr durchschneiden sich die Linien A_0A_2, B_0B_2, C_0C_2 in demselben Punkte P, der für das Dreieck $A_0B_0C_0$ durch

$$\frac{\operatorname{ctg}\alpha.x_{0,1}+\operatorname{ctg}\beta.x_{0,2}+\operatorname{ctg}\gamma.x_{0,3}}{\operatorname{ctg}\alpha+\operatorname{ctg}\beta+\operatorname{ctg}\gamma}$$

für das Dreieck ABC durch

$$\frac{a^2x_1+b^2x_2+c^2x_3}{a^2+b^2+c^2}$$

dargestellt wird.

7. Man setze $\alpha+\beta+\gamma=\delta$ und führe statt $\beta+\gamma$, $\gamma+\alpha$, $\alpha+\beta$ ein $\delta-\alpha$, $\delta-\beta$, $\delta-\gamma$, so ergiebt sich sofort, wenn man für jeden der gegebenen Punkte die Abscisse mit $\cos\delta$, die Ordinate mit $\sin\delta$ multipliziert und die so erhaltenen Produkte addiert: $x.\cos\delta+y.\sin\delta=p$ als die gerade Linie, auf der alle drei Punkte liegen. — Die Richtigkeit dieses Resultates läfst sich durch eine einfache Konstruktion bestätigen. Ist O der Anfangspunkt eines rechtwinkligen Axensystems und die Linie L gegeben, welche von O die Entfernung OP gleich p haben und mit der positiven Seite der x-Axe den Winkel $180^0-\delta$ bilden mag: auf L sei nunmehr

der Punkt A bestimmt durch den Winkel $POA = \alpha$, so ist $PA = \frac{p}{\cos\alpha}$ und demnach die Abscisse und Ordinate des Punktes A bezüglich $\frac{p.\cos(\delta-\alpha)}{\cos\alpha}$ und $\frac{p.\cos(\delta-\alpha)}{\sin\alpha}$.

8. Ist der Ausdruck

$$\alpha(b-c)+\beta(c-a)+\gamma(a-b) = \Delta$$

gesetzt, so werden, abgesehen vom Vorzeichen:

$$BC = \frac{\sqrt{1+\alpha^2}.\Delta}{(\beta-\alpha)(\gamma-\alpha)} \quad \text{u. s. w.};$$

der Inhalt $= \frac{\Delta^2}{2(\beta-\gamma)(\gamma-\alpha)(\alpha-\beta)}$.

9. Ist (x_1, y_1) ein Punkt einer der beiden Halbierungslinien, so sind die von ihm auf die gegebenen Linien gefällten Lote einander gleich, also

$$\frac{y_1-\alpha x_1-a}{\sqrt{1+\alpha^2}} = \frac{y_1-\beta x_1-b}{\pm\sqrt{1+\beta^2}},$$

folglich die Gleichungen der Halbierungslinien:

$$y(\sqrt{1+\beta^2}\mp\sqrt{1+\alpha^2})$$
$$= (\alpha\sqrt{1+\beta^2}\mp\beta\sqrt{1+\alpha^2})x+a\sqrt{1+\beta^2}\mp b\sqrt{1+\alpha^2},$$

wo die oberen und unteren Zeichen zusammengehören; dieselben stehen auf einander senkrecht, weshalb?

10. Ist ABC das gegebene Dreieck und sind die Parallelen zu AB gezogen, so ist der Ort die durch C und die Mitte von AB gehende Gerade. Für $BC = a$ und $AC = b$ als Abscissen- und Ordinatenaxe wird die Gleichung des Ortes $\frac{x}{a} = \frac{y}{b}$.

11. Der Ort ist eine gerade Linie. Sind die beiden ersten Seiten a und b als (schiefwinklige) Koordinatenaxen angenommen und verhalten sich deren Verlängerungen wie $\alpha : \beta$, so ergiebt sich als Gleichung des gesuchten Ortes: $\frac{x-a}{y-b} = \frac{\alpha}{\beta}$; diese Linie geht durch die Gegenecke des über den Seiten a und b konstruierten Parallelogramms; für $\alpha = \beta$ wird sie die Diagonale selbst (Aufg. 10).

12. Weil das gesuchte Lot durch den Punkt P_1 gehen soll, ist seine Gleichung von der Form

$$y-y_1 = \mu(x-x_1),$$

und weil dasselbe auf der Linie L, deren Richtungskoeffizient μ_1 den Wert $-\frac{\cos\alpha}{\cos\beta}$ hat, senkrecht stehen soll, ergiebt sich (§. 24, 7):

$$\mu = -\frac{1+\mu_1\cos\varphi}{\mu_1+\cos\varphi} = \frac{\cos\beta-\cos\alpha.\cos\varphi}{\cos\alpha-\cos\beta.\cos\varphi} = \frac{\sin\alpha}{\sin\beta},$$

folglich ist die Gleichung des Lotes:

$$y-y_1 = \frac{\sin\alpha}{\sin\beta}(x-x_1).$$

Die Länge P des Lotes zu bestimmen, lege man durch (x_1, y_1) die zu L parallele Linie:

$$(x-x_1)\cos\alpha+(y-y_1)\cos\beta = 0$$

oder

$$x\cos\alpha+y\cos\beta = x_1.\cos\alpha+y_1.\cos\beta,$$

deren Entfernung vom Anfangspunkt der Koordinaten (§. 24, 8) ist:

$$p_1 = x_1.\cos\alpha+y_1.\cos\beta:$$

demnach ergiebt sich

$$P = p_1-p = x_1.\cos\alpha+y_1.\cos\beta-p.$$

13. Der gegebene Punkt sei als Anfangspunkt O der Koordinaten, die Linie L parallel der x-Axe gewählt: $y-e=0$, so ist die Gleichung des Ortes:

$$x^2+y^2 = c(y-e),$$

der Ort also ein Kreis, dessen Mittelpunkt auf dem von O auf L gefällten Lote in der Entfernung $\frac{c}{2}$ von O liegt, vorausgesetzt $c > 4e$; für $c = 4e$ reduziert sich der Kreis auf seinen Mittelpunkt; für $c < 4e$ giebt es keine der Aufgabe entsprechenden Punkte.

14. Die Basis sei als x-Axe und deren Mittelpunkt als Anfangspunkt der Koordinaten genommen, so ist für Aufgabe a. die Gleichung des Ortes: $2cx = d^2$, der Ort also das Lot von C auf AB, für b.: $x^2+y^2 = \frac{d^2}{2}-\frac{c^2}{4}$, also der Ort, so lange $2d^2 > c^2$, ein Kreis, dessen Mittelpunkt der Mittelpunkt der Basis ist; endlich für c.: $x^2+y^2-c.\operatorname{ctg}\gamma.y = \frac{c^2}{4}$, d. h. der Ort ist der dem Dreieck umschriebene Kreis.

15. Der Kreis als der Ort eines Punktes P, für welchen die Produkte der Lote auf die Gegenseitenpaare eines eingeschriebenen Rechtecks einander gleich sind.

16. Das Dreieck mufs gleichschenklig sein und der Wert des Verhältnisses gleich 1; der Kreis berührt alsdann die Seiten in den Endpunkten der Basis.

17. Ein dem umschriebenen Kreise koncentrischer Kreis.

18. Ist ABC das gegebene Dreieck, AB die x-Axe und die Mitte von AB der Anfangspunkt, die Lage von P bestimmt durch den Winkel $PAC = \delta$, so ist die Gleichung des Ortes:

$$y . \mathrm{tg}\,\delta = x + r . \sin(\alpha - \beta + 2\delta),$$

wo α und β die Winkel A und B, r der Radius des umschriebenen Kreises.

19. Sind die gegebenen Kreise:

$$U_1 = (x-p_1)^2 + (y-q_1)^2 - r_1^2 = 0,$$
$$U_2 = (x-p_2)^2 + (y-q_2)^2 - r_2^2 = 0;$$

setzt man in den Ausdrücken für U_1 und U_2 die Koordinaten eines beliebigen Punktes $P\ (x, y)$ der Ebene ein, so werden durch U_1 und U_2 bezüglich die Quadrate der von P aus an die beiden Kreise gelegten Tangenten dargestellt, und es ist demnach die Gleichung des gesuchten Ortes: $U_1 - \lambda^2 U_2 = 0$, d. h. der Ort ein Kreis, der durch die (reellen oder imaginären) Schnittpunkte der Kreise U_1 und U_2 geht, also mit ihnen dieselbe Linie gleicher Potenzen besitzt. Die Konstruktion des Ortes macht keine Schwierigkeit: der Mittelpunkt liegt auf der Centrale und die gemeinschaftlichen inneren und äufseren Tangenten werden durch den Kreis im Verhältnis von $1 : \lambda$ geteilt.

20 und 21. O sei als Anfangspunkt, der zugehörige Durchmesser als x-Axe eines rechtwinkligen Systems genommen: die Gleichungen der Sehnen seien:

$$y = \mathrm{tg}\,\alpha . x \quad \text{und} \quad y = \mathrm{tg}\,\beta . x,$$

so ist der Schnittpunkt beider Kreise:

$$x = 2r . \cos\alpha . \cos\beta . \cos(\alpha + \beta),$$
$$y = 2r . \cos\alpha . \cos\beta . \sin(\alpha + \beta),$$

wo r der Radius des gegebenen Kreises ist. Ist die dritte Sehne $y = \mathrm{tg}\,\gamma . x$, so liegen die drei zweiten Schnittpunkte der drei Kreise auf der Geraden

$$x . \cos\delta + y . \sin\delta = p,$$

wo $\delta = \alpha + \beta + \gamma$ und $p = 2r . \cos\alpha . \cos\beta . \cos\gamma$ das Lot ist vom Anfangspunkte auf die Linie. (Vergl. Aufg. 7.)

22—24. Sind die Gleichungen der beiden Kreise:

$$(x-a_1)^2+(y-b_1)^2=r_1^2 \quad (K_1)$$

und

$$(x-a_2)^2+(y-b_2)^2=r_2^2 \quad (K_2),$$

so ist das Quadrat der Centrale $c_{1,2}$:

$$c_{1,2}^2=(a_1-a_2)^2+(b_1-b_2)^2$$

und die Bedingung dafür, dafs die Kreise sich rechtwinklig schneiden:

$$r_1^2+r_2^2=(a_1-a_2)^2+(b_1-b_2)^2.$$

Die Gleichung eines durch die Schnittpunkte der Kreise K_1 und K_2 gehenden Kreises ist:

$$K_1+\lambda K_2=0 \quad \text{oder} \quad (x-a_4)^2+(y-b_4)^2=r_4^2, \quad (K_4)$$

wo

$$a_4=\frac{a_1+\lambda a_2}{1+\lambda}, \quad b_4=\frac{b_1+\lambda b_2}{1+\lambda}, \quad r_4^2=\frac{r_1^2+\lambda r_2^2}{1+\lambda}-\frac{\lambda c^2}{(1+\lambda)^2}.$$

Soll durch diesen Kreis der dritte Kreis:

$$(x-a_3)^2+(y-b_3)^2=r_3^2 \quad (K_3)$$

rechtwinklig durchschnitten werden, so ist die Bedingung zu erfüllen:

$$r_3^2+r_4^2=(a_3-a_4)^2+(b_3-b_4)^2,$$

d. h. wenn man für a_4, b_4, r_4 ihre Werte einführt und reduziert:

$$\lambda=-\frac{c_{2,3}^2-(r_2^2+r_3^2)}{c_{1,3}^2-(r_1^2+r_3^2)}:$$

bezeichnet man den Ausdruck

$$c_{i,k}^2-(r_i^2+r_k^2)=H_{i,k}:$$

so werden die Gleichungen der drei Kreise, welche je durch die Schnittpunkte zweier von den drei gegebenen Kreisen gehen und den dritten rechtwinklig durchschneiden:

$$\frac{K_2}{H_{1,2}}=\frac{K_3}{H_{1,3}}; \quad \frac{K_3}{H_{2,3}}=\frac{K_1}{H_{2,1}}; \quad \frac{K_1}{H_{3,1}}=\frac{K_2}{H_{3,2}};$$

weil hier $H_{i,k}=H_{k,i}$, so ist die Gleichung eines jeden dieser drei Kreise eine Folge der beiden anderen, also gehen die Kreise durch dieselben Punkte. (Aufg. 23.)

Zu Aufg. 24.: Es seien K_1, K_2, K_3 die um die Eckpunkte A, B, C beschriebenen Kreise und durch die Schnittpunkte von K_1 und K_2, sowie von K_2 und K_3 die weiteren Kreise gelegt:

$$\alpha K_1+\beta K_2=0 \quad (K_4)$$

und

$$\beta K_2+\gamma K_3=0. \quad (K_5)$$

Aus den Gleichungen der beiden letzten Kreise ergiebt sich als eine Folgerung:

$$K_4 - K_5 \quad \text{d. i.} \quad \alpha K_1 - \gamma K_3 = 0, \quad (K_6)$$

als die Gleichung eines sechsten Kreises, der durch die Schnittpunkte von K_4 und K_5 geht und, wie sich aus seiner Gleichung ergiebt, zugleich durch die Schnittpunkte von K_1 und K_3. Die Mittelpunkte der drei letzteren Kreise sind:

$$M_4: \begin{matrix} a_4 = \dfrac{\alpha a_1 + \beta a_2}{\alpha + \beta} \\ b_4 = \dfrac{\alpha b_1 + \beta b_2}{\alpha + \beta} \end{matrix}; \quad M_5: \begin{matrix} a_5 = \dfrac{\beta a_2 + \gamma a_3}{\beta + \gamma} \\ b_5 = \dfrac{\beta b_2 + \gamma b_3}{\beta + \gamma} \end{matrix}; \quad M_6: \begin{matrix} a_6 = \dfrac{\alpha a_1 - \gamma a_3}{\alpha - \gamma} \\ b_6 = \dfrac{\alpha b_1 - \gamma b_3}{\alpha - \gamma} \end{matrix};$$

dieselben liegen auf den Seiten AB, BC, CA und nach der Annahme auf derselben geraden Linie: die Kreise K_4, K_5, K_6 aber gehen durch denselben Punkt, folglich weil sie dieselbe Centrale haben, haben die Kreise dieselbe Sehne gemeinschaftlich.

25—27. Wenn $\beta^2 + (1-\alpha)\gamma = 0$ ist, d. h. wenn sich die Gleichung des Kegelschnittes auf die Form: $x^2 + y^2 = \lambda^2(x-c)^2$ bringen läfst.

Zu Aufg. 26: Ist

$$y^2 + \alpha x^2 + 2\beta x + \gamma = 0$$

der gegebene Kegelschnitt, O der Anfangspunkt der rechtwinkligen Koordinaten, so ist $y = \mu x$ die Gleichung einer beliebigen Sehne durch O: sind (x_1, y_1) und (x_2, y_2) die Endpunkte der Sehne, so sind die Richtungskoeffizienten der Tangenten an diesen Punkten P_1 und P_2:

$$-\frac{\alpha x_1 + \beta}{y_1} \quad \text{und} \quad -\frac{\alpha x_2 + \beta}{y_2},$$

folglich die zugehörigen Normalen:

$$y - y_1 = \mu_1(x - x_1) \quad \text{und} \quad y - y_2 = \mu_2(x - x_2),$$

wo

$$\mu_1 = \frac{\mu x_1}{\alpha x_1 + \beta} \quad \text{und} \quad \mu_2 = \frac{\mu x_2}{\alpha x_2 + \beta},$$

x_1 und x_2 aber Wurzeln sind der quadratischen Gleichung:

$$(\mu^2 + \alpha)x^2 + 2\beta x + \gamma = 0: —$$

Hieraus ergeben sich für den Schnittpunkt (x, y) der Normalen:

$$y = \frac{\mu(1-\alpha)\gamma}{\beta(\mu^2 + \alpha)} \quad \text{und} \quad x + \beta = \frac{(1-\alpha)(\alpha\gamma - 2\beta^2)}{\beta(\mu^2 + \alpha)},$$

und endlich durch Elimination von γ als die Gleichung des gesuchten Ortes, wenn man von der besonderen Lösung $y=0$, der x-Axe, absieht:

$$\beta\{(\alpha\gamma-2\beta^2)^2y^2+\alpha\gamma^2(x+\beta)^2\}=\gamma^2(1-\alpha)(\alpha\gamma-2\beta^2)(x+\beta).$$

Derselbe enthält den Punkt $y=0$, $x=-\beta$ und ist Ellipse, Hyperbel oder Parabel, jenachdem $\alpha>0$, $\alpha<0$, $\alpha=0$, also entsprechend dem gegebenen Kegelschnitt.

Für $\beta^2+(1-\alpha)\gamma=0$, d. h. wenn O ein Brennpunkt des gegebenen Kegelschnittes ist (Aufg. 25), wird für den Schnittpunkt der Normalen $y=\frac{y_1+y_2}{2}$, wodurch Satz 26a. erwiesen ist.

Geometrischer Beweis zu 26a. (Fig. 72.) AN und BN mögen, nötigenfalls verlängert, die grofse Axe bezüglich in C und D durchschneiden, so hat man:

$$AM=\frac{AF}{FC}\cdot MN \quad \text{und} \quad BM=\frac{BF}{FD}\cdot MN;$$

es ist aber, wenn F_1 der zweite Brennpunkt ist:

$$\frac{AF}{FC}=\frac{AF+AF_1}{FC+F_1C}=\frac{a}{e} \quad \text{und} \quad \frac{BF}{FD}=\frac{BF+BF_1}{FD+F_1D}=\frac{a}{e},$$

(§. 40, IV.), woraus sich ergiebt $AM=BM$.

27. Ist EO der gegebene Halbmesser, so zeichne man den zu E gehörigen Punkt A des über der grofsen Axe als Durchmesser errichteten Kreises, teile diesen durch die Radien OA, OA_1, OA_2 in drei gleiche Teile und ziehe die den letzteren zugehörigen Halbmesser OE_1 und OE_2 der Ellipse.

28. Der Beweis ergiebt sich sofort, wenn man AC bis zur Durchschneidung der Asymptoten verlängert, daraus dafs D zugleich Mittelpunkt der Hyperbel- und Asymptotensehne ist (§. 45, I.).

29. Durch die Gleichungen $x=\frac{a}{\cos\theta}$, $y=b\operatorname{tang}\theta$ wird, für veränderliche Werte von θ, ein beliebiger Punkt P der Hyperbel $\frac{x^2}{a^2}-\frac{y^2}{b^2}=1$ dargestellt (vgl. §. 34, 5); ist OP_1 der zu OP konjugierte Nebenhalbmesser derselben Hyperbel, so kann man P_1 darstellen durch $x_1=ai.\operatorname{tang}\theta$, $y_1=\frac{bi}{\cos\theta}$, wo $i=\sqrt{-1}$ ist; in der That hat man alsdann

$$\operatorname{tg}\varphi=\frac{y}{x}=\frac{b}{a}\sin\theta, \quad \operatorname{tg}\varphi_1=\frac{y_1}{x_1}=\frac{b}{a\sin\theta},$$

folglich $\operatorname{tang}\varphi . \operatorname{tang}\varphi_1 = \frac{b^2}{a^2}$ (§. 47, 8). Führt man weiter ein $OP = m$, $OP_1 = n$, so kann man setzen:

$$x = m\cos\varphi, \quad y = m\sin\varphi; \quad x_1 = ni\cos\varphi_1, \quad y_1 = ni\sin\varphi_1,$$

woraus sich sofort die Gleichungen (9) und (10) in §. 47 ergeben. Ferner ergiebt sich aus beiden Darstellungen der Punkte P und P_1:

$$x^2 + x_1^2 = a^2 \quad \text{und} \quad y^2 + y_1^2 = -b^2,$$

bezüglich

$$x^2 + y^2 = m^2 \quad \text{und} \quad x_1^2 + y_1^2 = -n^2,$$

folglich

$$a^2 - b^2 = m^2 - n^2$$

und

$$\begin{aligned} mn\sin(\varphi_1 - \varphi) &= m\cos\varphi . n\sin\varphi_1 - m\sin\varphi . n\cos\varphi_1 \\ &= \frac{xy_1 - yx_1}{i} \\ &= \frac{ab}{\cos\theta^2} - ab\operatorname{tang}\theta^2 = ab. \end{aligned}$$

30. Man fälle von k_1 und k_2 auf die Leitlinie die Lote $k_1 l_1$ und $k_2 l_2$, so hat man $k_1 f = \lambda . k_1 l_1$ und $k_2 f = \lambda . k_2 l_2$, folglich

$$k_1 f : k_2 f = k_1 l_1 : k_2 l_2 = k_1 l : k_2 l.$$

31. Beide Leitlinien L und L_1 und beide Brennpunkte f und f_1 liegen symmetrisch zum Mittelpunkt des Kegelschnittes, fällt man also vom Punkte k des letzteren die Lote kl und kl_1 auf L und L_1, so hat man $kf = \lambda . kl$ und $kf_1 = \lambda . kl_1$ u. s. w.

32. Die Leitlinie.

33. Es ist $l^2 = \frac{p}{2} \cdot \varrho$.

34. Der Richtungskoeffizient der Sehne ist $\frac{2p}{y_1 + y_2}$, also liegen die Mittelpunkte paralleler Sehnen mit dem Mittelpunkt von $P_1 P_2$, dessen Ordinate $\frac{y_1 + y_2}{2}$, auf demselben Durchmesser. Für P_0 ergeben sich $x_0 = \sqrt{x_1 x_2}$, $y_0 = \frac{y_1 + y_2}{2}$, ferner für P_4 wird $x_4 = \left(\frac{\sqrt{x_1} + \sqrt{x_2}}{2}\right)^2$, d. h. $x_4 = \frac{x_0 + x_3}{2}$.

35 und 36. Es ist (Aufg. 33)

$$2l_1^2 = p\varrho_1; \quad 2l_2^2 = p\varrho_2; \quad d^2 = \varrho_1 \varrho_2.$$

37. $S = \pm \frac{(y_1 - y_2)^3}{12p}$.

38—41. Für den Mittelpunkt des Parallelogramms als Anfangspunkt und die Koordinatenaxen parallel den Seiten seien die Gleichungen der letzteren $x=a$, $y=b$, $x=-a$, $y=-b$; alsdann wird die Gleichung des Ortes $x^2-y^2=a^2-b^2$, oder $(x-a)(x+a)=(y-b)(y+b)$, d. h. der Ort ist eine dem Parallelogramm umschriebene Hyperbel, deren Asymptoten den Winkel φ der Koordinatenaxen halbieren, also auf einander senkrecht stehen; für diese als neue Axen wird die Gleichung der Hyperbel:

$$2xy=(a^2-b^2)\sin\varphi.$$

42. Es sei $a=na_1$, $b=nb_1$ und zuletzt $n=\infty$; ferner

$$OA_1=\mu a_1,\quad OB_1=nb_1-\mu b_1;$$
$$OA_2=(\mu+1)a_1,\quad OB_2=nb_1-(\mu+1)b_1.$$

Aus den Gleichungen der Linien A_1B_1 und A_2B_2 eliminiere man μ, so ergiebt sich als Ort ihres Schnittpunktes

$$\frac{4nx_1}{a_1}=\left(\frac{x}{a_1}-\frac{y}{b_1}+n\right)^2-1,$$

oder indem man a_1 und b_1 durch ihre Werte in a, b und n ersetzt und $n=\infty$ annimmt:

$$\left(\frac{x}{a}+\frac{y}{b}-1\right)^2=\frac{4xy}{ab},$$

die Gleichung einer Parabel, welche die Linie AB zur Berührungssehne und OA und OB zu Tangenten hat (§. 104).

43. Die gesuchten Gleichungen sind bezüglich:

$$y-y_1=-\sqrt{\frac{m}{l}}\cdot\frac{\sqrt{y_1}+\sqrt{y_2}}{\sqrt{x_1}+\sqrt{x_2}}(x-x_1)$$

und

$$\frac{x}{\sqrt{lx_1}}+\frac{y}{\sqrt{my_1}}=1.$$

44. Für $AB=c$ als x-Axe, die Höhe h auf AB als y-Axe und die Winkel $CAB=\alpha$ und $CBA=\beta$ des Dreiecks ist die Gleichung des Ortes:

$$y^2+\cos\alpha^2(y-x.\operatorname{tg}\alpha-h)^2+\cos\beta^2(y+x.\operatorname{tg}\beta-h)^2=d^2.$$

Derselbe ist ein Kreis, wenn das Dreieck gleichseitig ist, und zwar ist der Kreis koncentrisch dem umschriebenen Kreise; er reduziert sich auf seinen Mittelpunkt für $d=\frac{c}{2}$ u. s. w. Auf seine Hauptaxen ist der Ort bezogen 1) wenn das Dreieck bei C rechtwinklig ist, und zwar ist dann der Mittelpunkt zugleich Mittelpunkt der Höhe auf AB; 2) wenn $BC=AC$. Im allgemeinen ist der Mittelpunkt der in Aufgabe 6 definierte Punkt.

45. Für die Katheten als Koordinatenaxen und zwar AC als x-Axe, ist die Gleichung des Ortes $(b-x)^2=xy$; der Ort also eine Hyperbel: für den Mittelpunkt als Anfangspunkt wird die Hyperbel $x(y-b)=b^2$, die Halbaxen verhalten sich wie

$$\sqrt{\sqrt{2}+1}:\sqrt{\sqrt{2}-1}.$$

46. Die drei Kreise K_1, K_2, K_3 seien dargestellt durch dieselben Gleichungen wie in Aufgabe 23: Man führe statt der doppelten Inhalte der Dreiecke PBC, PCA, PAB, wo P ein beliebiger Punkt (x, y) ist, ein u, v, w, so sind

$$\begin{aligned}u&=a_2b_3-a_3b_2+a_3y-xb_3+xb_2-a_2y=0,\\ v&=a_3b_1-a_1b_3+a_1y-xb_1+xb_3-a_3y=0,\\ w&=a_1b_2-a_2b_1+a_2y-xb_2+xb_1-a_1y=0\end{aligned}$$

die Gleichungen der drei Centralen BC, CA, AB; demnach die Mittelpunkte der drei Kreise:

$$A:\ v=w=0;\quad B:\ w=u=0;\quad C:\ u=v=0;$$

die Verbindungslinien dieser Mittelpunkte mit den gegenüberliegenden Ähnlichkeitspunkten, den inneren A_1, B_1, C_1, den äufseren A_2, B_2, C_2:

$$\begin{aligned}AA_1&:\ r_2v-r_3w=0 \quad\text{und}\quad AA_2:\ r_2v+r_3w=0;\\ BB_1&:\ r_3w-r_1u=0 \quad\text{und}\quad BB_2:\ r_3w+r_1u=0;\\ CC_1&:\ r_1u-r_2v=0 \quad\text{und}\quad CC_2:\ r_1u+r_2v=0;\end{aligned}$$

dieselben sind zu zwei konjugiert harmonisch zu den Centralen: aufserdem gehen sie zu drei durch denselben Punkt, nämlich:

AA_1, BB_1, CC_1	durch den Punkt	P :	$r_1u=r_2v=r_3w$;
AA_1, BB_2, CC_2	- - -	P_1 :	$-r_1u=r_2v=r_3w$;
AA_2, BB_1, CC_2	- - -	P_2 :	$r_1u=-r_2v=r_3w$;
AA_2, BB_2, CC_1	- - -	P_3 :	$r_1u=r_2v=-r_3w$.

Die sechs Ähnlichkeitspunkte sind:

$$\begin{aligned}A_1&:\ r_2v-r_3w=0,\ u=0;\quad A_2:\ r_2v+r_3w=0,\ u=0;\\ B_1&:\ r_3w-r_1u=0,\ v=0;\quad B_2:\ r_3w+r_1u=0,\ v=0;\\ C_1&:\ r_1u-r_2v=0,\ w=0;\quad C_2:\ r_1u+r_2v=0,\ w=0;\end{aligned}$$

dieselben liegen zu drei auf geraden Linien, nämlich:

$$
\begin{array}{llll}
A_2,\ B_2,\ C_2 & \text{auf der Linie} & L: & r_1u+r_2v+r_3w=0; \\
A_2,\ B_1,\ C_1 & \text{-}\quad\text{-}\quad\text{-} & L_1: & -r_1u+r_2v+r_3w=0; \\
A_1,\ B_2,\ C_1 & \text{-}\quad\text{-}\quad\text{-} & L_2: & r_1u-r_2v+r_3w=0; \\
A_1,\ B_1,\ C_2 & \text{-}\quad\text{-}\quad\text{-} & L_3: & r_1u+r_2v-r_3w=0;
\end{array}
$$

P und L, P_1 und L_1, P_2 und L_2, P_3 und L_3 entsprechen einander als Pol und Polare in bezug auf das Dreieck ABC (§. 81).

47. Die Bedingung dafür, dafs die Linie $y=\mu x+m$ Tangente ist der Ellipse $\frac{x^2}{a^2}+\frac{y^2}{b^2}=1$, ist $m^2=\mu^2a^2+b^2$; demnach ist das System zweier parallelen Tangenten in der durch μ bestimmten Richtung:

$$(y-\mu x)^2=\mu^2a^2+b^2;$$

die senkrechte Tangente hat den Richtungskoeffizienten $-\frac{1}{\mu}$, die parallelen Tangenten an eine zweite Ellipse $\frac{x^2}{a_1^2}+\frac{y^2}{b_1^2}=1$ sind demnach dargestellt durch die Gleichung:

$$(\mu y+x)^2=a_1^2+\mu^2b_1^2:$$

durch Addition beider Gleichungen ergiebt sich als gültig für einen Punkt, der beiden Bedingungen der Aufgabe genügt:

$$(1+\mu^2)(x^2+y^2)=\mu^2(a^2+b_1^2)+b^2+a_1^2;$$

die Gleichung eines Kreises, wenn die beiden Ellipsen konfokal sind, d. h. wenn $a^2+b_1^2=b^2+a_1^2$.

48. Der Kegelschnitt sei für rechtwinklige Koordinaten:

$$K=Ax^2+2Bxy+Cy^2+2Dx+2Ey+F=0,$$

so kann man vier beliebige Punkte desselben darstellen durch Kombination mit zwei geraden Linien:

$$L=(y-\mu x-m)(y-\nu x-n)=0,$$

und zwar ist die Gleichung eines beliebigen durch die Schnittpunkte von K mit L gehenden Kegelschnittes: $\lambda K+L=0$. Dieser Kegelschnitt ist ein Kreis, wenn

$$\lambda=\frac{\mu+\nu}{2B}=\frac{1-\mu\nu}{A-C};$$

ist aber zur Transformation der Koordinaten in die Richtung der Hauptaxen eine Drehung um den Winkel α erforderlich, wo nach §. 64, 6 $\operatorname{tg}2\alpha=\frac{2B}{A-C}$, hier also $\operatorname{tg}2\alpha=\frac{\mu+\nu}{1-\mu\nu}$; d. h. wenn man μ und ν, die Richtungskoeffizienten der Linien L, durch $\operatorname{tg}\beta$ und $\operatorname{tg}\gamma$ ersetzt, ist die gesuchte Bedingung: $2\alpha = \beta + \gamma$; also wenn man durch die Schnittpunkte eines Kreises mit einem Kegelschnitt zwei gerade Linien legt, so sind die Halbierungslinien ihres Winkels den Hauptaxen parallel (vergl. §. 86).

49. Ist der gegebene Kegelschnitt K wie in 48 dargestellt, der gegebene Punkt der Anfangspunkt und durch ihn die Linie l_1 $y = \mu x$ gelegt, so läfst sich (nach 48) durch die ferneren Schnittpunkte eines über der Sehne L konstruierten Kreises mit K eine Linie l_2 legen von der Form $y = -\mu x + m$; beide Linien l_1 und l_2 sind enthalten in der Gleichung:

$$L = (y - \mu x)(y + \mu x - m) = 0:$$

ein beliebiger Kegelschnitt durch die vier Schnittpunkte von K und L ist: $\lambda K + L = 0$; derselbe ist ein Kreis, wenn $\lambda(A - C) = 1 + \mu^2$ ist: nunmehr ist der Mittelpunkt dieses Kreises (§. 63, 4):

$$\xi = -\frac{2\lambda D + \mu m}{2(\lambda C + 1)}, \quad \eta = -\frac{2\lambda E - m}{2(\lambda C + 1)},$$

derselbe soll auf l_1 liegen; dazu ist erforderlich, dafs

$$2\lambda(E - \mu D) = m(\mu^2 + 1),$$

folglich ergiebt sich durch Elimination von λ:

$$m(A - C) = 2(E - \mu D);$$

demnach wird die Verbindungslinie l_2 der zweiten Schnittpunkte von Kreis und Kegelschnitt:

$$y = -\mu\left(x + \frac{2D}{A - C}\right) + \frac{2E}{A - C},$$

d. i. eine Linie, welche unabhängig von μ, den Punkt

$$x_1 = -\frac{2D}{A - C}, \quad y_1 = \frac{2E}{A - C}$$

enthält.

50. Durch die gemeinschaftlichen Punkte A, B, C sind die Verbindungslinien:

$$BC\colon u = 0; \quad CA\colon v = 0; \quad AB\colon w = 0$$

bestimmt und demnach auch die Gleichung eines durch sie und die Punkte D und E gehenden Kegelschnittes:

$$K = \alpha vw + \beta wu + \gamma uv = 0,$$

d. h. das Verhältnis der Koeffizienten $\alpha : \beta : \gamma$; das Analoge gilt für den Kegelschnitt:

$$K_1 = \alpha_1 vw + \beta_1 wu + \gamma_1 uv = 0,$$

der außer durch A, B, C noch durch die Punkte D_1 und E_1 geht. Nunmehr sind:

$$\begin{aligned} \alpha_1 K - \alpha K_1 &= u.[(\beta\alpha_1 - \beta_1\alpha)w + (\gamma\alpha_1 - \gamma_1\alpha)\,v] = 0; \\ \beta_1 K - \beta K_1 &= v.[(\gamma\beta_1 - \gamma_1\beta)\,u + (\alpha\beta_1 - \alpha_1\beta)w] = 0; \\ \gamma_1 K - \gamma K_1 &= w.[(\alpha\gamma_1 - \alpha_1\gamma)\,v + (\beta\gamma_1 - \beta_1\gamma)\,u] = 0 \end{aligned}$$

Kegelschnitte, welche durch die vier Schnittpunkte von K und K_1 gehen: dieselben degenerieren in die Linien $u = 0$, $v = 0$, $w = 0$ und drei andere Linien, welche sämtlich den Punkt

$$(\beta\gamma_1 - \beta_1\gamma)u = (\gamma\alpha_1 - \gamma_1\alpha)v = (\alpha\beta_1 - \alpha_1\beta)w$$

enthalten: dieser Punkt ist also beiden Kegelschnitten K und K_1 gemeinschaftlich.

51. Sind $OA = a$ und $CB = b$ die gegebenen Tangenten, γ ihr Winkel und die Diagonalen des Parallelogramms OD und AB, so ist für a und b als Koordinatenaxen (§. 104) die Gleichung des Kegelschnittes allgemein:

$$\frac{xy}{ab} = \lambda^2\left(\frac{x}{a} + \frac{y}{b} - 1\right)^2;$$

die Koordinaten (ξ, η) des Mittelpunktes sind dann (§. 63, 4) dargestellt durch die Gleichungen:

$$\frac{\xi}{a} = 2\lambda^2\left(\frac{\xi}{a} + \frac{\eta}{b} - 1\right); \quad \frac{\eta}{b} = 2\lambda^2\left(\frac{\xi}{a} + \frac{\eta}{b} - 1\right);$$

durch Subtraktion ergiebt sich:

$$\frac{\xi}{a} - \frac{\eta}{b} = 0,$$

die Gleichung der Diagonale OD, auf welcher also der Mittelpunkt liegt. Für $\lambda = \frac{1}{2}$ liegt (ξ, η) im Unendlichen, ist also der Kegelschnitt eine Parabel und zwar

$$\sqrt{\frac{x}{a}} + \sqrt{\frac{y}{b}} = 1 \quad \text{(vgl. §. 68, 4).}$$

Auf die durch OD und BC dargestellten konjugierten Richtungen bezogen, wird die Gleichung des Kegelschnittes:

$$\frac{(x - 2\lambda a_1)^2}{a_1^2} + \frac{y^2}{b_1^2} = 1,$$

wo

$$a_1 = \frac{\lambda . OD}{4\lambda^2-1}, \quad b_1 = \frac{\lambda . AB}{\sqrt{4\lambda^2-1}},$$

so dafs die konjugierten Halbmesser, aufser von λ, nur von den ihnen parallelen Diagonalen des Parallelogramms abhängen; λ selbst ist das Verhältnis der Centrale OM zum zugehörigen Durchmesser.

52. Der Kegelschnitt, bezogen auf einen Brennpunkt als Anfangspunkt und die Hauptaxenrichtung, sei dargestellt durch die Gleichung:

$$\lambda^2(x^2+y^2) = (\alpha x+a)^2 \quad \text{(Aufg. 25)}$$

und der Kreis sei:

$$x^2+y^2 = r^2:$$

so läfst sich darthun, dafs wenn man durch den Anfangspunkt der Koordinaten zwei beliebige Radii vectores ϱ_1 und ϱ_2 zieht, welche den Kegelschnitt in den Punkten p_1 und p_2, den Kreis entsprechend in den Punkten k_1 und k_2 treffen, die Schnittpunkte der Sehnen p_1p_2 und k_1k_2, unabhängig von der Richtung der Linien ϱ_1 und ϱ_2 auf einer bestimmten Geraden, der gemeinschaftlichen (reellen oder imaginären, vergl. §. 30) Sehne von Kegelschnitt und Kreis, liegen, — d. h. dafs ein Kegelschnitt und ein um seinen Brennpunkt als Mittelpunkt beschriebener Kreis kollineare Figuren sind.

In der That lassen sich durch Polarkoordinaten die entsprechenden Punkte p und k, wie folgt, darstellen:

$$\xi = \varrho \cos\varphi, \quad \eta = \varrho \sin\varphi,$$

wo

$$\lambda\varrho = \alpha\varrho\cos\varphi + a,$$

d. h.

$$\varrho = \frac{a}{\lambda - \alpha\cos\varphi}$$

und

$$x = r\cos\varphi, \quad y = r\sin\varphi:$$

d. h. dem Punkte (x, y) des Kreises entspricht der Punkt:

$$\xi = \frac{ax}{\lambda r - \alpha x}, \quad \eta = \frac{ay}{\lambda r - \alpha x}$$

des Kegelschnittes, und umgekehrt: dem Punkte (ξ, η) des Kegelschnittes entspricht der Punkt:

$$x = \frac{\lambda r \xi}{a + \alpha \xi}, \quad y = \frac{\lambda r \eta}{a + \alpha \xi}$$

des Kreises. Es folgt daraus, der geraden Linie $y = \mu x + m$ im ersten System, d. h. als einer Sehne des Kegelschnittes, entspricht die Gleichung

$$\frac{ay}{\lambda r - \alpha x} = \frac{\mu . ax}{\lambda r - \alpha x} + m,$$

d. i.

$$y = \mu x + \frac{m(\lambda r - \alpha x)}{a},$$

im zweiten System, d. h. einer Sehne des Kreises, und der Schnittpunkt beider Sehnen liegt auf der geraden Linie:

$$a = \lambda r - \alpha x \quad \text{oder} \quad \alpha x = \lambda r - a,$$

welche Gleichung andererseits sich durch Subtraktion der gegebenen Gleichungen von Kegelschnitt und Kreis ergiebt, als ihrer gemeinschaftlichen Sekante.

Die Konstruktion des Kegelschnittes ist jetzt sehr einfach.

53. Die Kegelschnitte sind koncentrisch, weil die Verbindungslinien der Berührungspunkte paralleler Sehnen durch den Mittelpunkt, zugleich den Mittelpunkt des Parallelogramms gehen: für diesen als Anfangspunkt und die Seiten als Axenrichtungen, seien die Gleichungen der Seiten des Parallelogramms:

$$\text{I}: \ u = m, \quad \text{III}: \ u = -m,$$
$$\text{II}: \ v = n, \quad \text{IV}: \ v = -n:$$

so ist die Gleichung des Systems der eingeschriebenen Kegelschnitte für schiefwinklige Koordinaten:

$$n^2u^2 - 2k^2uv + m^2v^2 = m^2n^2 - k^4,$$

für k als veränderlichen Parameter; denn diese Gleichung gestattet durch Hinzufügung der Glieder $u^2v^2 - u^2v^2$ die Darstellung

$$(u^2 - m^2)(v^2 - n^2) = (uv - k^2)^2.$$

Aus dieser Form ergiebt sich sofort, dafs die Seiten des Parallelogramms Tangenten des Kegelschnittes sind: denn

für	$u = m$	ergiebt sich	$mv = k^2;$
-	$u = -m$	- -	$mv = -k^2:$
-	$v = n$	- -	$nu = k^2;$
-	$v = -n$	- -	$nu = -k^2,$

d. h. die Koordinaten der vier Berührungspunkte 1, 3, 2, 4. Die

Berührungspunkte der Gegenseiten sind:

$$(1, 3):\quad k^2u - m^2v = 0;$$
$$(2, 4):\quad k^2v - n^2u = 0,$$

zwei Durchmesser des Kegelschnittes. Die Berührungssehnen der anstofsenden Seiten sind:

$$(1, 4):\quad mv - nu = k^2 - mn;$$
$$(4, 3):\quad mv + nu = -(k^2 + mn);$$
$$(3, 2):\quad mv - nu = -(k^2 - mn);$$
$$(2, 1):\quad mv + nu = k^2 + mn;$$

die Diagonalen des gegebenen Parallelogramms:

$$(\text{I, IV} - \text{II, III}):\quad mv + nu = 0,$$
$$(\text{I, II} - \text{III, IV}):\quad mv - nu = 0:$$

d. h. durch die Berührungspunkte als Eckpunkte wird ein eingeschriebenes Parallelogramm bestimmt, dessen Seiten parallel sind den Diagonalen des gegebenen Parallelogramms:

oder: durch die Berührungspunkte werden die Seiten des umschriebenen proportional geteilt.

54. Für rechtwinklige Koordinaten seien die Gleichungen der Seiten des gegebenen Parallelogramms:

$$\text{I}:\ y = \mu x + m;\quad \text{III}:\ y = \mu x - m;$$
$$\text{II}:\ y = -\mu x + n;\quad \text{IV}:\ y = -\mu x - n:$$

so ist die des Systems eingeschriebener Kegelschnitte:

$$\mu^2x^2(m^2+n^2+2k^2)+2(m^2-n^2)\mu xy+y^2(m^2+n^2-2k^2)=m^2n^2-k^4;$$

sind die halben Hauptaxen des Kegelschnittes A und B, so ergiebt sich (§. 66):

$$A^2.B^2 = \frac{m^2n^2-k^4}{4},$$

d. h. möglichst grofs für $k = 0$; der Inhalt der gröfsten Ellipse ist $\frac{mn\pi}{2}$ (§. 42).

55. Die Seiten des gegebenen Vierseits seien auf sein Diagonaldreieck ABC (vgl. Aufg. 46) als Koordinatendreieck bezogen:

$$\text{I}:\ u - v + w = 0;\quad \text{III}:\ -u + v + w = 0;$$
$$\text{II}:\ u + v - w = 0;\quad \text{IV}:\ u + v + w = 0:$$

so sind die Gleichungen von Systemen eingeschriebener Kegelschnitte:

$$U:\quad \frac{v^2}{\cos\alpha^2}+\frac{w^2}{\sin\alpha^2}=u^2;$$
$$V:\quad \frac{w^2}{\cos\beta^2}+\frac{u^2}{\sin\beta^2}=v^2;$$
$$W:\quad \frac{u^2}{\cos\gamma^2}+\frac{v^2}{\sin\gamma^2}=w^2:$$

bezüglich mit α, β, γ als veränderlichem Parameter. Dieselben haben das Dreieck ABC als ein sich selbst konjugiertes Dreieck gemeinschaftlich, sind aber dadurch unterschieden, dafs

für das System U der Eckpunkt A,
- - - V - - B,
- - - W - - C

als innerer Punkt zu bezeichnen ist.

Es läfst sich leicht darthun, dafs

1) Jede zwei Kegelschnitte desselben Systems sich in vier reellen Punkten durchschneiden, deren Verbindungslinien konjugierte Sehnen sind; dafs
2) Jede zwei Kegelschnitte verschiedener Systeme nur ein einziges System konjugierter (idealer) Sehnen gemeinschaftlich haben.

Dafs die Kegelschnitte zugleich je einem Viereck umschrieben sind, dessen Seiten paarweise durch die Ecken des Dreiecks ABC gehen, ergiebt sich sofort, beispielsweise aus der folgenden Darstellung des Systems U:

$$\left(\frac{v}{\cos\alpha}-u\cos\alpha\right)\left(\frac{v}{\cos\alpha}+u\cos\alpha\right)$$
$$+\left(\frac{w}{\sin\alpha}-u\sin\alpha\right)\left(\frac{w}{\sin\alpha}+u\sin\alpha\right)=0;$$

die Diagonalen des eingeschriebenen Vierecks sind für dieses System:

$$\frac{v}{\cos\alpha^2}-\frac{w}{\sin\alpha^2}=0 \quad\text{und}\quad \frac{v}{\cos\alpha^2}+\frac{w}{\sin\alpha^2}=0$$

und deren Schnittpunkt

$$v=w=0,$$

d. i. der Punkt A: und ähnlich für die Kegelschnitte der Systeme V und W.

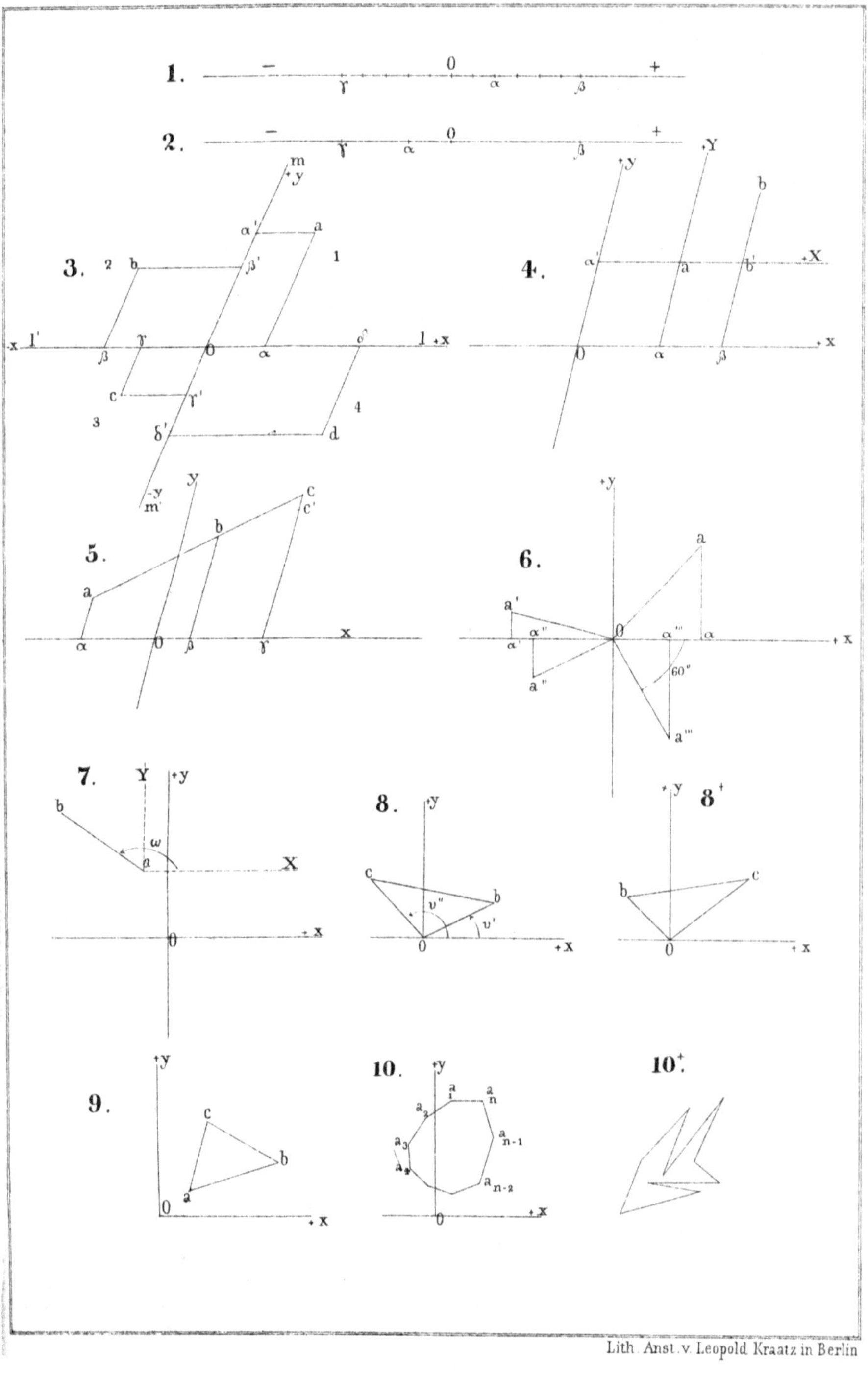

Lith. Anst. v. Leopold Kraatz in Berlin

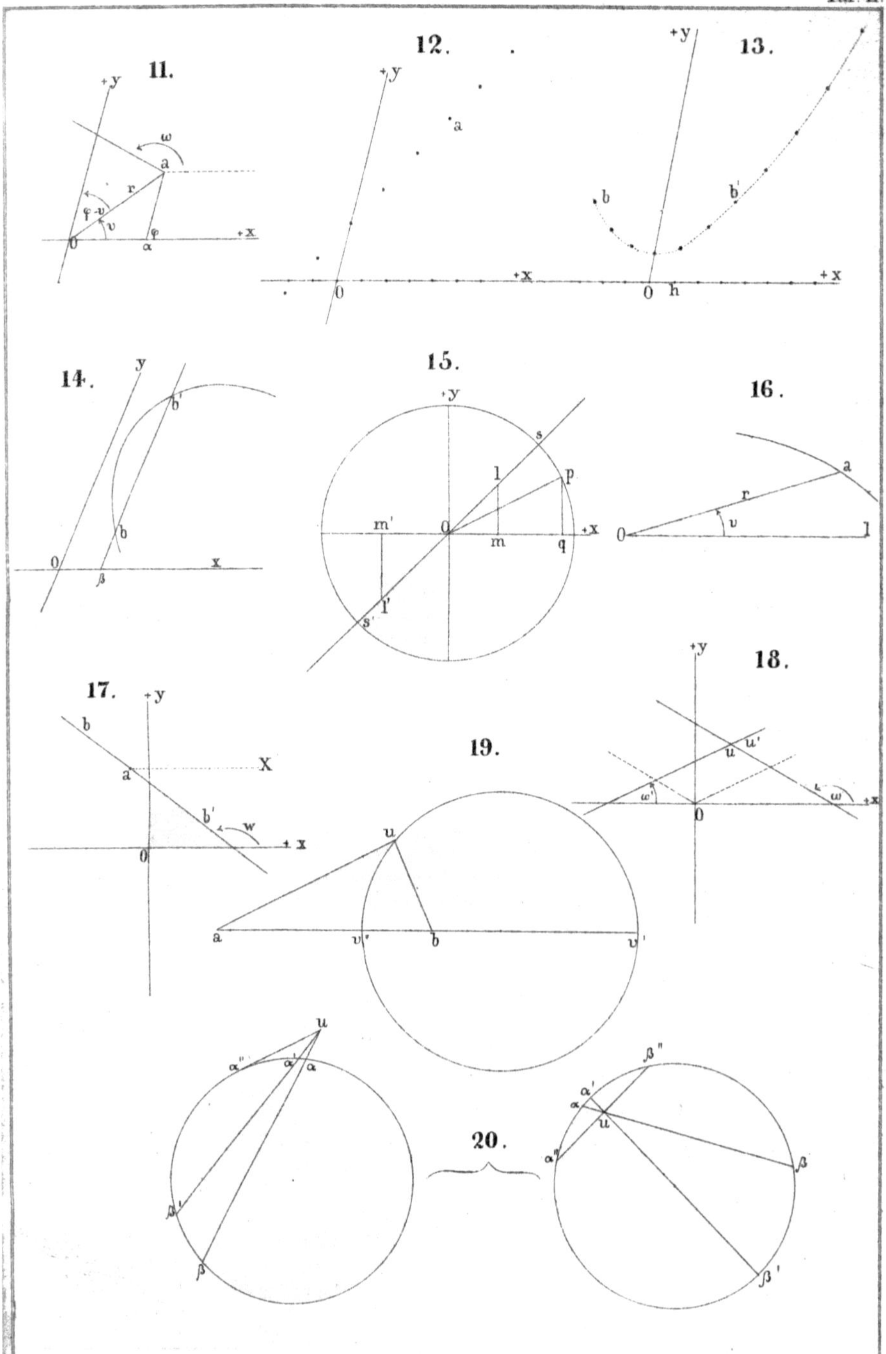

Lith. Anst. v. Leopold Kraatz in Berlin.

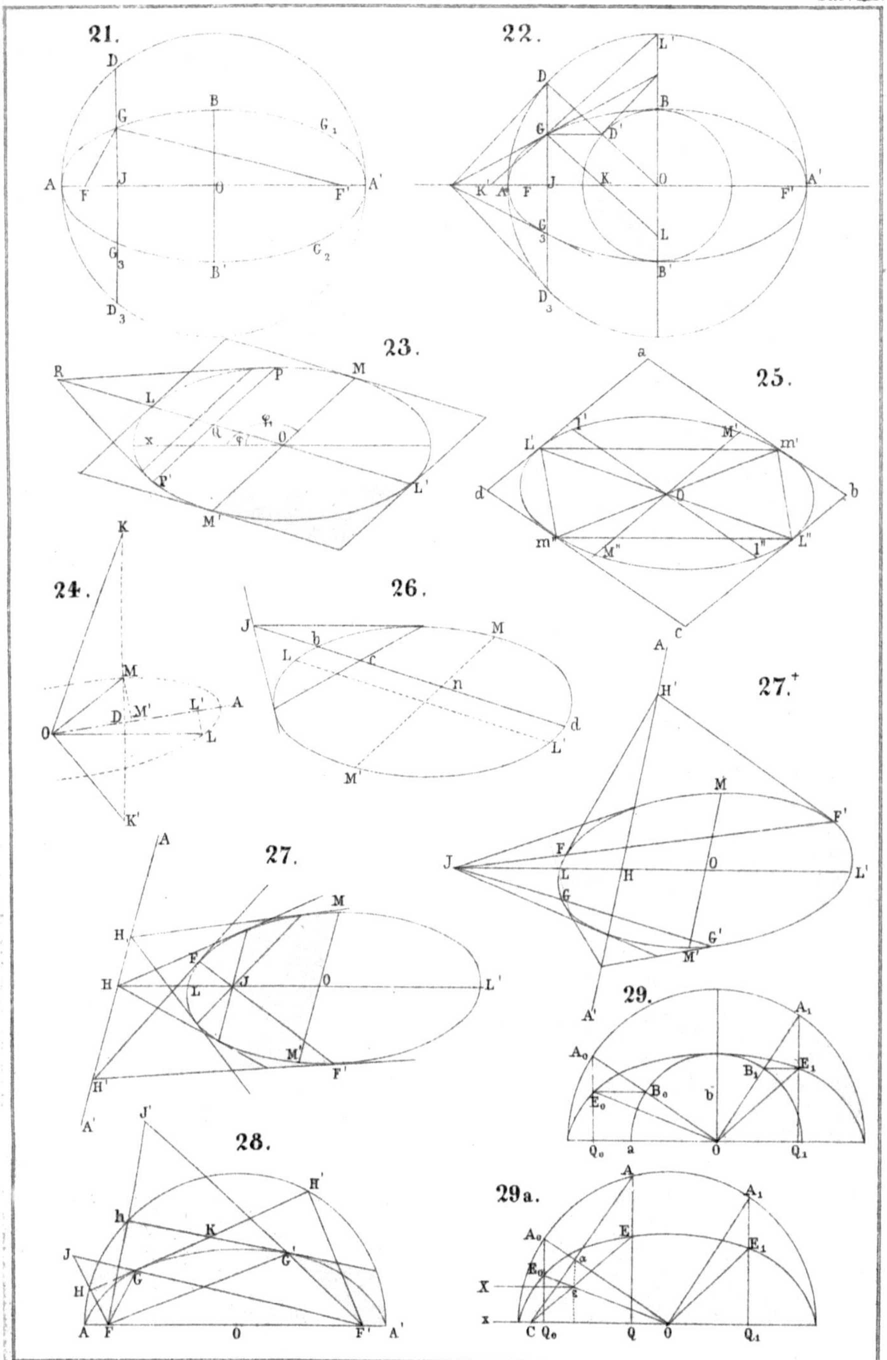

Lith. Anst. v. Leopold Kraatz in Berlin.

Taf. IV.

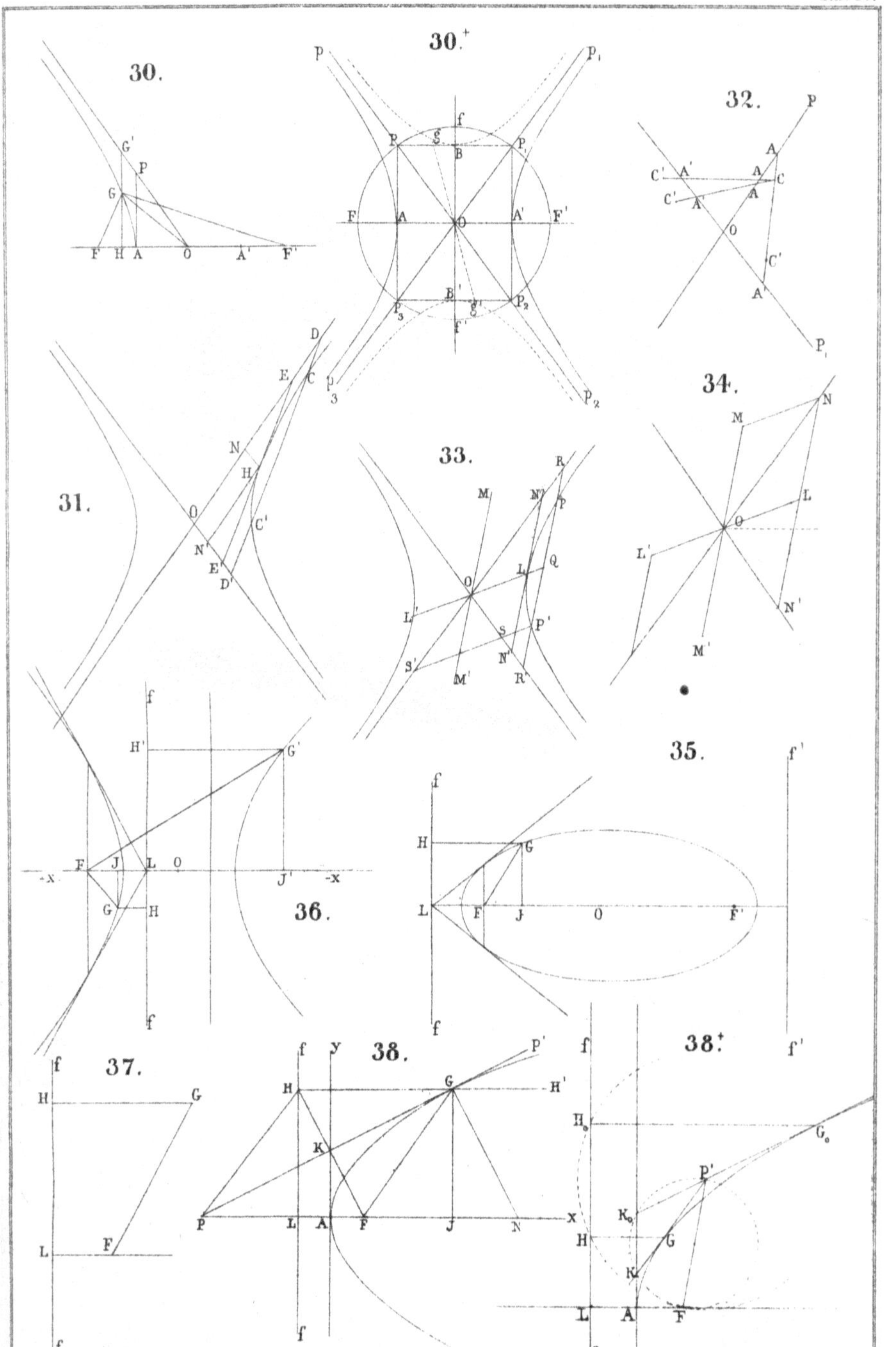

Lith. Anst. v. Leopold Kraatz in Berlin

Taf. V.

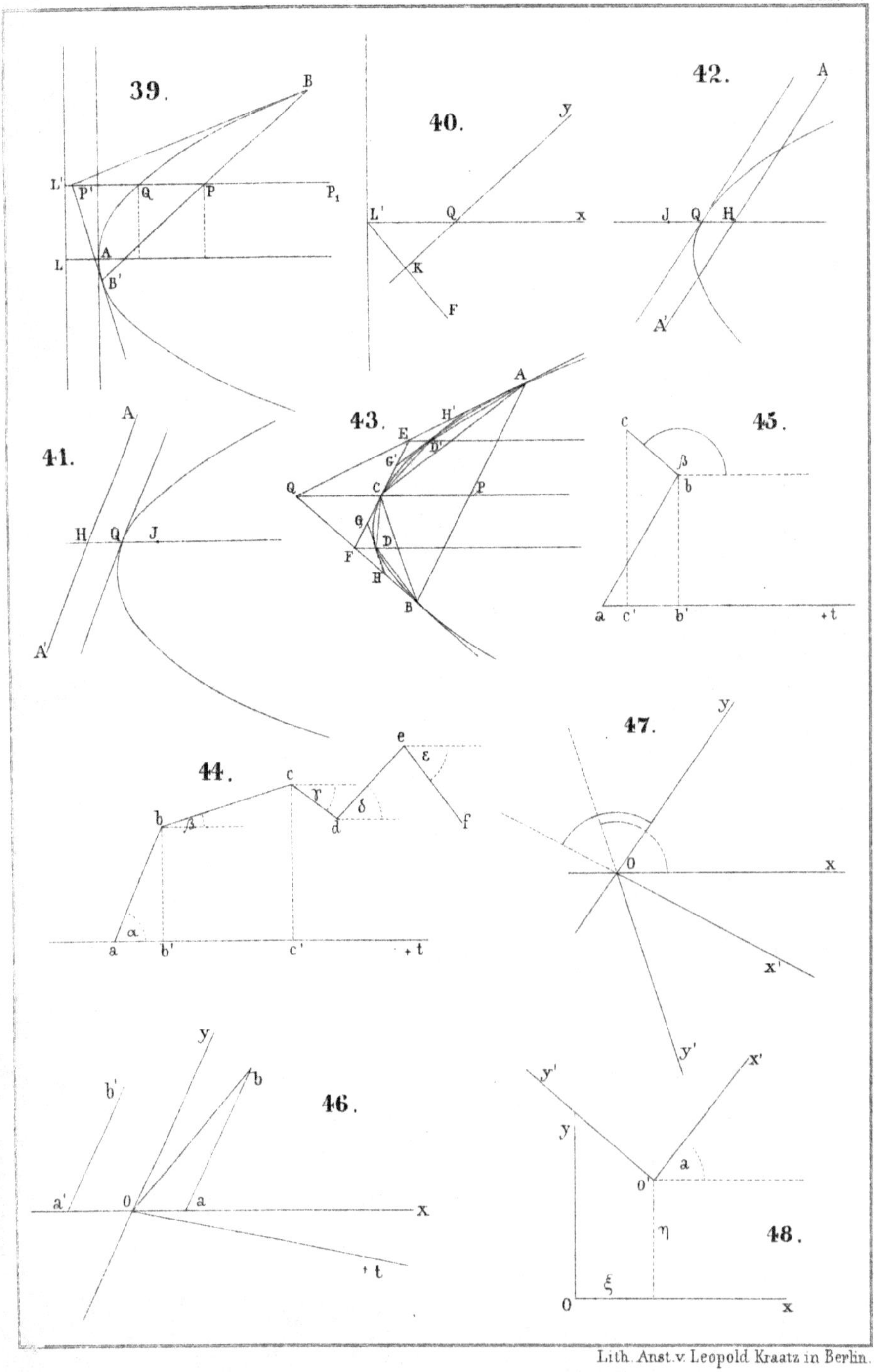

Lith. Anst. v. Leopold Kraatz in Berlin.

49.

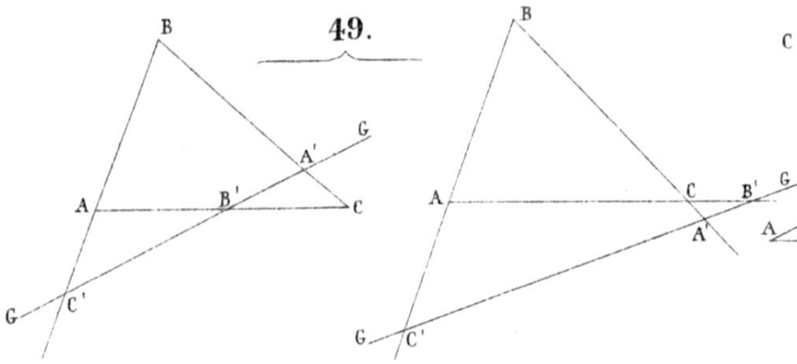

50.

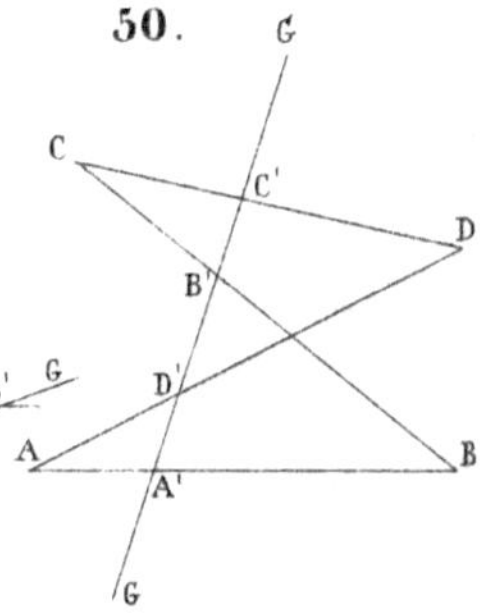

51.

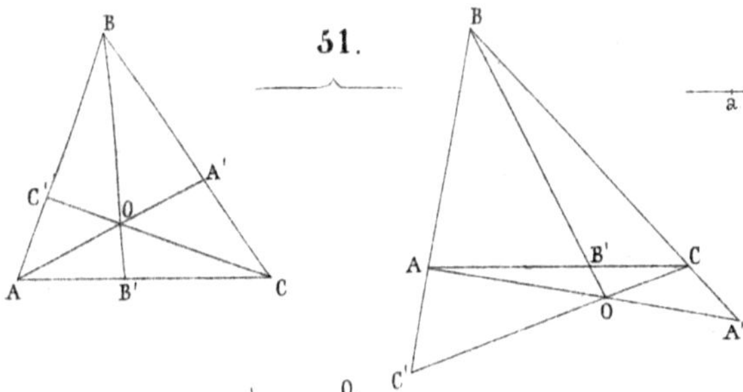

52.

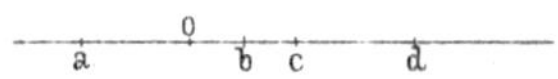

53.

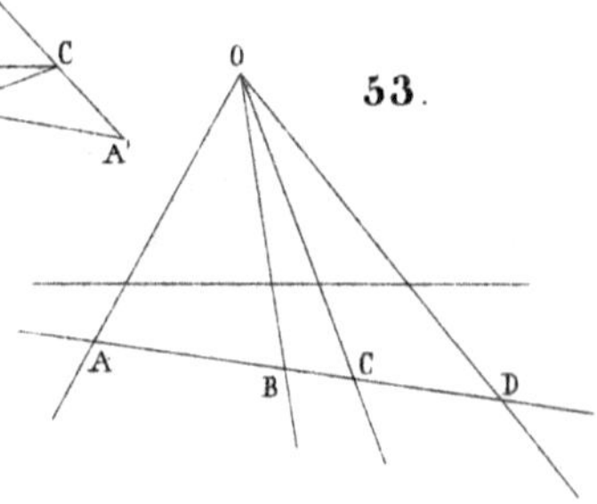

54.

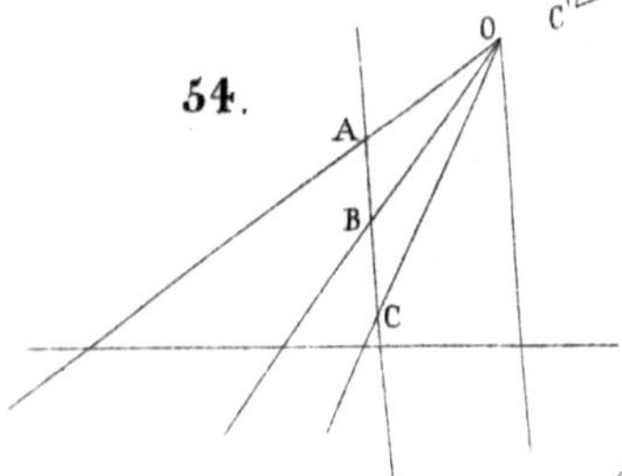

56.

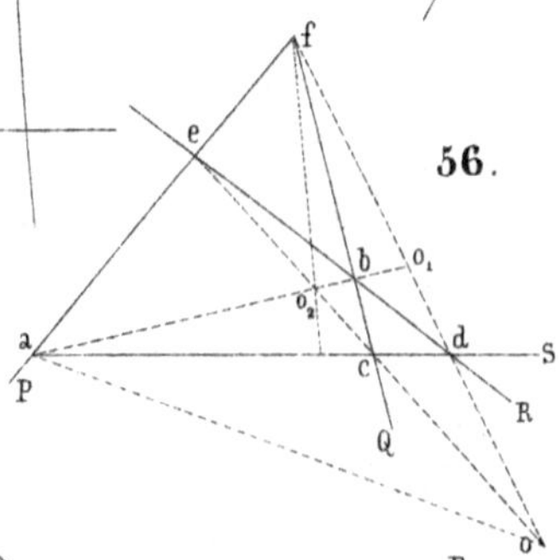

55.

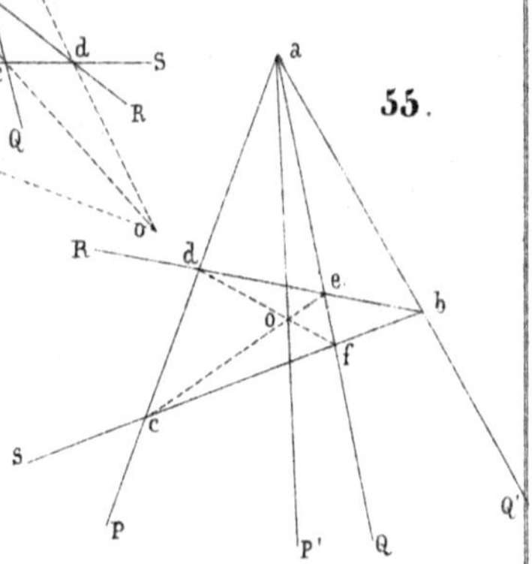

57.

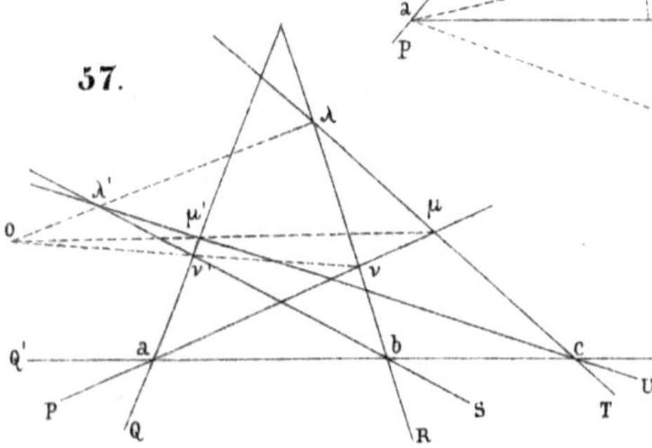

Lith. Anst v. Leopold Kraatz in Berlin.

Taf: VII.

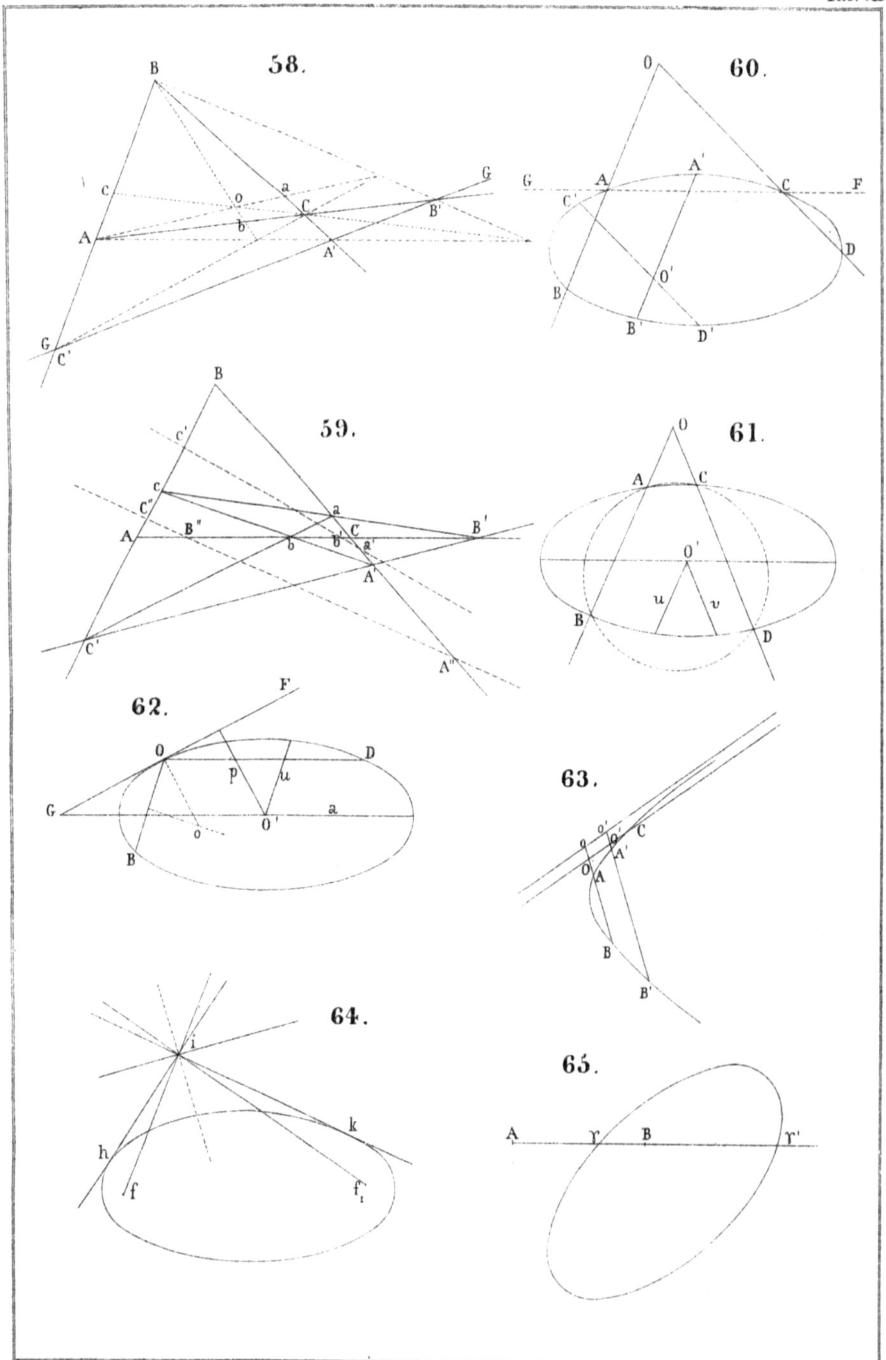

Lith. Anst. v. Leopold Kraatz in Berlin.

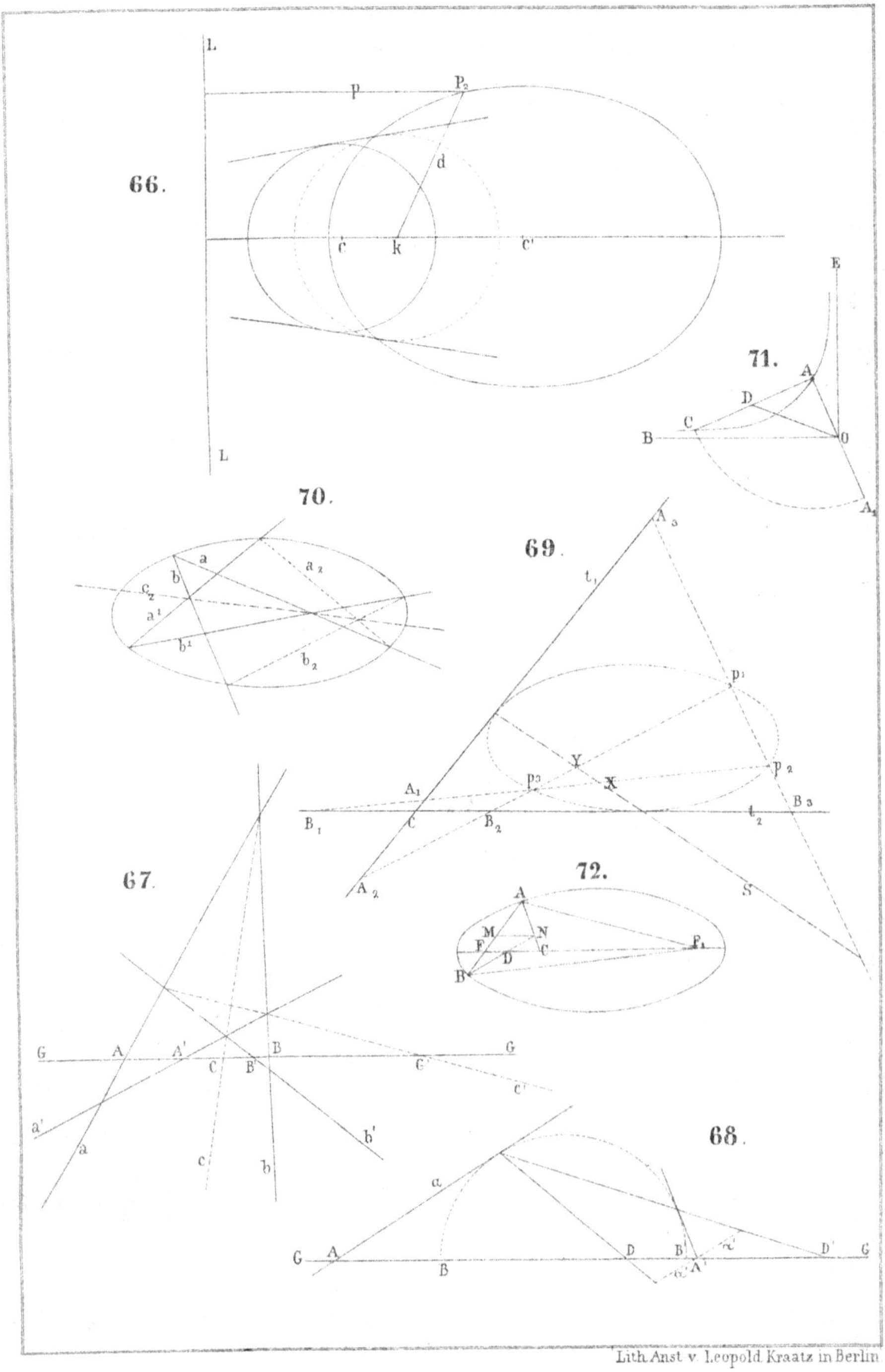

Lith. Anst. v. Leopold Kraatz in Berlin